前言 Preface

放輕鬆！多讀會考的！

（一）瓶頸要打開：

肚子大瓶頸小，水一樣出不來！考試臨場像大肚小瓶頸的水瓶一樣，一肚子學問，一緊張就像細小瓶頸，水出不來。

（二）緊張是考場答不出的原因之一：

考場怎麼解都解不出，一出考場就通了！很多人去考場一緊張什麼都想不出，一出考場**放輕鬆**了，答案馬上迎刃而解。出了考場才發現答案不難。

人緊張的時候是肌肉緊縮、血管緊縮、心臟壓力大增、血液循環不順、腦部供血不順、腦筋不清一片空白，怎麼可能寫出好的答案？

（三）親自動手做，多參加考試累積經驗：

108 年度題解出版，還是老話一句，不要光看解答，自己**一定要動手親自做**過每一題，東西才是你的。

考試跟人生的每件事一樣，是經驗的累積。每次考試，都是一次進步的過程，經驗累積到一定的程度，你就會上。所以並不是說你不認真不努力，求神拜佛就會上。**多參加考試**，事後檢討修正再進步，你不上也難。考不上也沒損失，至少你進步了！

（四）多讀會考的，考上機會才大：

多讀多做考古題，你就會知道考試重點在哪裡。**九華考題**，**題型系列**的書是你不可或缺最好的參考書。

祝　大家輕鬆、愉快、健康、進步

九華文教　陳主任

感　謝

※　本考試相關題解，感謝諸位老師編撰與提供解答。

徐志瑋　老師
陳俊安　老師
李奇謀　老師
陳昶旭　老師
劉啟台　老師
謝　安　老師
許　銘　老師
林　沖　老師
洪　七　老師

※　由於每年考試次數甚多，整理資料的時間有限，題解內容如有疏漏，煩請傳真指證。我們將有專門的服務人員，儘速為您提供優質的諮詢。

※　本題解提供為參考使用，如欲詳知真正的考場答題技巧與專業知識的重點。仍請您接受我們誠摯的邀請，歡迎前來各班親身體驗現場的課程。

目錄 Contents

單元 1－公務人員高考三級

單元 2－公務人員普考

單元 3－土木技師專技高考

目錄

Contents

單元 4－結構技師專技高考

單元 5－地方特考三等

單元 6－地方特考四等

單元 7－鐵路特考員級

單元 8－司法特考三等檢察事務官

單元 1

公務人員高考三級

108年 公務人員高等考試三級考試試題／工程力學（包括材料力學）

一、圖 1 結構中 A、D、G 點均為鉸支承，桿 AB 與桿 BD 於 B 點以鉸接方式聯結，且桿 EC 於 C 點、E 點分別與桿 BD 及桿 EG 鉸接。今載重 6P 如圖 1 所示施加於 F 點，試求支承 A、支承 D、支承 G 之反力 A_X、A_Y、D_X、D_Y、G_Y 之大小及方向。（25 分）

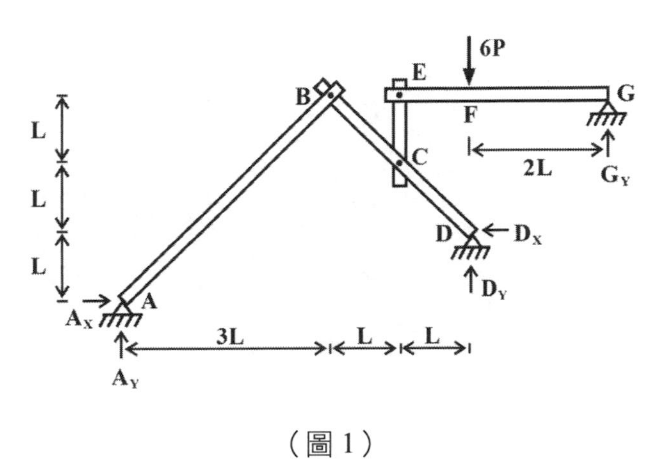

（圖 1）

參考題解

（一）如圖(a)所示，可得

$$R_E = 4P(\uparrow)\text{；}G_Y = 2P(\uparrow)$$

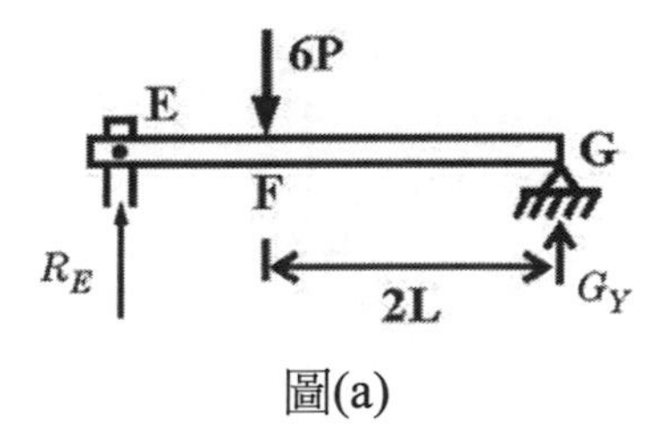

圖(a)

（二）如圖(b)所示，可得

$$\sum M_D = 4P(L) - R_A\left(2\sqrt{2}L\right) = 0$$

解得 $R_A = \sqrt{2}P$ 。故有

$$A_X = \frac{R_A}{\sqrt{2}} = P(\rightarrow)\text{；}A_Y = \frac{R_A}{\sqrt{2}} = P(\uparrow)$$

（三）再由圖(b)可得

$$D_X = \frac{R_A}{\sqrt{2}} = P(\leftarrow)\text{；}D_Y = 4P - \frac{R_A}{\sqrt{2}} = 3P(\uparrow)$$

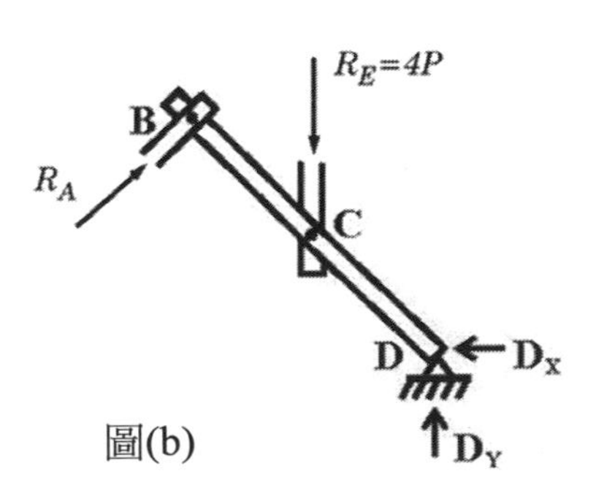

圖(b)

二、圖 2 顯示一傾斜桿 AC，以纜索 AB 及垂直牆面支撐而呈現靜態平衡。已知桿 AC 長度 L 為 6m，牆面 B 點與 C 點之間距 h 為 2m；由於桿 AC 不均勻，桿件重量 W 之重心位置 o 位於由 C 點往左 L/3 處。假設牆面與桿 AC 間沒有摩擦力，試求牆面反力 R、纜索 AB 張力 T、桿 AC 傾斜角 θ、纜索 AB 傾斜角ϕ。（提示：「角度」可用三角函數表示，不用實際算出角度，如：角度 θ=30°，可用 sin(θ) = 1/2 或 θ = $\sin^{-1}(1/2)$表示，不用算出 θ = 30°。）（25 分）

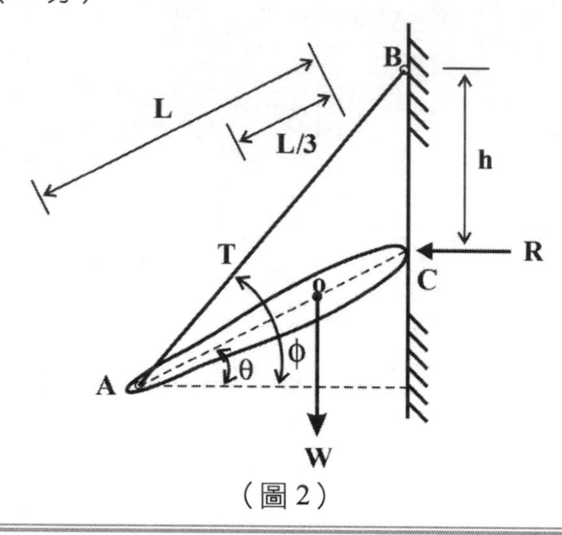

（圖 2）

參考題解

（一）參右圖，由靜平衡方程式可得

$$\sum M_A = R(6\sin\theta) - W(4\cos\theta) = 0$$

$$\sum M_B = W(2\cos\theta) - R(2) = 0$$

聯立二式解出

$$\sin\theta = \frac{2}{3}\ ；\ \cos\theta = \frac{\sqrt{5}}{3}\ ；\ R = \frac{\sqrt{5}}{3}W$$

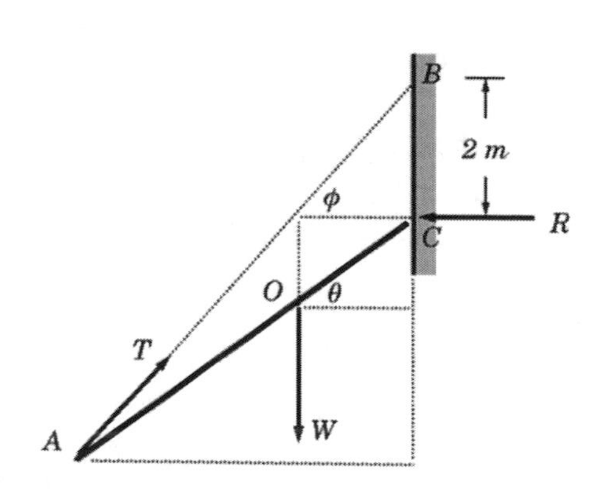

（二）由右圖中幾何關係可得

$$\tan\phi = \frac{2}{2\cos\theta} = \frac{1}{\cos\theta} = \frac{3}{\sqrt{5}}$$

（三）再由右圖可得

$$\sum M_C = W(2\cos\theta) - (T\cos\phi)(2) = 0$$

由上式解出

$$T = \frac{\sqrt{14}}{3}W$$

三、圖 3 顯示一平面應力元素受力狀態。試求主應力與主平面、最大剪應力及其所在平面，並請繪製相應之應力元素圖明確表示。（25 分）

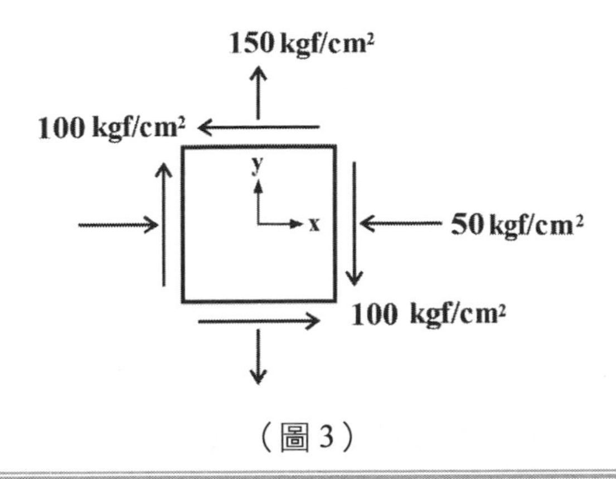

（圖 3）

參考題解

（一）主軸方向角 θ_P 為

$$\theta_P=\frac{1}{2}\tan^{-1}\left(\frac{2(-100)}{-50-150}\right)=\begin{cases}112.5^\circ\\22.5^\circ\end{cases}$$

主應力為

$$\sigma_P=\frac{-50+150}{2}\pm\sqrt{\left(\frac{-50-150}{2}\right)^2+(-100)^2}$$

$$=50\pm141.42=\begin{cases}191.42\,kgf/cm^2\\-91.42\,kgf/cm^2\end{cases}$$

主應力狀態圖如圖(a)所示

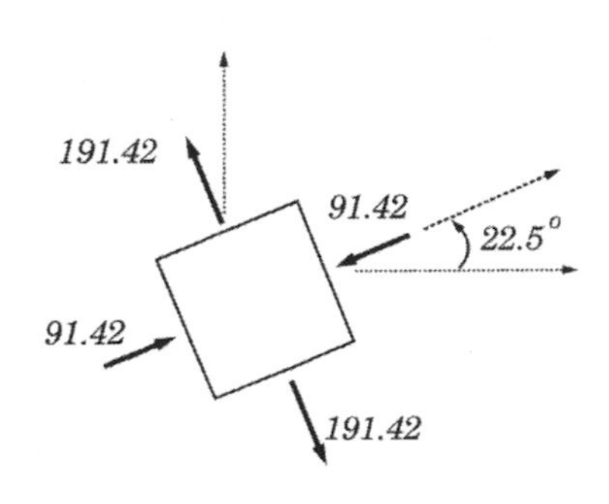

圖(a)（單位：kgf/cm2）

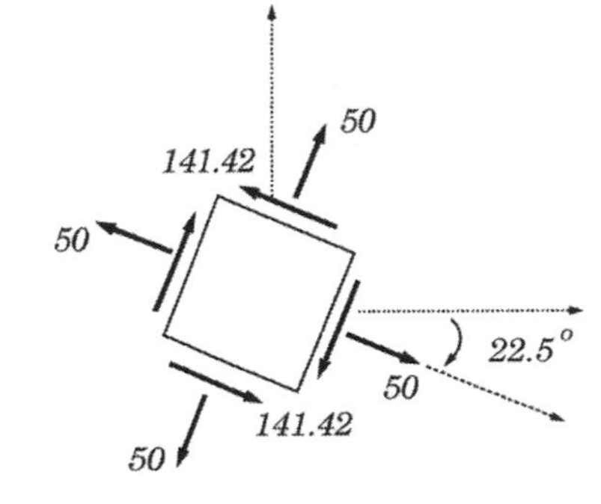

圖(b)（單位：kgf/cm2）

（二）最大剪應力方向角 θ_S 為

$$\theta_S=\frac{1}{2}\tan^{-1}\left(\frac{150+50}{2(-100)}\right)=\begin{cases}-22.5^\circ\\67.5^\circ\end{cases}$$

最大剪應力為

$$\tau_{\max} = \pm\sqrt{\left(\frac{-50-150}{2}\right)^2 + (-100)^2} = \pm 141.42\,kgf/cm^2$$

最大剪應力狀態圖如圖(b)所示。

四、圖 4(a) 顯示一結構，其 A 點支承為固定端、D 點為鉸支承，桿 AB 具 EI 值、桿 BC 及桿 CD 之 EI 為無限大，L_B 長度相較桿 AB 之 L 甚大，分析時可忽略桿 BC 之剪力影響。今於 B 點及 C 點分別施加垂直載重 P，圖 4(b) 為受力後之自由體圖。已知桿 AB 挫屈時之特徵方程式為 $a \times (kL)\sin(kL) + b \times \cos(kL) - 1 = 0$（其中 $k^2 = P/EI$），試求 a、b 數值，及桿 AB 挫屈時之有效長度係數 K_{AB}（其中 $P_{cr} = \pi^2 EI/(K_{AB}L)^2$）。計算時請使用圖 4(b) 中 A 點 xy 座標及相關力及彎矩等參數。（25 分）

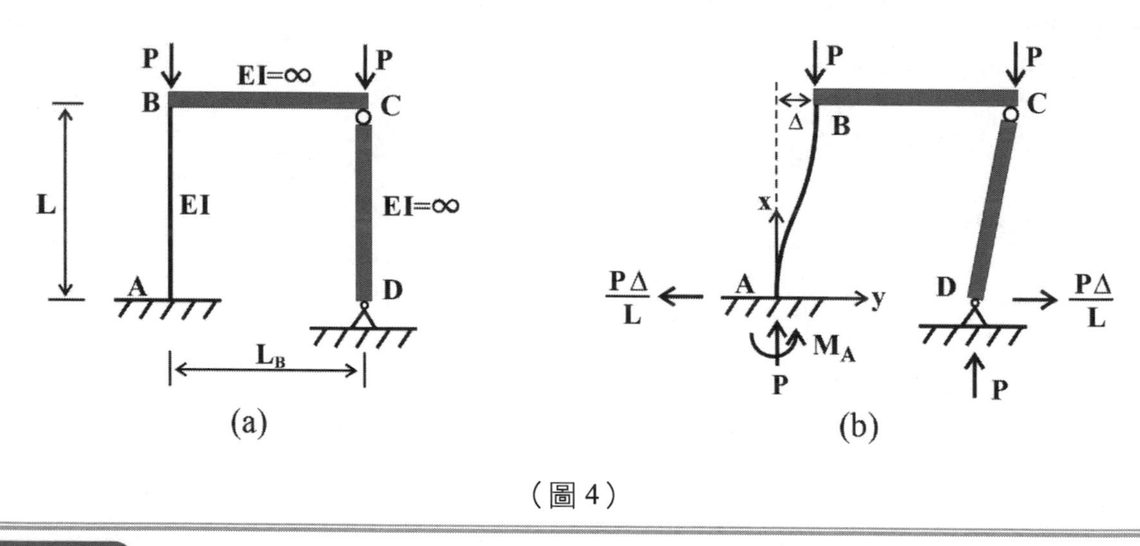

（圖 4）

參考題解

（一）參圖(b)可得

$$M_A = P\Delta + P(L_B + \Delta) - P(L_B) = 2P\Delta$$

（二）參圖(c)所示可得

$$M(x) = M_A - \frac{P\Delta}{L}x - P_y$$

故有

$$y'' = \frac{M(x)}{EI} = \frac{P\Delta\left(2 - \frac{x}{L}\right) - Py}{EI}$$

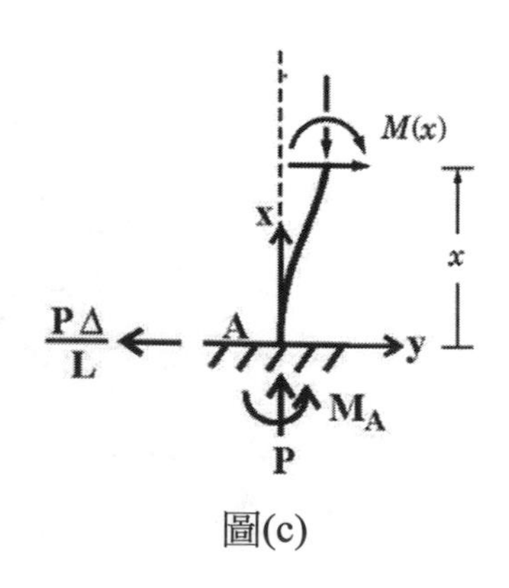

圖(c)

由上式得

$$y'' + k^2 y = k^2\Delta\left(2 - \frac{x}{L}\right) \quad \left(其中 k^2 = P/EI\right) \cdots\cdots ①$$

（三）由 ① 式得

$$y(x) = A\cos(kx) + \mathrm{B}\sin(kx) + \Delta\left(2 - \frac{x}{L}\right)$$

微分上式得

$$y'(x) = -kA\sin(kx) + kB\cos(kx) - \frac{\Delta}{L}$$

（四）考慮邊界條件得

$$y(0) = A + 2\Delta = 0 \;;\; y'(0) = kB - \frac{\Delta}{L} = 0$$

由上列二式得

$$A = -2\Delta \;;\; B = \frac{\Delta}{kL} \cdots\cdots ②$$

另有

$$y'(L) = -kA\sin(kL) + kB\cos(kL) - \frac{\Delta}{L} = 0$$

將 ② 式代入，得特徵方程式為

$$2kL\sin(kL) + 1\cos(kL) - 1 = 0 \cdots\cdots ③$$

故題目欲求之 a 及 b 值各為

$$a = 2 \;;\; b = 1$$

（五）以試誤法解 ③ 式得

$$kL = 2.786$$

故挫屈載重 P_{cr} 為

$$P_{cr} = \left(\frac{2.786}{L}\right)^2 EI = \left(\frac{\pi}{1.128L}\right)^2 EI$$

有效長度係數 $K_{AB} = 1.128$。

108年 公務人員高等考試三級考試試題／土壤力學（包括基礎工程）

註：以下各題，若有計算條件不足，請自行作合理假設。

一、對某飽和黏土，進行一系列三次不壓密不排水試驗（UU），得到如下表之結果：（一）試繪此 UU 試驗之應力莫爾圓圖。（10分）（二）試求此黏土之不排水剪力強度 Su 為何？（15分）

試體編號	1	2	3
圍壓應力（kpa）	200	400	600
軸差應力（kpa）	222	218	220

參考題解

（一）設壓逆為正，僅繪莫爾圓上半部，繪題目 UU 試驗各應力莫爾圓如下：

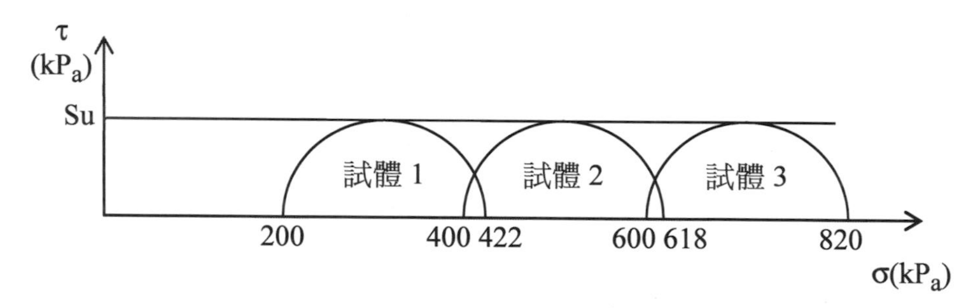

（二）不排水剪力強度為莫爾圓半徑，各試驗結果半徑差不多，取平均值

$$S_u = \frac{111 + 109 + 110}{3} = 110(KP_a)$$

二、如下圖所示，有一連續壁將構築在土層中，土層其單位重 $\gamma = 18kN/m^3$（地下水位以上和以下都是相同此單位重），剪力強度參數 $c' = 0$，$\phi' = 34°$。這溝槽深度 H = 3.50m，穩定液的深度為 h1 = 3.35m，地下水位在溝漕底面以上 h2 = 1.85m。若穩定液側壓力 P 會抵抗潛在滑動楔形土塊 W，以保持壁體安全。潛在滑動面與水平面角 $\alpha = 45 + \phi'/2$。（一）當安全係數採用 2 時，試計算穩定液單位重 γ_s 及滑動面上之正力 N 各為多少？（15分）（二）當安全係數採用 1 時，試計算穩定液單位重 γ_s 及滑動面上之正力 N 各為多少？（10分）

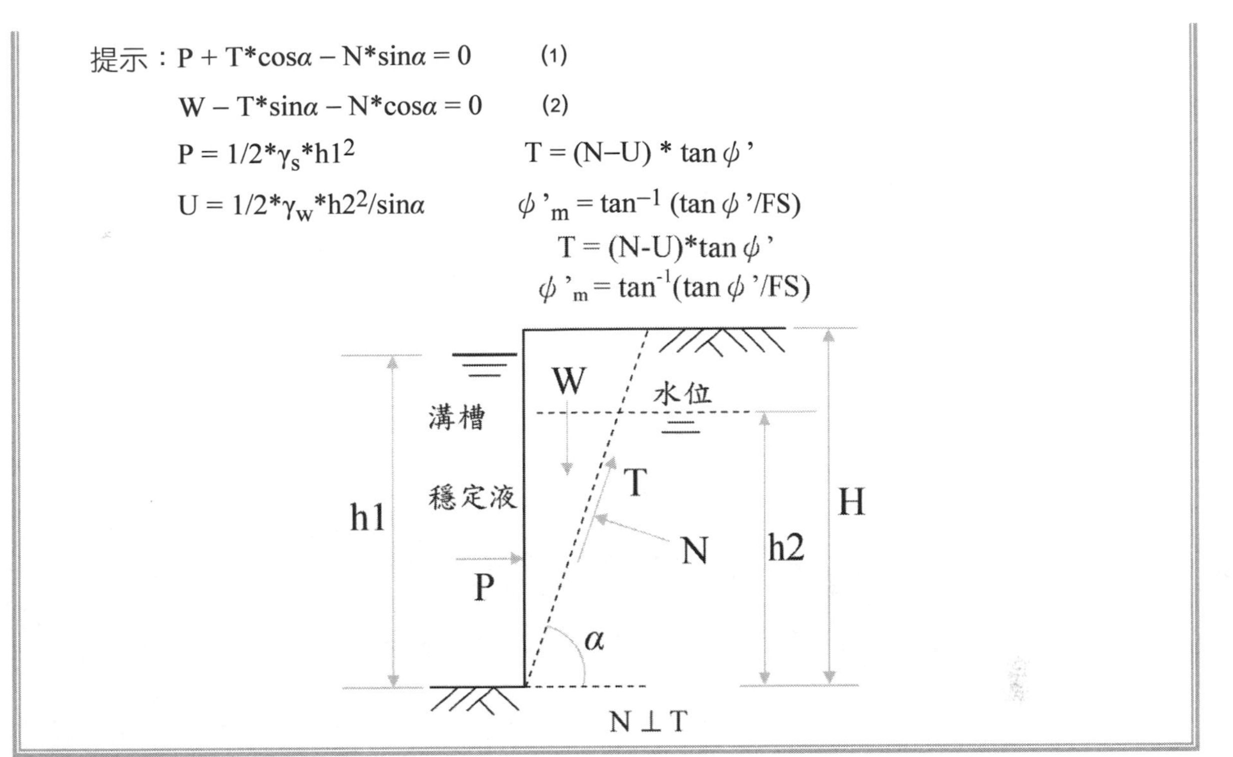

參考題解

（一）依題目提示，定義安全係數 $FS=\frac{\tan\phi'}{\tan\phi'_m}$，$\phi'_m$ 為滑動面發揮之摩擦角

當 FS = 2，得 $\phi'_m=\tan^{-1}\left(\frac{\tan\phi'}{FS}\right)=\tan^{-1}\left(\frac{\tan34}{2}\right)=18.64°$

$$\alpha=45+\frac{\phi'_m}{2}=54.32°$$

取單位寬（1m）分析，

滑動楔形土塊重 $W=\frac{1}{2}\gamma\frac{H^2}{\tan\alpha}=\frac{1}{2}\times18\times\frac{3.5^2}{\tan54.32}\times1=79.16kN$

穩定液側壓力 $P=\frac{1}{2}\gamma_s h1^2=\frac{1}{2}\gamma_s 3.35^2\times1=5.61\gamma_s$

滑動面上水壓力（和 N 同向）$U=\frac{1}{2}\gamma_w\frac{h2^2}{\sin\alpha}=\frac{1}{2}\times9.8\times\frac{1.85^2}{\sin54.32}\times1=20.65kN$

滑動面上發揮之抗滑動力 $T=(N-U)\tan\phi'_m=(N-20.65)\tan18.64$

水平力平衡 $P+T\cos\alpha-N\sin\alpha=0$，

$$P+(N-20.65)\tan18.64\times\cos54.32-N\sin54.32=0$$

垂直力平衡 $W-T\sin\alpha-N\cos\alpha=0$

$$79.16-(N-20.65)\tan 18.64\times\sin 54.32-N\cos 54.32=0$$

得滑動面上之正向力（單位寬度）$N=98.97kN$

穩定液側壓力（單位寬度）$P=65.02=5.61\gamma_s$

得穩定液單位重 $\gamma_s=11.59\,kN/m^3$

（二）當 $FS=1$，得 $\phi'_m=\phi'=34°$

$$\alpha=45+\frac{\phi'}{2}=62°$$

取單位寬（1m）分析，

滑動楔形土塊重 $W=\frac{1}{2}\gamma\frac{H^2}{\tan\alpha}=\frac{1}{2}\times 18\times\frac{3.5^2}{\tan 62}\times 1=58.62kN$

穩定液側壓力 $P=\frac{1}{2}\gamma_s h1^2=\frac{1}{2}\gamma_s 3.35^2\times 1=5.61\gamma_s$

滑動面上水壓力（和 N 同向）$U=\frac{1}{2}\gamma_w\frac{h2^2}{\sin\alpha}=\frac{1}{2}\times 9.8\times\frac{1.85^2}{\sin 62}\times 1=18.99kN$

滑動面上發揮之抗滑動力 $T=(N-U)\tan\phi'=(N-18.99)\tan 34$

水平力平衡 $P+T\cos\alpha-N\sin\alpha=0$，

$$P+(N-18.99)\tan 34\times\cos 62-N\sin 62=0$$

垂直力平衡 $W-T\sin\alpha-N\cos\alpha=0$

$$58.62-(N-18.99)\tan 34\times\sin 62-N\cos 62=0$$

得滑動面上之正向力（單位寬度）$N=65.66kN$

穩定液側壓力（單位寬度）$P=43.18=5.61\gamma_s$

得穩定液單位重 $\gamma_s=7.70\,kN/m^3$

三、如下圖所示，有一黏土層 8m 厚，位於兩層砂土中間，地下水位於地表面。這黏土層的體積壓縮係數為 $0.83m^2/MN$，壓密係數為 $1.4m^2$／年。若地表增加超載重 $20kN/m^2$，（一）試計算由於壓密產生的最後壓密沉陷量為何？（10 分）（二）增加超載重兩年後沉陷量是多少？（15 分）

註：

$\Delta H=m_v*\Delta\sigma'*H$

$Tv=Cv*t/H^2$

當 $U\le 60\%$時，　$Tv=(\pi/4)*U^2$

當 $U>60\%$時，　$Tv=1.781-0.933*\log[100(1-U)]$

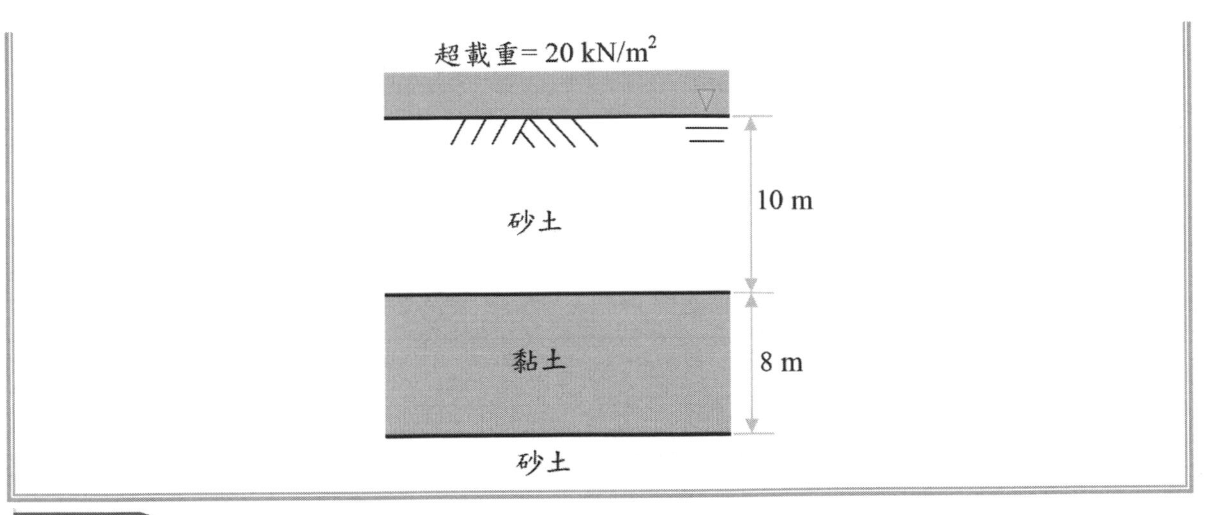

參考題解

（一）假設體積壓縮係數 m_v 在超載重造成黏土層有效應力變化區間為線性

$$\Delta H = m_v \times \Delta\sigma' \times H = \frac{0.83}{1000} \times 20 \times 8 = 0.133\text{m} = 13.3\text{cm}$$

（二）黏土層上下為砂土層，為雙向排水，最長排水路徑 $H_{dr} = H/2 = 4\text{m}$

壓密係數 $c_v = 1.4\,\text{m}^2/\text{年}$

增加超載重兩年後，時間因素

$$T_v = \frac{c_v t}{H_{dr}^2} = \frac{1.4 \times 2}{4^2} = 0.175$$

設此時平均壓密度 $U \le 60\%$，$T_v = \frac{\pi}{4}U^2 = 0.175$，

得 $U = 47.2\%$，$U < 60\%$，OK

超載重兩年後沉陷量 $\Delta H_{2y} = 0.472 \times 13.3 = 6.28\text{cm}$

四、（一）試述樁載重試驗有何目的？（10 分）（二）列舉兩種加載方式，及如何施作此項試驗？（15 分）

參考題解

（一）基樁載重試驗目的為求取或推估單樁於實際使用狀態或近似情況下之載重-變形關係，以獲得判斷基樁支承力或樁身完整性之資料。（基礎規範 5.7.1）

（二）加載方法依據美國材料試驗學會 ASTM D1143 及 CNS12460 規定，有多種方法，列舉及簡要說明如下（依題目僅需列舉出 2 種）：

1. 標準加載法（Standard Loading Procedure）：對於單樁，施加載重至設計載重之 2 倍（200%），分成 8 階段進行，每階段載重增量為設計載重之 25%，並得保持每一增量，直至沉陷速率小於標準或 2 小時。至最大載重，停留 12 小時（沉陷速率小於標準）或 24 小時解壓。解壓每次可移去最大載重 25%，每階停留 1 小時。

2. 固定時間之間隔施加載重法（等時距加載法）：程序如標準加載法，惟單樁加壓時以設計載重之 20% 為增量，每一增量保持 1 小時，解壓時亦同。
3. 反覆施加載重法（循環加載，cyclic loading）：將單樁施加載重至設計載重之 200% 分成 8 等分，每等分為設計載重 25%，分成多個循環加載再卸載，各循環加載最高點分別為 50%、100%、150% 及 200%。
4. 單樁固定貫入速率施加載重法（等速貫入，constant rate of penetration）：以等沉陷速率貫入土中，改變施加載重大小，以維持貫入速率，黏土及粗顆粒土壤有不同速率規定。
5. 單樁快載重試驗法（quick loading）：以設計載重的 10% ~ 15% 惟增量施加載重，每一增量保持 2.5 分鐘或其他規定，直至施加載重設備之容量或千斤頂需持續上頂才能維持試驗載重。
6. 單樁固定沉陷增量之施加載重法（沉陷控制法，settlement controlled）：每次施加載重增量以使樁產生約樁徑之 1%，維持載重增量直至載重速率於每小時小於所施加載重之1% 為止，再進行下一增量，最後達樁總沉陷量約等於樁徑之10% 或達施加載重設備之容量。

108 年　公務人員高等考試三級考試試題／結構學

一、如圖一所示，一座桁架橋梁長 40m。如圖示桿件 PE 軸力之影響線，即考慮一單位方向朝下之移動載重沿著下弦桿由 A 點往 K 點移動，造成桿件 PE 之軸力，其中正值表示受拉力，負值表示受壓力。

（一）試求出影響線中 a 與 b 之數值。（10 分）

（二）今考慮一輛大卡車，各軸距為 4m，前軸傳遞荷載 60 kN，中軸傳遞 180 kN，後軸傳遞 120 kN。去程時，該卡車向右前進，緩緩通過該橋梁，之後於返程時，朝左前進通過該橋梁。同時檢討去程與返程，利用上述影響線求出桿件 PE 所受之最大張力及壓力。（15 分）

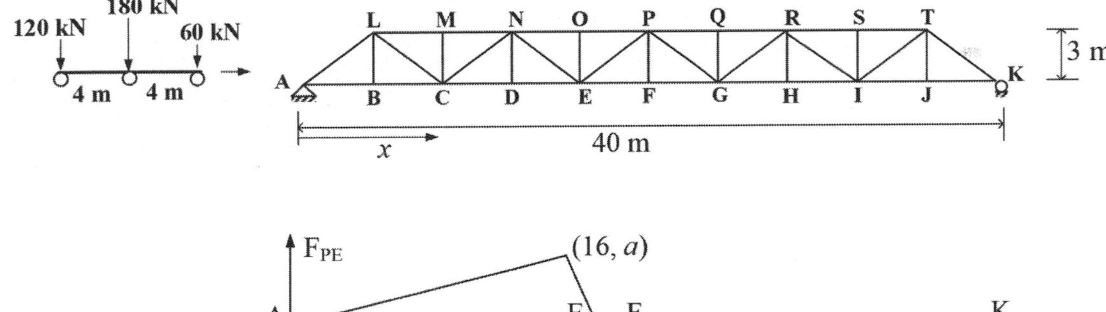

圖一

參考題解

（一）將 1 單位力加於 E 點，可得 $F_{PE}=\frac{2}{3}\ \Rightarrow a=\frac{2}{3}$

將 1 單位力加於 F 點，可得 $F_{PE}=-\frac{5}{6}\ \Rightarrow b=-\frac{5}{6}$

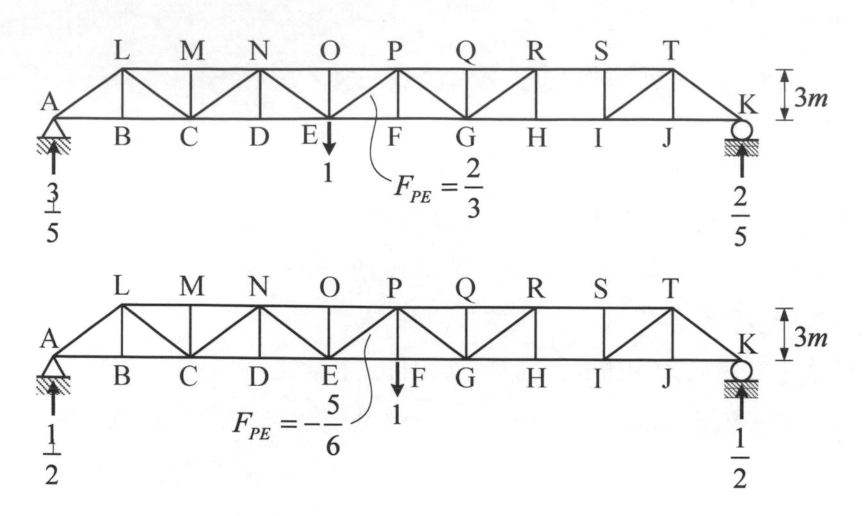

（二）桿件 PE 所受之最大張力與壓

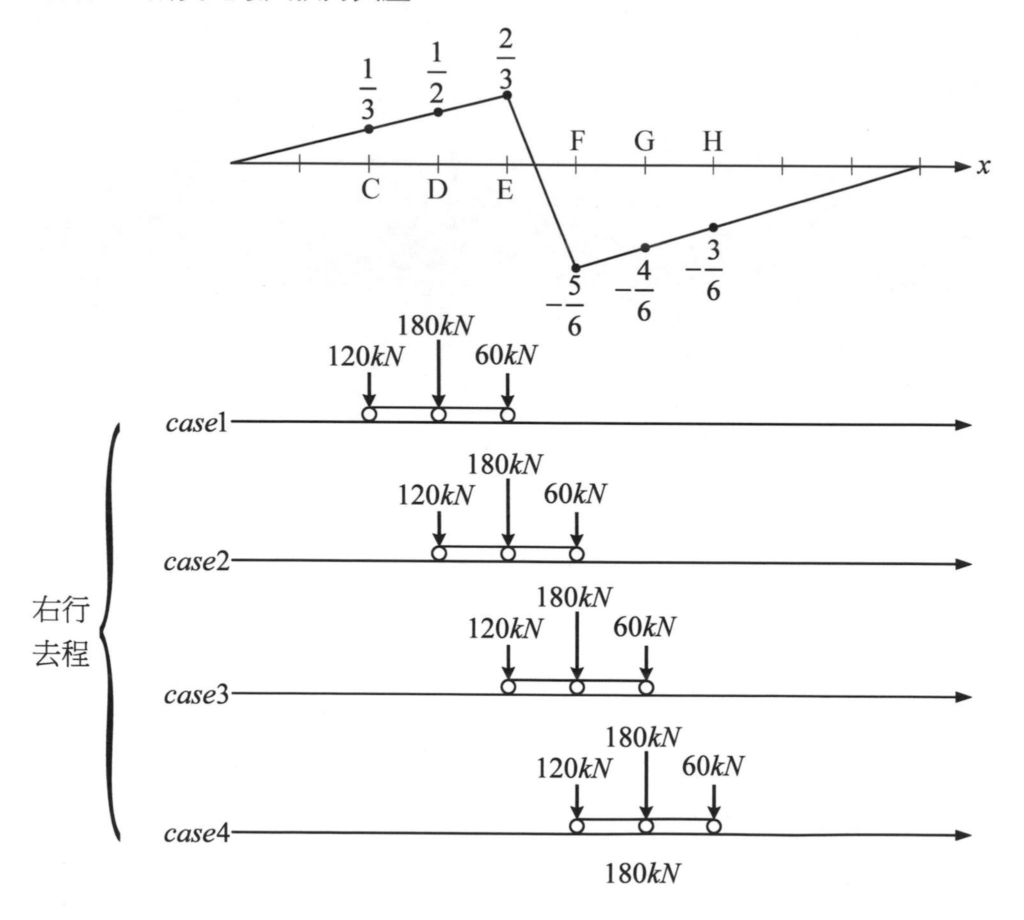

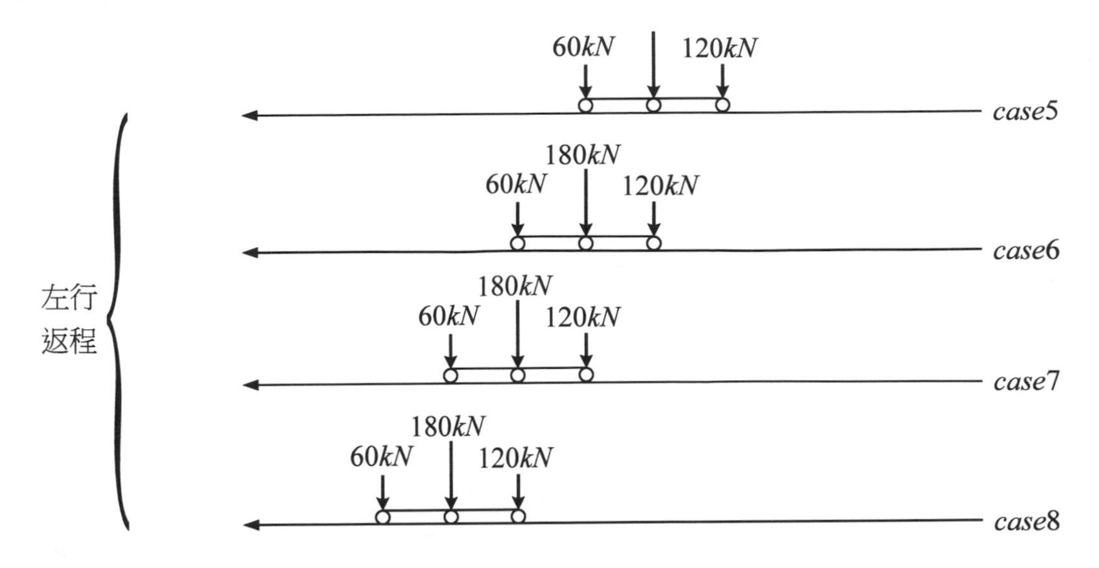

$case1$ ：$F_{PE}=120\left(\frac{1}{3}\right)+180\left(\frac{1}{2}\right)+60\left(\frac{2}{3}\right)=170kN$

$case2$ ：$F_{PE}=120\left(\frac{1}{2}\right)+180\left(\frac{2}{3}\right)+60\left(-\frac{5}{6}\right)=130kN$

$case3$ ：$F_{PE}=120\left(\frac{2}{3}\right)+180\left(-\frac{5}{6}\right)+60\left(-\frac{4}{6}\right)=-110kN$

$case4$ ：$F_{PE}=120\left(-\frac{5}{6}\right)+180\left(-\frac{4}{6}\right)+60\left(-\frac{3}{6}\right)=-250kN$ ☜*control*

$case5$ ：$F_{PE}=60\left(-\frac{5}{6}\right)+180\left(-\frac{4}{6}\right)+120\left(-\frac{3}{6}\right)=-230kN$

$case6$ ：$F_{PE}=60\left(\frac{2}{3}\right)+180\left(-\frac{5}{6}\right)+120\left(-\frac{4}{6}\right)=-190kN$

$case7$ ：$F_{PE}=60\left(\frac{1}{2}\right)+180\left(\frac{2}{3}\right)+120\left(-\frac{5}{6}\right)=50kN$

$case8$ ：$F_{PE}=60\left(\frac{1}{3}\right)+180\left(\frac{1}{2}\right)+120\left(\frac{2}{3}\right)=190kN$ ☜*control*

最大壓力發生在右行的 case4，$F_{PE}=-250kN$

最大拉力發生在左行的 case8，$F_{PE}=190kN$

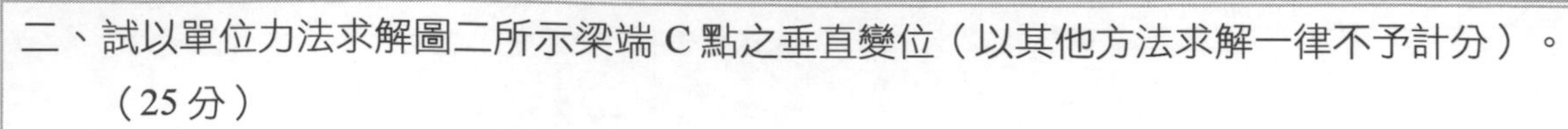

二、試以單位力法求解圖二所示梁端 C 點之垂直變位（以其他方法求解一律不予計分）。（25 分）

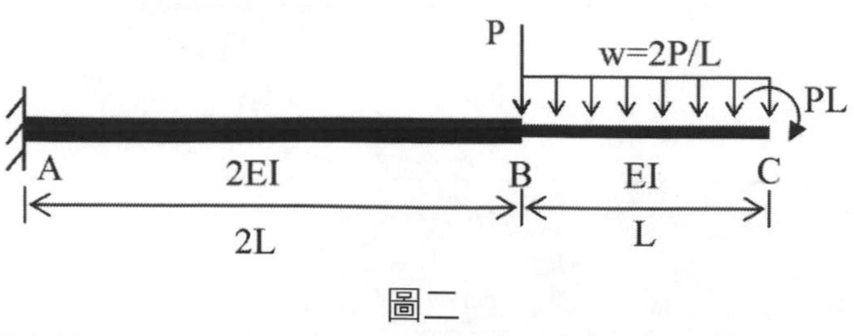

圖二

參考題解

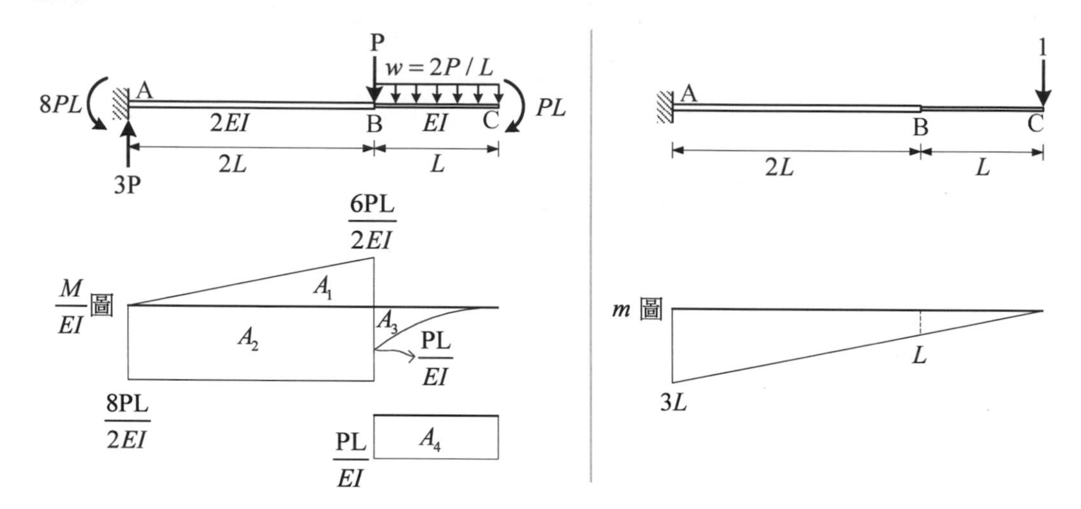

（一）以 B 為假想固定端，繪製其 $\frac{M}{EI}$ 圖。

（二）對 C 點施加一單位向下垂直力，繪製其 m 圖。

（三）計算 A_i、y_i：

$$A_1=\frac{1}{2}\left(\frac{6PL}{2EI}\times 2L\right)=3\frac{PL^2}{EI}\qquad y_1=-\left(L+2L\times\frac{1}{3}\right)=-\frac{5}{3}L$$

$$A_2=-\left(\frac{8PL}{2EI}\times 2L\right)=-8\frac{PL^2}{EI}\qquad y_2=-2L$$

$$A_3=-\frac{1}{3}\left(\frac{PL}{EI}\times L\right)=-\frac{1}{3}\frac{PL^2}{EI}\qquad y_3=-\left(L\times\frac{3}{4}\right)=-\frac{3}{4}L$$

$$A_4=-\left(\frac{PL}{EI}\times L\right)=-\frac{PL^2}{EI}\qquad y_4=-\frac{1}{2}L$$

（四）計算Δ_C：

$$1\cdot\Delta_C=\int m\frac{M}{EI}dx=\sum A_i y_i$$
$$=A_1y_1+A_2y_2+A_3y_3+A_4y_4$$
$$=\left(3\frac{PL^2}{EI}\right)\left(-\frac{5}{3}L\right)+\left(-8\frac{PL^2}{EI}\right)(-2L)+\left(-\frac{1}{3}\frac{PL^2}{EI}\right)\left(-\frac{3}{4}L\right)+\left(-\frac{PL^2}{EI}\right)\left(-\frac{1}{2}L\right)$$
$$=\frac{47}{4}\frac{PL^3}{EI}\ (\downarrow)$$

三、試以傾角變位法求解圖三所示構架桿件 AB 及 BC 之桿端彎矩（以其他方法求解一律不予計分）。（25 分）

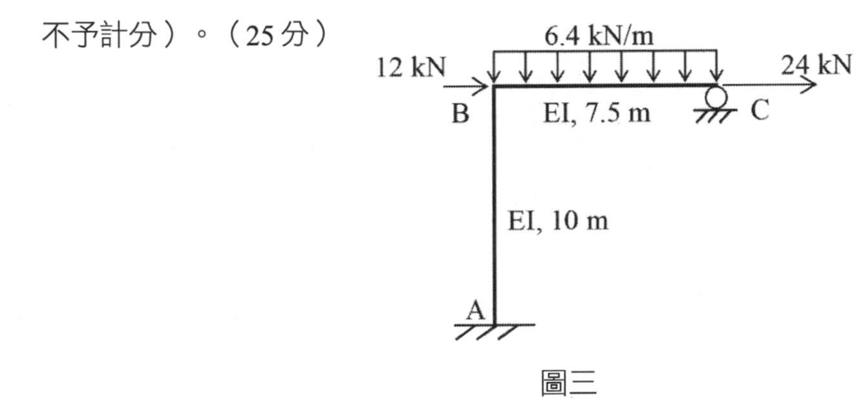

圖三

參考題解

（一）固端彎矩：$H_{BC}^F=-\frac{1}{8}(6.4)(7.5^2)=-45\ kN-m$

（二）相對 K 值比$\Rightarrow k_{BA}:k_{BC}=\frac{EI}{10}:\frac{EI}{7.5}=3:4$

（三）R 值比：令$R_{AB}=R$

（四）列傾角變位式

$$M_{AB}=3[\theta_B-3R]=3\theta_B-9R$$
$$M_{BA}=3[2\theta_B-3R]=6\theta_B-9R$$
$$M_{BC}=4[1.5\theta_B]-45=6\theta_B-45$$

（五）列平衡方程式

1. $\sum M_B=0$，$M_{BA}+M_{BC}=0\Rightarrow 12\theta_B-9R=45$

2. $\sum F_x=0$，$\frac{M_{AB}+M_{BA}}{10}+12+24=0\ \Rightarrow 9\theta_B-18R=-360$

聯立上二式，可得$\begin{cases}\theta_B = 30 \\ R = 35\end{cases}$

（六）θ_B, R 帶回傾角變位式，得各桿端彎矩

$$M_{AB} = 3\theta_B - 9R = -225\ kN-m \quad (\curvearrowleft)$$

$$M_{BA} = 6\theta_B - 9R = -135\ kN-m \quad (\curvearrowleft)$$

$$M_{BC} = 6\theta_B - 45 = 135\ kN-m \quad (\curvearrowright)$$

$$M_{CB} = 0$$

四、試以彎矩分配法求解圖四所示結構桿件 AB 及 BC 之桿端彎矩，其中集中力係作用於 AB 中點（以其他方法求解一律不予計分）。（25 分）

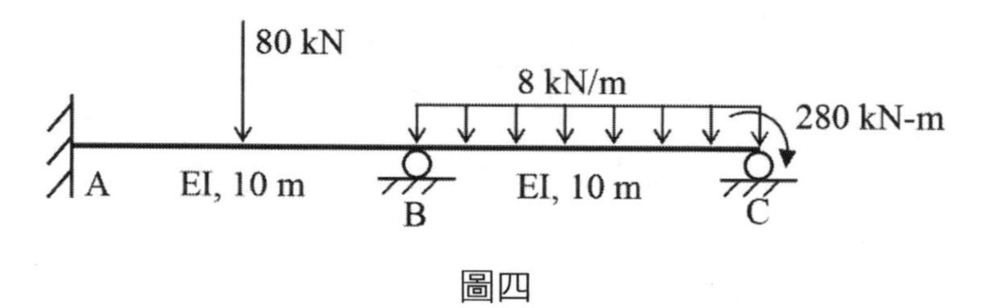

圖四

參考題解

（一）外力造成之固端彎矩

$$M_{AB}^F = -\frac{1}{8}\times 80\times 10 = -100\ kN-m \qquad M_{BA}^F = 100\ kN-m$$

$$M_{BC}^F = -\frac{1}{12}\times 8\times 10^2 = -66.67\ kN-m \qquad M_{CB}^F = 66.67\ kN-m$$

（二）無側移造成的固端彎矩。

（三）分配係數比

B 點：$D_{BA} : D_{BC} = \dfrac{4EI}{10} : \dfrac{4EI}{10} = 1:1$

C 點：$D_{CB} = \dfrac{4EI}{10} \Rightarrow$ 令$D_{CB} = 1$

（四）列綜合彎矩分配表

節點	A	B		C
桿端	AB	BA	BC	CB
D.F		1	1	1
F.E.M	–100	100	–66.67	66.67
D.M		$2x$	$2x$	$2y$
C.O.M	x		y	x
$\sum$	$x-100$	$2x+100$	$2x+y-66.67$	$x+2y+66.67$
M	–140	20	–20	280

（五）力平衡方程式

1. $\sum M_B=0$，$M_{BA}+M_{BC}=0 \Rightarrow 4x+y=-33.33$
2. $\sum M_C=0$，$M_{CB}=280 \Rightarrow x+2y=213.33$

聯立上二式，可解得$\begin{cases} x=-40 \\ y=126.66 \end{cases}$

（六）將x、y代回綜合彎矩分配表可得各桿端彎矩（表格最後一列）。

（七）AB 及 BC 之桿端彎矩

$M_{AB}=-140\ kN-m$　($\curvearrowleft$)

$M_{BA}=20\ kN-m$　($\curvearrowright$)

$M_{BC}=-20\ kN-m$　($\curvearrowleft$)

$M_{CB}=280\ kN-m$　($\curvearrowright$)

108年 公務人員高等考試三級考試試題／鋼筋混凝土學與設計

依據及作答規範：內政部營建署「混凝土結構設計規範」（內政部 100.6.9 台內營字第 1000801914 號令）；中國土木水利學會「混凝土工程設計規範」（土木 401–100）。未依上述規範作答，不予計分。

一、有一鋼筋混凝土梁如下圖所示，矩形斷面寬度 b = 30cm，d = 53cm。梁承受工作均佈靜載重（含自重）2600kgf/m，活載重 3500kgf/m。混凝土 $f_c' = 210 kgf/cm^2$，鋼筋降伏強度 $f_y = 4200 kgf/cm^2$。以單筋梁設計，計算 B 點所需最少的拉力鋼筋面積 A_s。（25 分）

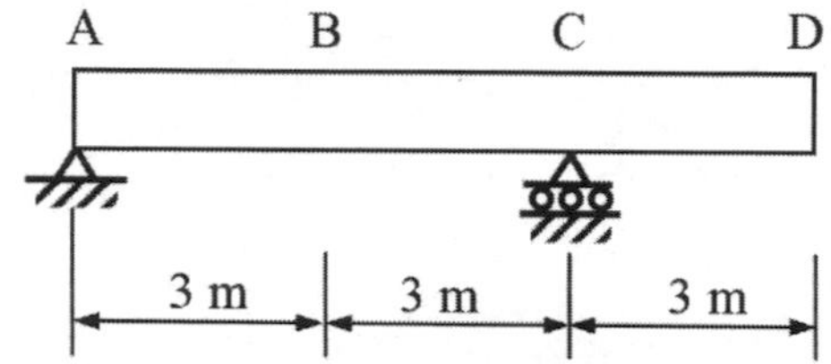

參考題解

（一）設計載重：$w_u = 1.2w_D + 1.6w_L = 1.2(2600) + 1.6(3500) = 8720\ kgf/m = 8.72\ tf/m$

（二）B 點設計彎矩：

$\sum M_B = 0$，$(w_u \times 3)(1.5) + M_u = 2.25w_u \times 3\ \therefore M_u = 2.25w_u = 2.25(8.72) = 19.62\ tf-m$

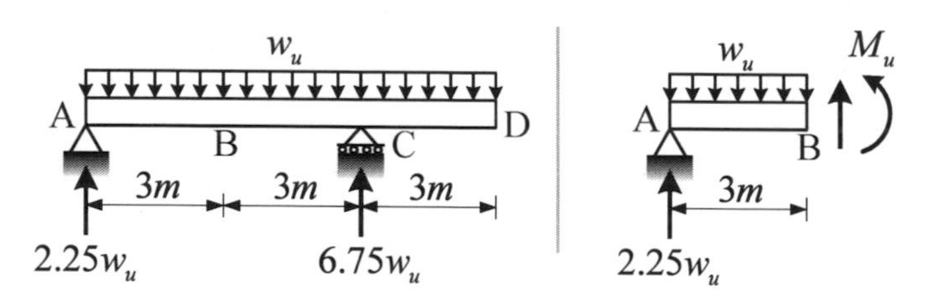

（三）計算中性軸位置：假設 $\varepsilon_t \geq 0.005 \Rightarrow \phi = 0.9\ \therefore M_n = \frac{M_u}{\phi} = \frac{19.62}{0.9} = 21.8\ tf-m$

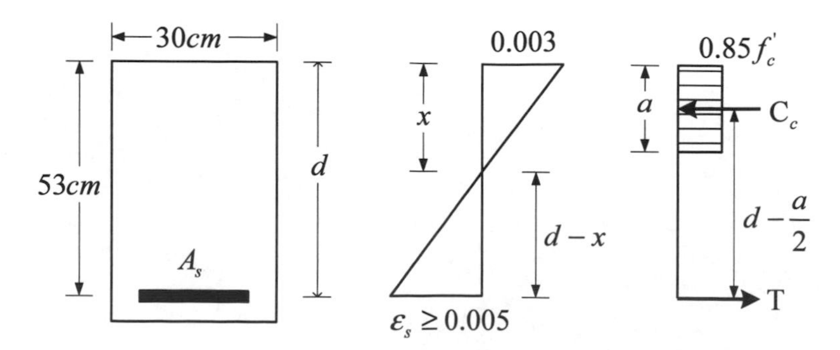

1. $C_c = 0.85 f_c' b a = 0.85(210)(30)(0.85x) = 4552x$

2. $M_n = C_c\left(d - \dfrac{a}{2}\right) \Rightarrow 21.8\times10^5 = 4552x\left(53 - \dfrac{0.85x}{2}\right)$

   $\Rightarrow -0.425x^2 + 53x - 479 = 0 \ \therefore x = 9.8\ cm$ ， $114.9\ cm$ （不符）

3. $\varepsilon_t = \dfrac{d-x}{x}(0.003) = \dfrac{53-9.8}{9.8}(0.003) = 0.0132 \geq 0.005\ (OK)$

（四）設計鋼筋量：

1. $C_c = 4552x = 4552(9.8) = 44610\ kgf$
2. $T = A_s f_y = A_s(4200)$
3. $C_c = T \Rightarrow 44610 = A_s(4200) \quad \therefore A_s = 10.62\ cm^2$

（五）$A_{s.\min}$ 檢核：

$$A_{s,\min} = \left[\frac{14}{f_y}b_w d\ ,\ \frac{0.8\sqrt{f_c'}}{f_y}b_w d\right]_{\max} = \left[\frac{14}{4200}(30)(53)\ ,\ \frac{0.8\sqrt{210}}{4200}(30)(53)\right]_{\max}$$

$$= [5.3\ ,\ 4.39]_{\max} = 5.3\ cm^2$$

$A_s = 10.62\ cm^2 \geq A_{s,\min} = 5.3\ cm^2$ (OK)

（六）B 點所需最少的拉力鋼筋面積 $A_s = 10.62\ cm^2$

二、有一矩形斷面之鋼筋混凝土簡支梁，跨度為 6 m。梁斷面寬度 b = 40 cm，有效梁深 d = 63 cm。簡支梁承受係數化均佈載重 w_u = 8tf/m。使用 D10 矩形閉合鋼筋為剪力鋼筋，一支 D10 鋼筋之截面積為 0.71 cm^2。混凝土 f_c' = 350kgf/cm^2，剪力鋼筋 f_{yt} = 2800kgf / cm^2。試計算此梁於支承處之剪力鋼筋的間距。（25 分）

參考題解

假設題目給的 w_u 已含自重

（一）強度需求：

1. 設計剪力：$V_u = \dfrac{w_u L}{2} - w_u d = \dfrac{8(6)}{2} - 8\times0.63 = 18.96\ tf$

2. 設計間距 s

   （1）剪力計算強度需求：$V_u = \phi V_n \Rightarrow V_n = \dfrac{V_u}{\phi} = \dfrac{18.96}{0.75} = 25.28\ tf$

   （2）混凝土剪力強度：$V_c = 0.53\sqrt{f_c'}b_w d = 0.53\sqrt{350}(40\times63) = 24987\ kgf$

   （3）剪力筋強度需求：$V_n = V_c + V_s \Rightarrow 25.28\times10^3 = 24987 + V_s \ \therefore V_s = 293\ kgf$

（4）$V_s = \dfrac{dA_v f_y}{s} \Rightarrow 293 = \dfrac{(63)(2\times0.71)(2800)}{s} \quad \therefore s = 855\ cm$

（二）最大鋼筋量間距規定：

$$V_s \le 1.06\sqrt{f_c'}b_w d \Rightarrow s \le \left(\frac{d}{2}\ ,\ 60cm\right) \Rightarrow s \le \left(\frac{63}{2}cm\ ,\ 60cm\right) \quad \therefore s = 31.5\ cm$$

（三）最少鋼筋量間距規定：

$$s \le \left\{\frac{A_v f_{yt}}{0.2\sqrt{f_c'}b_w}\ ,\ \frac{A_v f_{yt}}{3.5b_w}\right\}_{min} \Rightarrow s \le \left\{\frac{(2\times0.71)(2800)}{0.2\sqrt{350}(40)}\ ,\ \frac{(2\times0.71)(2800)}{3.5(40)}\right\}_{min}$$

$$\Rightarrow s \le \{26.6\ cm\ ,\ 28.4\ cm\}_{min} \quad \therefore s = 26.6\ cm$$

（四）綜合（一）（二）（三），$s = \{855cm\ ,\ 31.5\ cm\ ,\ 26.6\ cm\}_{min} = 26.6\ cm$，由最少鋼筋量間距規定控制。

三、有一懸臂鋼筋混凝土梁，梁長度 3m。斷面如下圖所示，梁寬 b = 30cm，有效梁深 d = 53cm，梁總深度 h = 60cm。此梁承載工作均佈靜載重（含自重）1.5tf/m、均佈活載重 2.0tf / m。混凝土 f_c' = 280kgf / cm²，鋼筋降伏強度 f_y = 4200kgf/cm²。一支 D29 鋼筋之截面積為 6.47cm²。試計算因活載重造成梁自由端之瞬時撓度。（25 分）

參考公式：懸臂梁承載均佈載重時，梁自由端之撓度為 $\dfrac{wL^4}{8EI}$。

$E_C = 15,000\sqrt{f_c'}$

$f_r = 2.0\sqrt{f_c'}$

$$I_e = \left(\frac{M_{cr}}{M_a}\right)^3 I_g + \left[1-\left(\frac{M_{cr}}{M_a}\right)^3\right] I_{cr} \le I_g$$

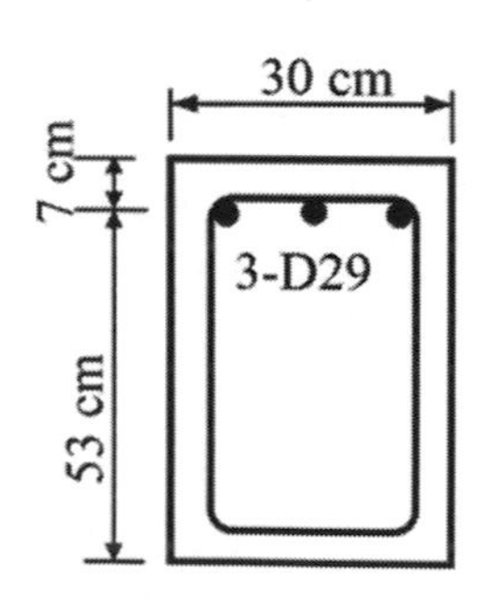

參考題解

（一）靜載重 w_D，所造成之瞬時撓度

1. 計算 I_g、M_{cr}

$$I_g = \frac{1}{12}\times30\times60^3 = 540000\ cm^4$$

$$M_{cr} = \frac{bh^2}{6}\times2\sqrt{f_c'} = \frac{30\times60^2}{6}\times2\sqrt{280} = 602395\ kgf-cm \approx 6.02\ tf-m$$

2. 計算 I_{cr}

（1）$d = 53\ cm$；$n = \dfrac{E_s}{E_c} = \dfrac{2.04 \times 10^6}{15000\sqrt{280}} \approx 8.12 \Rightarrow$ 取 $n = 8$

（2）$A_s = 3 \times 6.47 = 19.41\ cm^2 \ \Rightarrow nA_s = 8(19.41) = 155.28\ cm^2$

（3）中性軸位置：

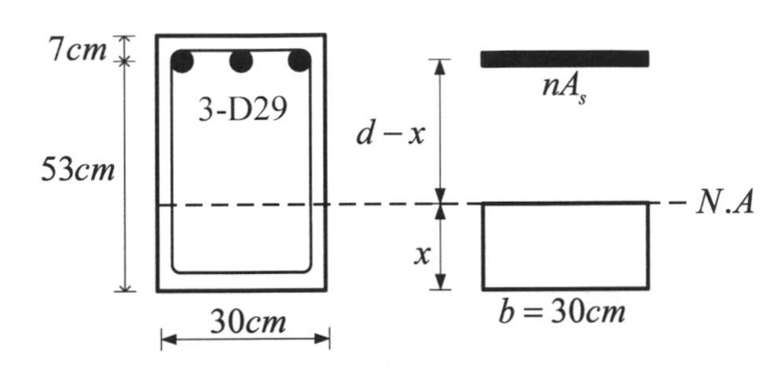

$$\frac{1}{2}bx^2 = nA_s(d-x) \Rightarrow \frac{1}{2}(30)x^2 = (155.28)(53-x) \Rightarrow 15x^2 + 155.28x - 8230 = 0$$

$\therefore x = 18.8$，-29.2（負不符）

（4）$I_{cr} = \dfrac{1}{3}bx^3 + nA_s(d-x)^2 = \dfrac{1}{3}(30)(18.8)^3 + (155.28)(53-18.8)^2 = 248068\ cm^4$

3. 計算靜載重造成撓度 $(\Delta_i)_D$

（1）$w_D = 1.5\ tf/m = 15\ kgf/cm$

$$M_a = \frac{1}{2}w_D L^2 = \frac{1}{2}(1.5)(3)^2 = 6.75\ tf\text{-}m$$

$$\frac{M_{cr}}{M_a} = \frac{6.02}{6.75} = 0.892$$

（2）$I_e = \left(\dfrac{M_{cr}}{M_a}\right)^3 I_g + \left[1 - \left(\dfrac{M_{cr}}{M_a}\right)^3\right] I_{cr}$

$$= (0.892)^3(540000) + \left[1-(0.892)^3\right](248068) = 455262\ cm^4 \ < I_g$$

（3）$E_c = 15000\sqrt{f_c'} = 15000\sqrt{280} \cong 250998\ kgf/cm^2$

$$(\Delta_i)_D = \frac{1}{8}\frac{w_D L^4}{E_c I_e} = \frac{1}{8}\frac{15(300)^4}{(250998)(455262)} \cong 0.133\ cm$$

（二）活載重 w_L 加入後，所造成之瞬時撓度

1. 計算活載重加入後之總撓度 $(\Delta_i)_{D+L}$

（1） $w_D + w_L = 1.5 + 2 = 3.5\ tf/m = 35\ kgf/cm$

$$M_a = \frac{1}{2}(w_D + w_L)L^2 = \frac{1}{2}(3.5)(3)^2 = 15.75\ tf - m$$

$$\frac{M_{cr}}{M_a} = \frac{6.02}{15.75} = 0.382$$

（2） $I_e = \left(\frac{M_{cr}}{M_a}\right)^3 I_g + \left[1 - \left(\frac{M_{cr}}{M_a}\right)^3\right] I_{cr}$

$$= (0.382)^3 (540000) + \left[1 - (0.382)^3\right](248068) = 264341\ cm^4 \ < I_g$$

（3） $(\Delta_i)_{D+L} = \frac{1}{8}\frac{(w_D + w_L)L^4}{E_c I_e} = \frac{1}{8}\frac{35(300)^4}{(250998)(264341)} = 0.534cm$

2. 活載重造成的撓度 $(\Delta_i)_L = (\Delta_i)_{D+L} - (\Delta_i)_D = 0.534 - 0.133 = 0.401\ cm$

四、下圖為鋼筋混凝土橫箍柱斷面，配置 6 支 D29 鋼筋。混凝土 $f_c' = 280$ kgf/cm²，鋼筋降伏強度 $f_y = 4200$ kgf/cm²。一支 D29 鋼筋之截面積為 6.47 cm²。柱承受的軸壓力為沿 x 軸偏心，試計算此柱於平衡應變狀況下的計算軸壓強度 P_b 與計算彎矩強度 M_b。（25 分）

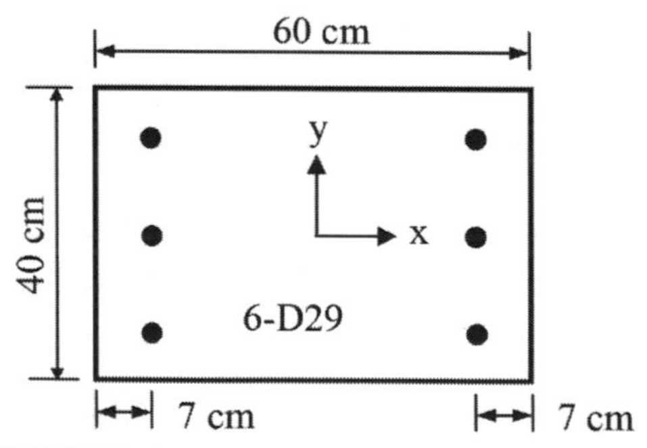

參考題解

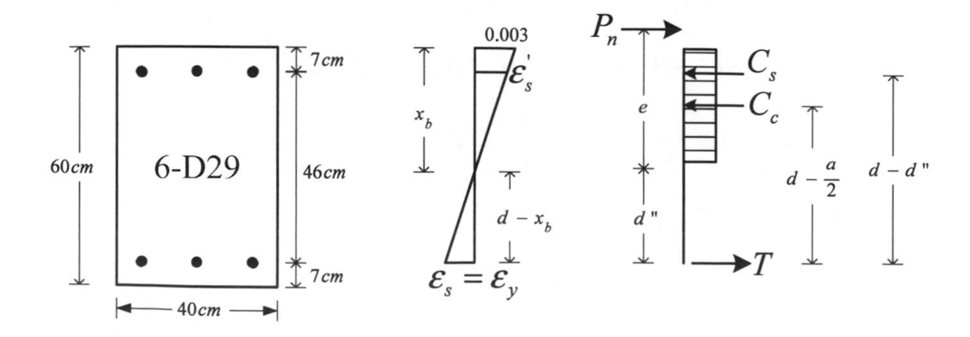

（一）中性軸位置：$x_b = \dfrac{0.003}{0.003+\varepsilon_y} d = \dfrac{0.003}{0.003+0.00206}(53) = 31.4\ cm$

（二）計算鋼筋應力：

1. 壓力筋：$\varepsilon'_s = \left(\dfrac{x_b - d'}{x_b}\right)0.003 = \left(\dfrac{31.4-7}{31.4}\right)0.003 = 2.33\times10^{-3} > \varepsilon_y \Rightarrow f'_s = f_y$

2. 拉力筋：平衡狀態，$f_s = f_y = 4200\ kgf/cm^2$

（三）混凝土與鋼筋的受力

1. 混凝土壓力：

$C_c = 0.85 f'_c ba = 0.85(280)(40)(0.85\times31.4) = 254089\ kgf \approx 254.09\ tf$

2. 壓力筋壓力：

$C_s = A'_s(f_y - 0.85 f'_c) = (3\times6.47)(4200-0.85\times280) = 76902\ kgf \approx 76.9\ tf$

3. 拉力筋拉力：$T = A_s f_y = (3\times6.47)(4200) = 81522\ kgf \approx 81.52\ tf$

（四）計算P_b、e_b、M_b

1. $P_b = C_c + C_s - T = 254.09 + 76.9 - 81.52 = 249.47\ tf$

2. 以拉力筋為力矩中心，計算偏心距e_b

$$P_b(e_b + d'') = C_c\left(d - \frac{a}{2}\right) + C_s(d - d')$$

$$\Rightarrow 249.47(e_b+23) = 254.09\left(53 - \frac{0.85\times31.4}{2}\right) + 76.9(53-7) \quad \therefore e_b = 31.6\ cm$$

3. $M_b = P_b e_b = 249.47(31.6) = 7883\ tf-cm \approx 78.83\ tf-m$

108年 公務人員高等考試三級考試試題／營建管理與工程材料

一、財務分析在營建管理學中，常成為工程專案是否可行之評定工具之一，請依據財務分析之學理，回答下列問題：工程專案中資本成本（Cost of Capital）與投資報酬率（Rate of Return）之定義為何？（12 分）又以工程專案財務可行性觀點分析上述兩者之間關係為何？（13 分）

參考題解

（一）資本成本與投資報酬率定義

1. 資本成本（Cost of Capital）：

   工程專案中企業營運時所籌集和可運用之資金（亦即不分內外部融資之企業資金）稱為資本成本，其中包括債務成本（Cost of Debt）與權益成本（Cost of Equity）。權益成本又包括混合式證券（如特別股、可轉換公司債等）與普通股權益（包括保留盈餘與普通股現金增資）。

   資本成本中以加權平均資本成本(Weighted Average Cost of Capital, WACC)最常用，其係將各項資本在企業全部資本中所占的比率為權重，加權平均計算。

2. 投資報酬率（Rate of Return）：

   係指工程專案中投資所獲得的收益與成本間的百分率。收益通常包含資本收益與非資本收益。其中以單純報酬率與內生報酬率（內部報酬率）兩種最常用。

   單純報酬率為總收益/投入總成本，不考慮利息衍生效益，又區分為以總投資期為其間知單純總報酬率與以年為期之單純年報酬率。

   內生報酬率係考慮利息衍生效益，將分析期間所有成本與收益（報酬）換算為現值（或等額年費），總收益（總報酬）減總成本為零時之利率，即內生報酬率。

（二）資本成本與投資報酬率關係

以工程專案財務可行性觀點分析，二者關係如下：

1. 資本成本可作為企業（公司）評估承攬工程專案的財務基準，當預期投資報酬率超過資本成本率，才具有承攬該工程專案之財務可行性。
2. 評估企業（公司）內部正在進行工程專案或經營的項目重組（加重或減低）之決策依據。只有預期投資報酬率超過資本成本率之工程專案或經營項目才有繼續維持或加重之經濟價值。
3. 透過預期投資報酬率之風險變化，可作為企業（公司）調整資本架構的依據。預期收益穩定時，可藉由增加債務成本（屬長期性與低成本性）之比重，降低權益成本（屬高成本性）比重，以減少資本成本（加權平均資本成本）。

二、主辦機關係依政府採購法第三十九條辦理採購，委託廠商辦理專案管理時，得依本法將其對規劃、設計、供應或履約業務之專案管理，委託廠商為之，其委託內容主要可為何？試以實務面舉 6 項委託內容。（25 分）

參考題解

「機關委託技術依服務廠商評選及計費辦法」第 9 條之規定：

機關委託廠商辦理專案管理，得依採購案件之特性及實際需要，就下列服務項目擇定之：

（一）可行性研究之諮詢及審查

1. 計畫需求之評估。
2. 可行性報告、環境影響說明書及環境影響評估報告書之審查。
3. 方案之比較研究或評估。
4. 財務分析及財源取得方式之建議。
5. 初步預算之擬訂。
6. 計畫綱要進度表之編擬。
7. 設計需求之評估及建議。
8. 專業服務及技術服務廠商之甄選建議及相關文件之擬訂。
9. 用地取得及拆遷補償分析。
10. 資源需求來源之評估。
11. 其他與可行性研究有關且載明於招標文件或契約之專案管理服務。

（二）規劃之諮詢及審查

1. 規劃圖說及概要說明書之諮詢及審查。
2. 都市計畫、區域計畫或水土保持計畫等規劃之諮詢及審查。
3. 設計準則之審查。
4. 規劃報告之諮詢及審查。
5. 其他與規劃有關且載明於招標文件或契約之專案管理服務。

（三）設計之諮詢及審查

1. 專業服務及技術服務廠商之工作成果審查、工作協調及督導。
2. 材料、設備系統選擇及採購時程之建議。
3. 計畫總進度表之編擬。

4. 設計進度之管理及協調。
5. 設計、規範（含綱要規範）與圖樣之審查及協調。
6. 設計工作之品管及檢核。
7. 施工可行性之審查及建議。
8. 專業服務及技術服務廠商服務費用計價作業之審核。
9. 發包預算之審查。
10. 發包策略及分標原則之研訂或建議，或分標計畫之審查。
11. 文件檔案及工程管理資訊系統之建立。
12. 其他與設計有關且載明於招標文件或契約之專案管理服務。

（四）招標、決標之諮詢及審查

1. 招標文件之準備或審查。
2. 協助辦理招標作業之招標文件之說明、澄清、補充或修正。
3. 協助辦理投標廠商資格之訂定及審查作業。
4. 協助辦理投標文件之審查及評比。
5. 協助辦理契約之簽訂。
6. 協助辦理器材、設備、零件之採購。
7. 其他與招標、決標有關且載明於招標文件或契約之專案管理服務。

（五）施工督導與履約管理之諮詢及審查

1. 各工作項目界面之協調及整合。
2. 施工計畫、品管計畫、預訂進度、施工圖、器材樣品及其他送審資料之審查或複核。
3. 重要分包廠商及設備製造商資歷之審查或複核。
4. 施工品質管理工作之督導或稽核。
5. 工地安全衛生、交通維持及環境保護之督導或稽核。
6. 施工進度之查核、分析、督導及改善建議。
7. 施工估驗計價之審查或複核。
8. 契約變更之處理及建議。
9. 契約爭議與索賠案件之協助處理。但不包括擔任訴訟代理人。
10. 竣工圖及結算資料之審定或複核。
11. 給排水、機電設備、管線、各種設施測試及試運轉之督導及建議。
12. 協助辦理工程驗收、移交作業。
13. 設備運轉及維護人員訓練。
14. 維護及運轉手冊之編擬或審定。

15. 特殊設備圖樣之審查、監造、檢驗及安裝之監督。

16. 計畫相關資料之彙整、評估及補充。

17. 其他與施工督導及履約管理有關且載明於招標文件或契約之專案管理服務。

◎註：

1. 另依工程會 97 年「委託專案管理模式之工程進度及品質管理參考手冊」，係分為：(1) 可行性評估階段；(2) 規劃階段；(3) 設計階段；(4) 招標發包階段；(5) 施工監督及履約管理階段；(6) 工程接管等六大項，「機關委託技術依服務廠商評選及計費辦法」則將施工監督及履約管理階段與工程接管合併為施工督導與履約管理。
2. 建議以營建生命周期各階段，任擇 1～2 委託項目（委託內容）作答。

三、下表為瀝青混凝土粗、細混合粒料篩分析試驗結果：留篩百分率、累積留篩百分率、以及過篩百分率為篩分析的重要特性，因此請說明此混合料之性質：

（一）請計算出各篩號 (A) 到 (J) 的過篩百分率（%）。（20 分）

（二）請問此混合料依據 AI MS–2 的規定之標稱最大粒徑。（3 分）

（三）請問此混合料依據 AI MS–2 的規定之最大粒徑。（2 分）

篩號公制（英制）		留篩質量（g）	過篩百分率（%）
37.5mm	(1 1/2 in)	0.00	–
25.0mm	(1 in)	0.00	100.0
19.0mm	(3/4 in)	106.18	(A)
12.5mm	(1/2 in)	343.20	(B)
9.5mm	(3/8 in)	150.69	(C)
4.75mm	(No.4)	373.00	(D)
2.36mm	(No.8)	295.38	(E)
1.18mm	(No.16)	150.61	(F)
0.60mm	(No.30)	127.02	(G)
0.30mm	(No.50)	143.59	(H)
0.15mm	(No.100)	128.41	(I)
0.075mm	(No.200)	84.65	(J)
<0.075mm	(<No.200)	96.19	–
總重量		1998.92	–

參考題解

（一）過篩百分率計算

列表計算於下：

篩號公制（英制）		留篩質量（g）	留篩百分率（%）	留篩累積百分率（%）	過篩百分率（%）	備註
37.5mm	（1 1/2 in）	0.00	0.00	0.00	-	
25.0mm	（1 in）	0.00	0.00	0.00	100.0	
19.0mm	（3/4 in）	106.18	5.31	5.31	94.69	（A）
12.5mm	（1/2 in）	343.20	17.17	22.48	77.52	（B）
9.5mm	（3/8 in）	150.69	7.54	30.02	69.98	（C）
4.75mm	（No.4）	373.00	18.66	48.68	51.32	（D）
2.36mm	（No.8）	295.38	14.78	63.46	36.54	（E）
1.18mm	（No.16）	150.61	7.54	71.00	29.00	（F）
0.60mm	（No.30）	127.02	6.35	77.35	22.65	（G）
0.30mm	（No.50）	143.59	7.18	84.53	15.47	（H）
0.15mm	（No.100）	128.41	6.42	90.95	9.05	（I）
0.075mm	（No.200）	84.65	4.24	95.19	4.81	（J）
＜0.075mm	（<No.200）	96.19	4.81	100.00	-	
合計		1998.92	100.00			

（二）標稱最大粒徑

標稱最大粒徑定義為過篩百分率 90% 以上最小篩號 ➩ 19mm（3/4in）。

（三）最大粒徑

最大粒徑定義為過篩百分率 100% 以上最小篩號 ➩ 25mm（1 in）。

◎註：AI MS-2 係指美國瀝青協會（AI）制定「瀝青混凝土及其他熱拌類之配合設計方法」。

四、請以材料特性、配比設計、或施工過程的角度，來進行說明剛性或柔性路面破壞（Pavement Distress）產生的原因，包括：鹼性粒料反應（Alkali-Aggregate Reaction）、反射性裂縫（Reflective Cracking）、路面冒油（Bleeding）、車轍（Rutting）、以及面層波浪（Surface Waves）。（25 分）

參考題解

（一）鹼性粒料反應

發生於剛性路面，主要在材料特性方面：

水泥混凝土材料中誤用活性粒料且水泥之鹼金屬含量過高，粒料中活性矽與水泥中鹼金屬（Na_2O 與 K_2O）及水反應形成水玻璃（$Na_2SiO_4 \cdot nH_2O$ 與 $K_2SiO_4 \cdot nH_2O$），水玻璃膠體產生膨脹壓力於水泥漿與骨材界面爆裂，路面形成地圖狀裂縫。反應式如下式所示：

$$\begin{matrix} Na_2O \\ K_2O \\ \text{(來自水泥)} \end{matrix} + \begin{matrix} Si \\ \\ \text{(來自粒料)} \end{matrix} + \begin{matrix} n \cdot H_2O \\ \\ \text{(來自環境)} \end{matrix} \rightarrow \begin{matrix} Na_2SiO_4 \cdot nH_2O \\ K_2SiO_4 \cdot nH_2O \\ \text{(膨脹性膠體)} \end{matrix}$$

（二）反射性裂縫

發生於柔性路面，主要在施工過程方面：

因施工時瀝青混凝土鋪面之下層原有裂縫或缺失未處理，延伸至上層鋪面引起。包括：

1. 舊水泥混凝土（剛性路面或橋面版）裂縫未處理，直接加鋪瀝青混凝土。
2. 舊瀝青混凝土裂縫未處理，直接加鋪。
3. 底層因含水量變化，產生變形。

（三）路面冒油

發生於柔性路面，因材料特性、配比設計或施工不當，鋪面表層產生瀝青過多現象。其原因如下：

1. 材料特性方面：

   採用規格過軟瀝青（粘度太低或針入度太大），與環境溫度無法適用。

2. 配比設計方面：

   （1）瀝青含量過高。

   （2）空隙率太低。

3. 施工過程方面：

   （1）粘層噴佈過多（或不均）。

   （2）粘層噴佈作業中途停頓，產生滴油。

   （3）過度滾壓（滾壓能量過高），使鋪面空隙率過低。

（四）車轍

發生於柔性路面，於車行方（車輪軌跡）之縱向表面凹陷。因材料特性、路面設計或施工不當，產生路面局部變形現象。其原因如下：

1. 材料特性方面：

   （1）採用規格過軟瀝青（粘度太低或針入度太大），與環境溫度無法適用。

   （2）基層或底層材料級配不良或粘土含量過高。

2. 路面設計方面：

   （1）瀝青混凝土面層承載力不足（尤其在高溫與重載時）。

（2）基層或底層承載力不足。

3. 施工過程方面：

（1）滾壓能量不足。

（2）面層養護時間不足（過早開放通車）。

（五）面層波浪

發生於柔性路面，於完工通車後，路面產生波浪狀不規則變形。因材料特性、配比設計或施工不當，產生鋪面局部變形現象。其原因如下：

1. 材料特性方面：

（1）基層或底層材料使用具高膨性材料（如未安定化處理鋼碴等）。

（2）基層或底層材料級配不良或粘土含量過高。

（3）使用規格過軟瀝青（粘度太低或針入度太大），與環境溫度無法適用。

2. 路面設計方面：

（1）瀝青混凝土面層承載力不足（尤其在高溫與重載時）。

（2）基層或底層承載力不足。

3. 施工過程方面：

面層鋪築平整度差。

108年 公務人員高等考試三級考試試題／測量學

一、於 P 點對 Q 點進行三角高程測量，觀測量：天頂距為 89°00'00"± 20"，斜距為 60.000m ± 0.003m，稜鏡高為 1.500m ± 0.001m，儀器高為 1.600m ± 0.010m，並已知 H_P = 10.000m ± 0.005m，所有觀測量之間均不相關。

（一）試求 Q 點的高程值最或是值（H_Q）及其標準（偏）差？（15 分）

（二）另以水準測量後視 P 點及前視 Q 點，標尺讀數分別為 1.996 m 及 0.866 m，若標尺讀數誤差為 ± 0.001m，且無其它誤差來源，試求 Q 點的高程值最或是值及其標準（偏）差。（10 分）

參考題解

（一）$H_Q = H_P + L\cdot\cos Z + i - t = 10.000 + 60.000\times\cos 89°00'00'' + 1.600 - 1.500 = 11.147m$

$$\frac{\partial H_Q}{\partial H_P} = 1$$

$$\frac{\partial H_Q}{\partial L} = \cos Z = \cos 89°00'00'' = 0.0174524$$

$$\frac{\partial H_Q}{\partial Z} = -L\times\sin Z = -60.000\times\sin 89°00'00'' = -59.99086m$$

$$\frac{\partial H_Q}{\partial i} = 1$$

$$\frac{\partial H_Q}{\partial t} = -1$$

$$M_{H_Q} = \pm\sqrt{(\frac{\partial H_Q}{\partial H_P})^2\cdot M_{H_P}^2 + (\frac{\partial H_Q}{\partial L})^2\cdot M_L^2 + (\frac{\partial H_Q}{\partial Z})^2\cdot(\frac{M_Z''}{\rho''})^2 + (\frac{\partial H_Q}{\partial i})^2\cdot M_i^2 + (\frac{\partial H_Q}{\partial t})^2\cdot M_t^2}$$

$$= \pm\sqrt{0.005^2 + 0.0174524^2\times 0.003^2 + (-59.99086)^2\times(\frac{20''}{\rho''})^2 + 0.010^2 + 0.001^2}$$

$$= \pm 0.013m$$

（二）$H_Q = H_P + b - f = 10.000 + 1.996 - 0.866 = 11.130m$

$$\frac{\partial H_Q}{\partial H_P} = 1 \qquad \frac{\partial H_Q}{\partial b} = 1 \qquad \frac{\partial H_Q}{\partial f} = -1$$

$$M_{H_Q} = \pm\sqrt{(\frac{\partial H_Q}{\partial H_P})^2 \cdot M_{H_P}^2 + (\frac{\partial H_Q}{\partial b})^2 \cdot M_b^2 + (\frac{\partial H_Q}{\partial f})^2 \cdot M_f^2}$$
$$= \pm\sqrt{0.005^2 + 0.001^2 + 0.001^2}$$
$$= \pm 0.005m$$

二、針對臺灣地區 1997 大地基準（TWD97）或稱 1997 臺灣大地基準，試說明以下：

（一）所使用之坐標框架？（5 分）

（二）所採用之參考橢球體橢球參數？（5 分）

（三）在二度分帶橫麥卡托投影系統下，針對東經 121°，北緯 23.5°的位置，試精確計算該位置之 E 坐標，並估算其 N 坐標（E、N 坐標解算過程所使用之參數及計算方法與過程均需詳加說明，否則不予計分）。（15 分）

參考題解

（一）TWD97 係採用國際地球參考框架（International Terrestrial Reference Frame，簡稱為 ITRF）。ITRF 為利用全球測站網之觀測資料成果推算所得之地心坐標系統，其方位採國際時間局（Bureau International de l'Heure` Heure，簡稱為 BIH）定義在 1984.0 時刻之方位。台灣利用 8 個追蹤站與 ITRF 聯測，並以其 1997 年坐標值來約制 105 個一等衛星點進行網形平差，平差成果當作台灣地區新的大地基準 3D 坐標參考框架。

（二）TWD97 之參考橢球體採用 1980 年國際大地測量學與地球物理學協會（International Union of Geodesy and Geophysics，簡稱為 IUGG）公布之參考橢球體（GRS80），其橢球參數如下：

長半徑 $a = 6378137m$

短半徑 $b = 6356752m$

扁率 $f = \dfrac{1}{298.257222101}$

離心率 $e^2 = 0.006694478196$ 。

（三）該點位於中央子午線上，故

1. 由於二度分帶橫麥卡托投影之坐標原點中央子午線與赤道交點，投影後該點的 E 坐標為 0 公尺，然考量橫坐標不為負值，將原點西移 250,000 公尺，故該點的 E 坐標為 250,000 公尺。
2. 設地球半徑為 6371000 公尺，則從投影原點到該點的投影前弧長為：

$$6371000 \times 23.5° \times \frac{\pi}{180°} = 2613080.776m$$

考量中央子午線的投影尺度比為 0.9999，故該點的 N 坐標為：

$2613080.776 \times 0.9999 = 2612819.468$ 公尺。

三、一矩形採以下兩種方式測量，長度測量單位均為公尺：

(1)長及寬測量所得之標準（偏）差分別為 $\pm\sigma_a$ 及 $\pm\sigma_b$；

(2)四個邊長均測量，兩長及兩寬測量所得之標準（偏）差分別為 $\pm\sigma_{a1}$，$\pm\sigma_{a2}$，$\pm\sigma_{b1}$，$\pm\sigma_{b2}$，其中 $\sigma_{a1} = \sigma_{a2} = \sigma_a$；$\sigma_{b1} = \sigma_{b2} = \sigma_b$，

（一）分別計算(1)與(2)之周長標準（偏）差。（15 分）

（二）那一種測量方式所得周長品質較佳？其原因為何？（10 分）

參考題解

（一）(1) 周長 $L_1 = 2a + 2b$

$$\frac{\partial L_1}{\partial a} = 2，\frac{\partial L_1}{\partial b} = 2$$

$$\sigma_{L_1} = \pm\sqrt{(\frac{\partial L_1}{\partial a})^2 \cdot \sigma_a^2 + (\frac{\partial L_1}{\partial b})^2 \cdot \sigma_b^2} = \pm\sqrt{2^2 \times \sigma_a^2 + 2^2 \times \sigma_b^2} = \pm 2 \times \sqrt{\sigma_a^2 + \sigma_b^2}$$

(2) 兩長平均值 $\bar{a} = \frac{a_1 + a_2}{2} = \frac{1}{2}a_1 + \frac{1}{2}a_2$

$$\frac{\partial \bar{a}}{\partial a_1} = \frac{1}{2}，\frac{\partial \bar{a}}{\partial a_2} = \frac{1}{2}$$

$$\sigma_{\bar{a}} = \pm\sqrt{(\frac{\partial \bar{a}}{\partial a_1})^2 \cdot \sigma_{a_1}^2 + (\frac{\partial \bar{a}}{\partial a_2})^2 \cdot \sigma_{a_2}^2} = \pm\sqrt{(\frac{1}{2})^2 \times \sigma_a^2 + (\frac{1}{2})^2 \times \sigma_a^2} = \pm\frac{\sigma_a}{\sqrt{2}}$$

兩寬平均值 $\bar{b} = \frac{b_1 + b_2}{2} = \frac{1}{2}b_1 + \frac{1}{2}b_2$

$$\frac{\partial \bar{b}}{\partial b_1} = \frac{1}{2}，\frac{\partial \bar{b}}{\partial b_2} = \frac{1}{2}$$

$$\sigma_{\bar{b}} = \pm\sqrt{(\frac{\partial \bar{b}}{\partial b_1})^2 \cdot \sigma_{b_1}^2 + (\frac{\partial \bar{b}}{\partial b_2})^2 \cdot \sigma_{b_2}^2} = \pm\sqrt{(\frac{1}{2})^2 \times \sigma_b^2 + (\frac{1}{2})^2 \times \sigma_b^2} = \pm\frac{\sigma_b}{\sqrt{2}}$$

周長 $L_2 = 2\bar{a} + 2\bar{b}$

$$\frac{\partial L_2}{\partial \bar{a}}=2 \text{ ， } \frac{\partial L_2}{\partial \bar{b}}=2$$

$$\sigma_{L_2}=\pm\sqrt{(\frac{\partial L_2}{\partial \bar{a}})^2\cdot\sigma_{\bar{a}}^2+(\frac{\partial L_2}{\partial \bar{b}})^2\cdot\sigma_{\bar{b}}^2}=\pm\sqrt{2^2\times(\frac{\sigma_a}{\sqrt{2}})^2+2^2\times(\frac{\sigma_b}{\sqrt{2}})^2}=\pm\sqrt{2}\times\sqrt{\sigma_a^2+\sigma_b^2}$$

（二）因為 $\sigma_{L_2}<\sigma_{L_1}$ ，故第(2)種測量方式所得周長品質較佳。

四、針對衛星定位測量：

（一）說明單點定位及相對定位之觀測量、未知數及解算方程式。（15分）

（二）何謂精度因子（Dilution of Precision, DOP）？如何求解 DOP？（10分）

參考題解

（一）設測站 R 的坐標為 (X_R,Y_R,Z_R)，衛星 S 的坐標為 (X^S,Y^S,Z^S)，衛星至測站的虛擬距離為 ρ_R^S ，衛星時錶誤差為 t^S ，接收儀時錶誤差為 t_R ，電離層延遲誤差改正值為 d_{ino} ，對流層延遲誤差改正值為 d_{trop} 。

1. 單點定位通常是以測距碼觀測方式為之，其衛星至測站空間距離的方程式為：

$$\rho_R^S=\sqrt{(X^S-X_R)^2+(Y^S-Y_R)^2+(Z^S-Z_R)^2}+C\cdot\delta t_R-C\cdot\delta t^S+d_{ion}+d_{trop}$$

上式中的虛擬距離 ρ_R^S 為觀測量；(X^S,Y^S,Z^S)、t^S 、d_{ino} 和 d_{trop} 為已知值，可以由導航電文獲得；需解算的未知數有三個測站坐標值 (X_R,Y_R,Z_R) 和接收儀時錶誤差 t_R 。

2. 相對定位通常是以載波相位觀測方式為之，其衛星至測站空間距離的方程式為：

$$\rho_R^S=\sqrt{(X_R-X^S)^2+(Y_R-Y^S)^2+(Z_R-Z^S)^2}+C\cdot\delta t_R-C\cdot\delta t^S-d_{ino}-d_{trop}-\lambda\cdot N_0$$

上式中的虛擬距離 ρ_R^S 為觀測量；(X^S,Y^S,Z^S)、t^S 、d_{ino} 和 d_{trop} 為已知值，可以由導航電文獲得；週波未定值 N_0 可以利用觀測方程式透過特定解算技巧獲得；需解算的未知數有三個測站坐標值 (X_R,Y_R,Z_R)、接收儀時錶誤差 t_R 。

不論單點定位或是相對定位都需要解算四個未知數，因此衛星定位時至少需同時觀測四顆衛星的觀測量。

（二）衛星定位的精度與衛星幾何分佈圖形因素有關。為了表示衛星幾何分布圖形對定位精度的影響，引入精度因子 DOP 的概念。在觀測過程中，每接收一次觀測資料（完成一次單點定位）時，衛星幾何分布圖形品質就以當下的 DOP 值表示，因此觀測過程中

DOP 值會隨時改變。

根據每次接收資料時觀測衛星的方程式進行間接觀測平差計算，平差計算時的係數矩陣 A 是由測站至各個衛星的空間距離的方向餘弦值所組成，再由係數矩陣 A 計算四個未知數(X_R, Y_R, Z_R, t_R)的權係數矩陣 Q：

$$Q = (A^T \cdot A)^{-1} = \begin{bmatrix} Q_{XX} & Q_{XY} & Q_{XZ} & Q_{Xt} \\ Q_{YX} & Q_{YY} & Q_{YZ} & Q_{Yt} \\ & & Q_{ZZ} & Q_{Zt} \\ \text{對稱} & & & Q_{tt} \end{bmatrix}$$

因為 A 矩陣取決於各觀測衛星的幾何分佈圖形，故權係數矩陣 Q 是由觀測衛星的幾何分佈圖形所決定的。由權係數矩陣可以計算出下列各種 DOP 值：

平面點位精度因子 HDOP（Horizontal DOP）：$HDOP = \sqrt{Q_{XX} + Q_{YY}}$

高程精度因子 VDOP（Vertical DOP）：$VDOP = \sqrt{Q_{ZZ}}$

點位精度因子 PDOP（Position DOP）：$PDOP = \sqrt{Q_{XX} + Q_{YY} + Q_{ZZ}}$

時間精度因子 TDOP（Time DOP）：$TDOP = \sqrt{Q_{tt}}$

幾何精度因子 GDOP（Geometric DOP）：$GDOP = \sqrt{Q_{XX} + Q_{YY} + Q_{ZZ} + Q_{tt}}$

單元 2

公務人員普考

108年 公務人員普通考試試題／工程力學概要

一、圖 1 為一不規則板塊，試求圖中斜線面積之 $\bar{y}$ 及慣性矩 I_x。（25 分）

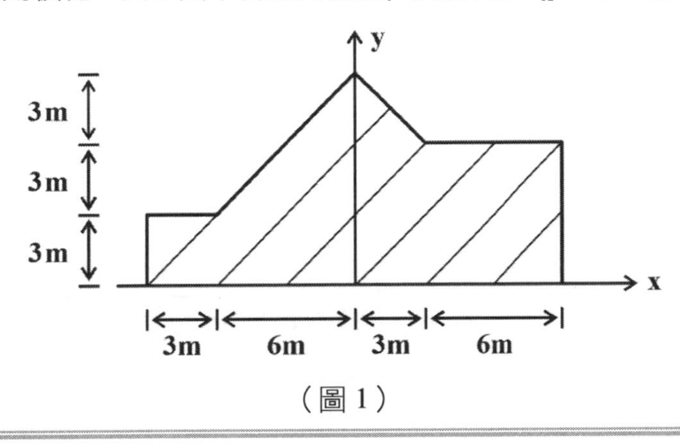

（圖 1）

參考題解

（一）如下圖所示，其中

$$A_1=\frac{9}{2}m^2\;；\;A_2=\frac{9(18)}{2}=81m^2\;；\;A_3=\frac{36}{2}=18m^2$$

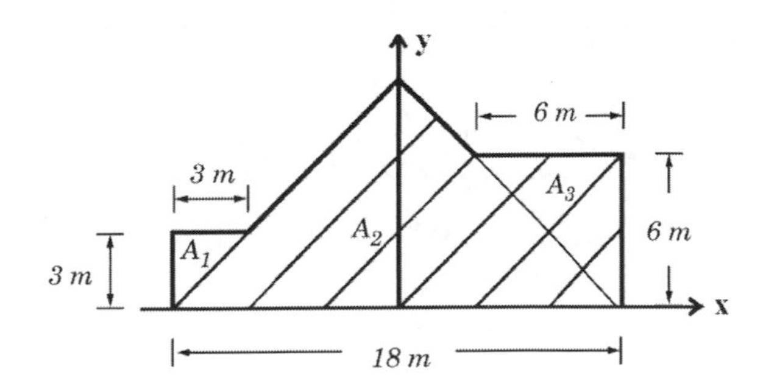

斜線面積之形心的 y 座標為

$$\bar{y}=\frac{A_1(2)+A_2(3)+A_3(4)}{A_1+A_2+A_3}=3.13m$$

（二）斜線面積對 x 軸之慣性矩為

$$I_x=\left[\frac{3^4}{36}+\left(\frac{9}{2}\right)(2)^2\right]+\frac{18(9)^3}{12}+\left[\frac{6^4}{36}+(18)(4)^2\right]=1437.75m^4$$

二、圖2為一桁架結構，其中A點為滾支承，B點為鉸支承，外力施加方式如圖所示。已知斜桿件 a、b、c、d 僅能承受拉力而無法承受壓力，試求此桁架受力後 A 支承反力 R_A、B支承反力 R_B、及b桿、e桿、f桿之內力 S_b、S_e、S_f。（桿件力需說明為拉力或壓力）（25分）

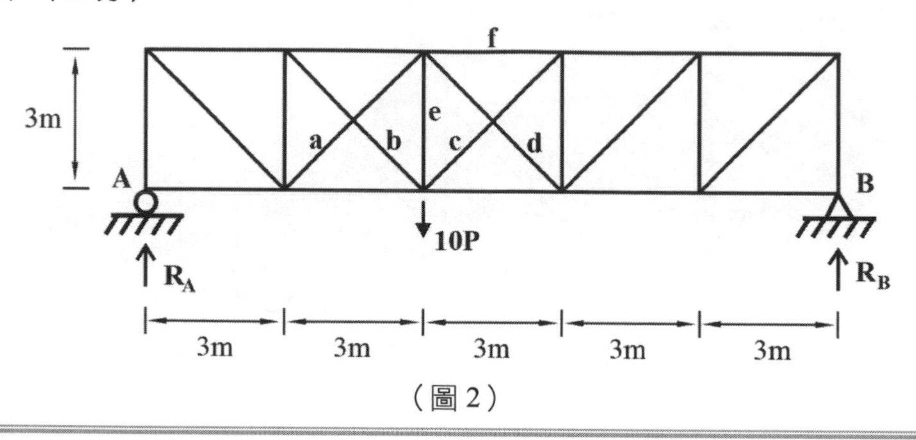

（圖2）

參考題解

（一）求支承力，如圖（a）所示，可得

$$R_A=\frac{10P(3)}{5}=6P(\uparrow)\text{；}R_B=\frac{10P(2)}{5}=4P(\uparrow)$$

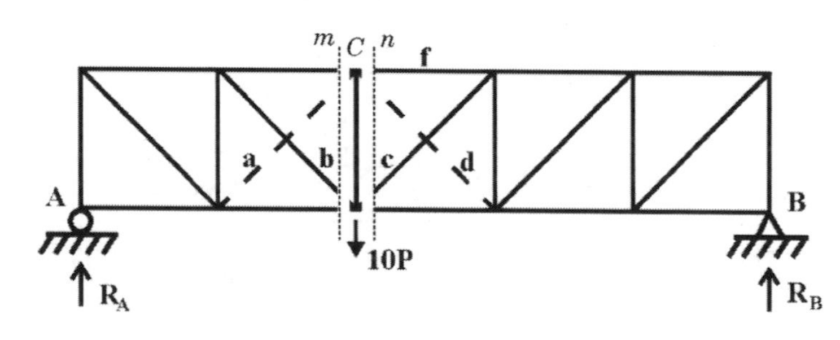

圖（a）

（二）考慮斷面之變形，可知a桿及d桿內力為零。再參圖（b）及圖（c）所示可得

$$V_m=6P=\frac{S_b}{\sqrt{2}}\text{；}V_n=4P=\frac{S_c}{\sqrt{2}}$$

解得

$$S_b=6\sqrt{2}P(\text{拉力})\text{；}S_c=4\sqrt{2}P(\text{拉力})$$

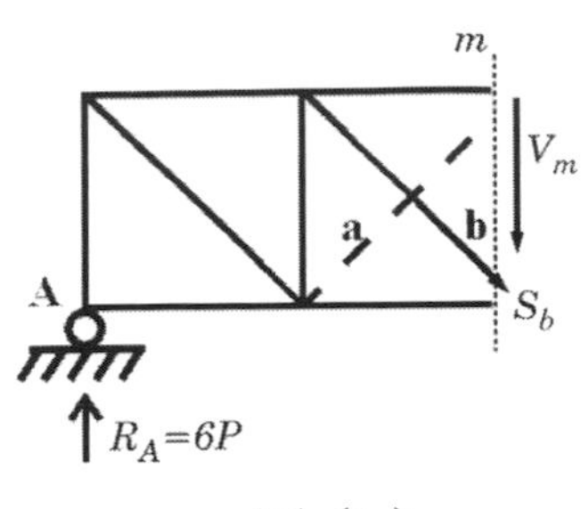

圖（b）

圖（c）

（三）考慮 **n** 斷面之彎矩可得

$$M_n = 36P = -3S_f$$

解得

$$S_f = -12P(\text{壓力})$$

（四）由節點 C 可得 $S_e = 0$ 。

三、圖 3 為一梁結構，C 點為一內鉸接無法承受彎矩，AB 段及 CD 段分別施加均佈載重 $w_1 = 8t/m$、$w_2 = 4t/m$。試求 B 點反力 R_B，及 D 點反力 R_D，並繪製該梁受力後之剪力圖及彎矩圖。（25 分）

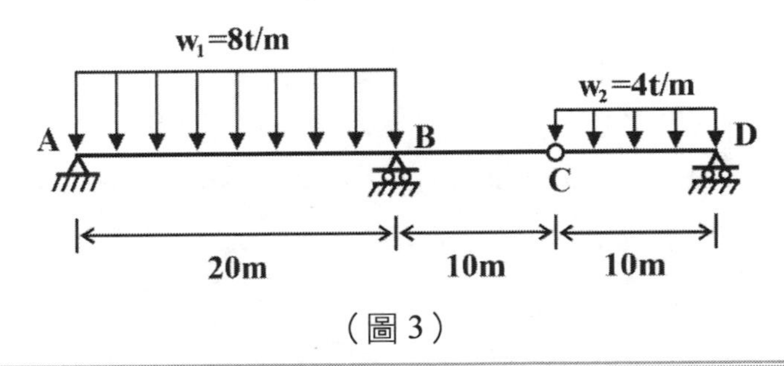

（圖 3）

參考題解

（一）支承力如下圖所示，其中

$$R_A = 70t(\uparrow)\text{；}R_B = 110t(\uparrow)\text{；}R_D = 20t(\uparrow)$$

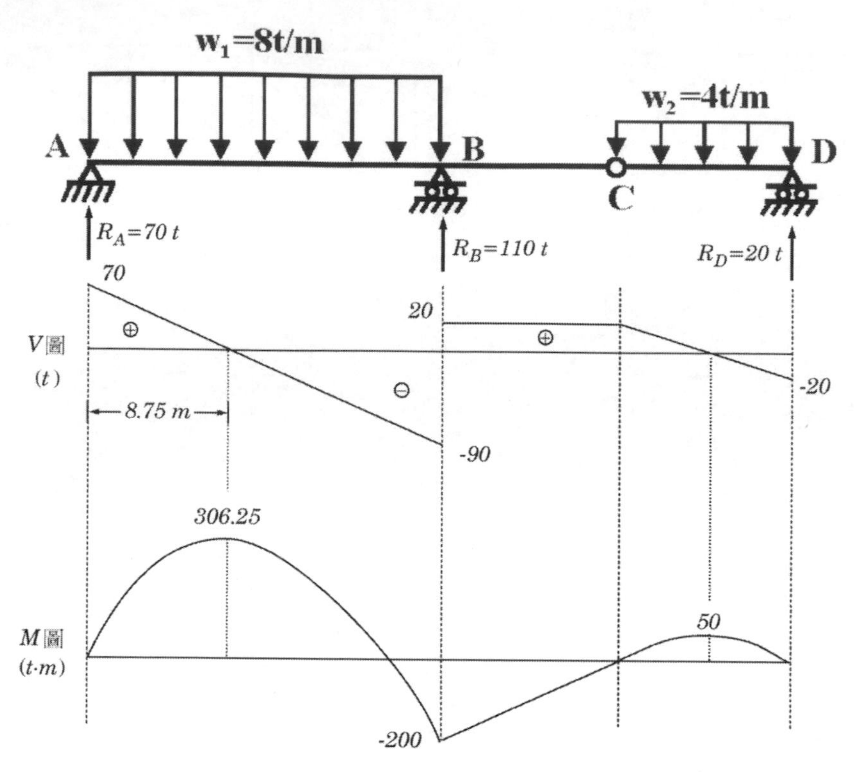

（二）依面積法可得剪力圖及彎矩圖，如上圖中所示。

四、圖 4 顯示一結構，今於 B 點及 D 點分別設置具 k_s 之線性彈簧，4 個線性彈簧配置方式如圖所示。若於 E 點施加一軸向壓力 P，試求此結構發生挫屈時之臨界載重 P_{cr}。（25 分）

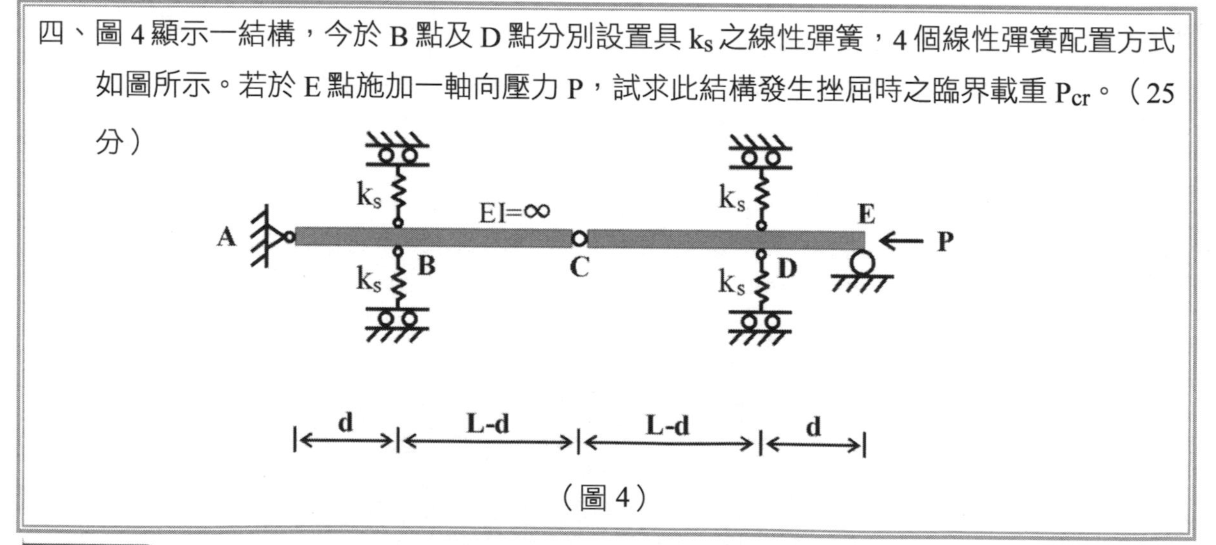

（圖 4）

參考題解

（一）如下圖所示，取 θ 為廣義座標，可得總位能為

$$V(\theta)=4\left[\frac{k_s}{2}(\theta\cdot d)^2\right]+2PL\left(1-\frac{\theta^2}{2}\right) \cdots\cdots ①$$

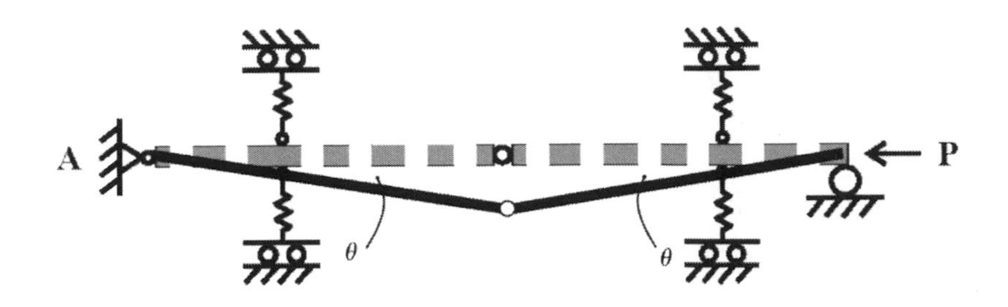

（二）微分 ① 式並令為零

$$\frac{\partial V}{\partial \theta} = \left(4k_s d^2 - 2PL\right)\theta = 0$$

當 $\theta \neq 0$ 時，由上式得臨界載重 P_{cr} 為

$$P_{cr} = \frac{2k_s d^2}{L}$$

108年 公務人員普通考試試題／結構學概要與鋼筋混凝土學概要

一、如圖一所示具有三鉸之結構，試求出支承 A 與 C 之反力及接合處 B 之內力。（25 分）

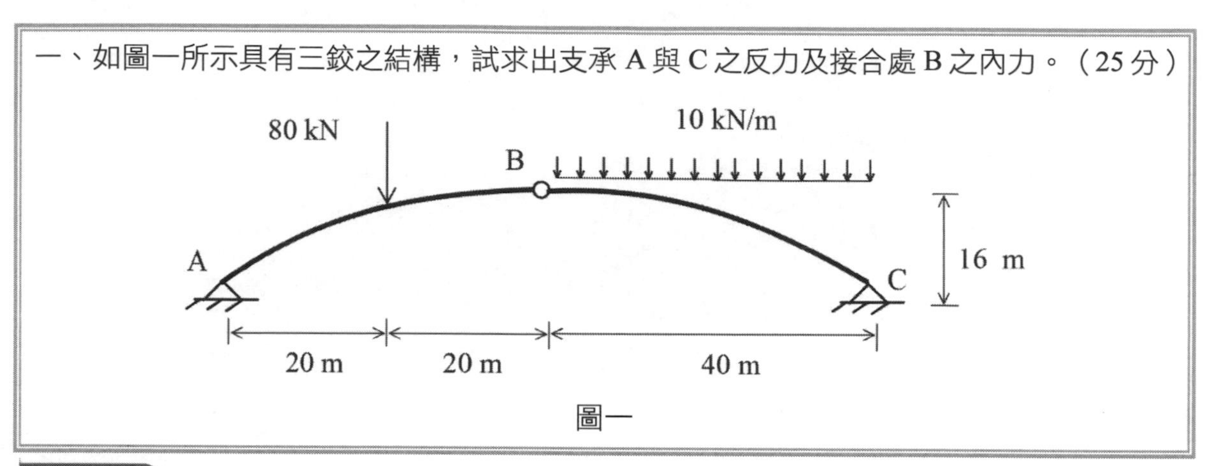

圖一

參考題解

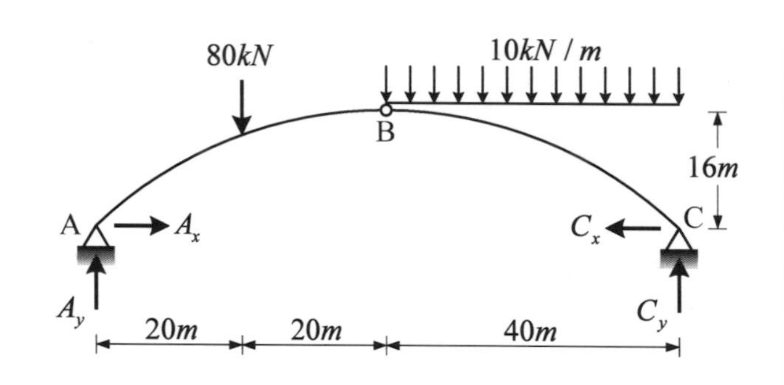

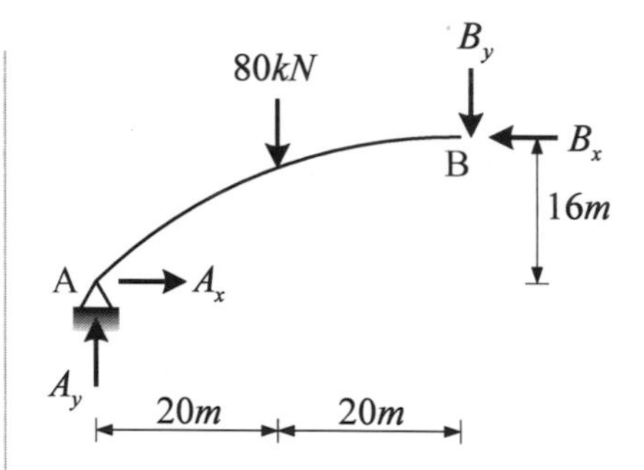

（一）整體結構力矩平衡

$\Sigma M_C = 0$，$(10\times40)\times20 + 80\times60 = A_y\times80 \;\therefore A_y = 160kN\,(\uparrow)$

（二）切開 B 點，取 AB 自由體進行平衡

1. $\Sigma M_B = 0$，$80\times20 + A_x\times16 = A_y\times40 \;\therefore A_x = 300kN\,(\rightarrow)$
2. $\Sigma F_x = 0$，$B_x = A_x \;\therefore B_x = 300kN\,(\leftarrow)$
3. $\Sigma F_y = 0$，$B_y + 80 = A_y \;\therefore B_y = 80kN\,(\downarrow)$

（三）整體結構水平力平衡

$\Sigma F_x = 0$，$A_x = C_x \;\therefore C_x = 300kN\,(\leftarrow)$

（四）整體結構垂直力平衡

$\Sigma F_y = 0$，$A_y + C_y = 80 + (10\times40) \;\therefore C_y = 320kN\,(\uparrow)$

（五）支承反力與 B 處內力如下圖所示

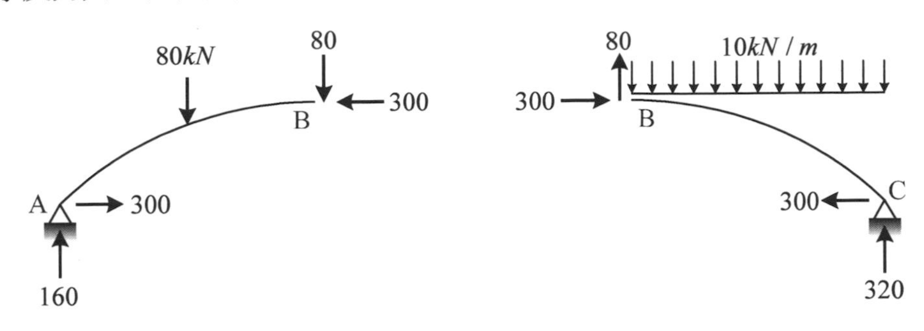

二、如圖二所示之梁，已知最大正彎矩為最大負彎矩量值的 4 倍，試求 L 長度為何？註：正彎矩之定義為造成梁斷面底部產生拉應力者。（25 分）

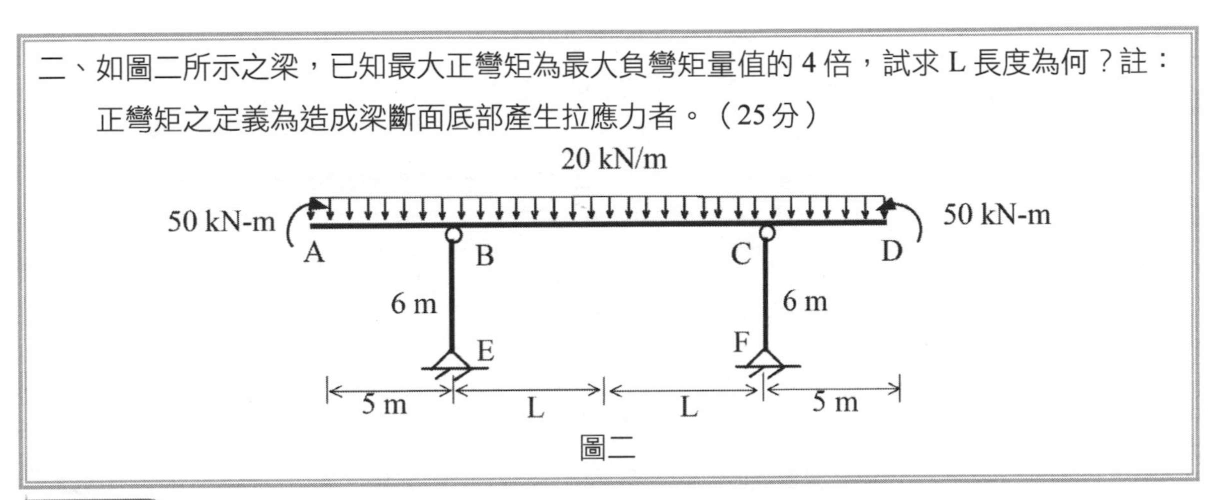

圖二

參考題解

（一）根據梁對稱受力特性，可得梁 ABCD 自由體的受力情況與剪力圖、彎矩圖如下

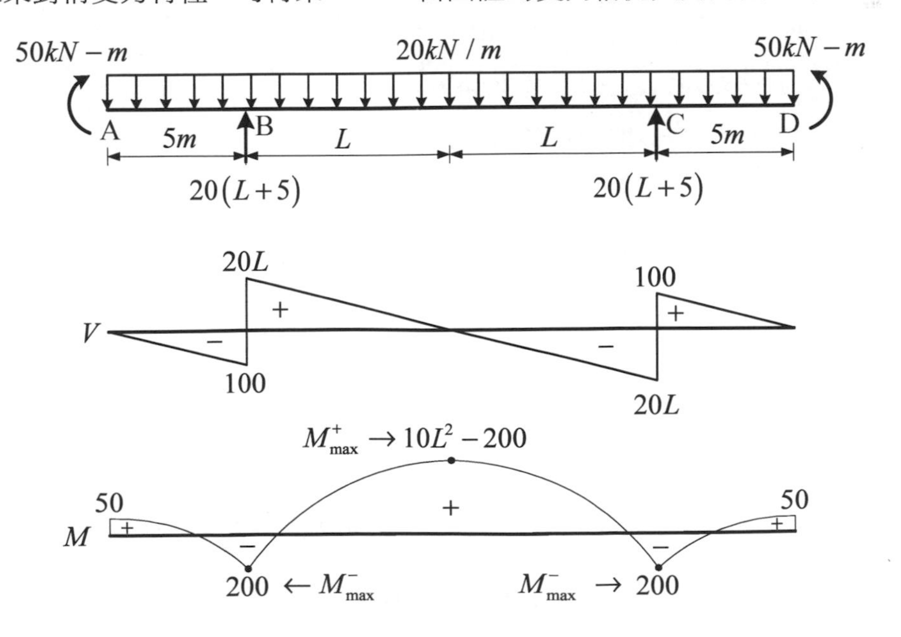

（二）依據題意

$$M_{max}^{+}=4M_{max}^{-}\Rightarrow 10L^2-200=4(200)\ \therefore L=10m$$

鋼筋混凝土學概要依據及作答規範：內政部營建署「混凝土結構設計規範」（內政部 100.6.9 台內營字第 1000801914 號令）；中國土木水利學會「混凝土工程設計規範」（土木 401–100）。未依上述規範作答，不予計分。

三、有一鋼筋混凝土梁，梁寬 b = 35 cm，有效梁深 d = 53 cm。梁斷面承受設計彎矩 M_u = 60 tf-m，配置 6 支 D29 拉力鋼筋。混凝土 f_c' = 350 kgf/cm²，鋼筋降伏強度 f_y = 4200 kgf / cm²。一支 D29 鋼筋截面積為 6.47 cm²。試檢核此斷面配置的拉力鋼筋是否符合設計規範之規定。（25 分）

參考題解

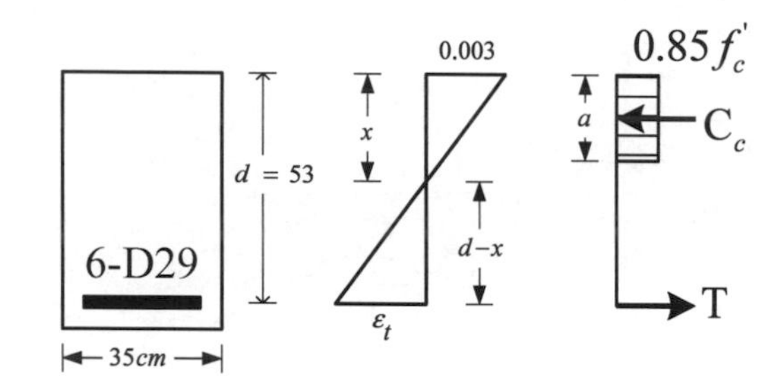

（一）計算中性軸位置（假設拉力鋼筋降伏）

1. $C_c=0.85f_c'ba=0.85(350)(35\times 0.8x)=8330x$
2. $T=A_sf_y=(6\times 6.47)\times 4200=163044\ kgf$
3. $\sum F_x=0$，$C_c=T\ \Rightarrow 8330x=163044\ \ \therefore x=19.6\ cm$

（二）確認拉力筋是否降伏

$$\varepsilon_t=\frac{d-x}{x}(0.003)=\frac{53-19.6}{19.6}(0.003)=0.0051>\varepsilon_y\ (OK)$$

（三）折減係數ϕ及 M_n

1. $\varepsilon_t=0.0051>0.005\quad \therefore \phi=0.9$
2. $C_c=T=163044\ kgf\approx 163.04\ tf$

$$M_n=C_c\left(d-\frac{a}{2}\right)=163.04\left(53-\frac{0.8\times 19.6}{2}\right)=7363\ tf-cm\approx 73.63\ tf-m$$

（四）強度檢核：$\phi M_n\geq M_u\ \Rightarrow 0.9(73.63)\geq 60\ (ok)$

（五）規範限制

1. 最大鋼筋量限制：$\varepsilon_t \geq 0.004 \quad \Rightarrow 0.0051 > 0.004 \; (ok)$

2. 最小鋼筋量限制：

$$A_{s,\min} = \begin{cases} \dfrac{0.8\sqrt{f_c'}}{f_y} bd = \dfrac{0.8\sqrt{350}}{4200}(35\times 53) = 6.61\ cm^2 \\ \dfrac{14}{f_y} bd = \dfrac{14}{4200}(35\times 53) = 6.18\ cm^2 \end{cases}$$

$$\therefore \ A_s = (6\times 6.47)\ cm^2 > A_{s,\min} \qquad (ok)$$

四、有一矩形斷面鋼筋混凝土梁，梁寬 b = 30 cm，有效梁深 d = 56 cm。此梁承受設計剪力 V_u = 36 tf。混凝土 f_c' = 280 kgf / cm²，剪力鋼筋 f_{yt} = 2800 kgf / cm²。使用 D13 矩形閉合鋼筋為剪力鋼筋，一支 D13 鋼筋之截面積為 1.27 cm²。試計算剪力鋼筋的間距。（25 分）

參考題解

（一）強度需求

1. 設計剪力：$V_u = 36tf$

2. 設計間距 s

（1）剪力計算強度需求：$V_u = \phi V_n \Rightarrow V_n = \dfrac{V_u}{\phi} = \dfrac{36}{0.75} = 48tf$

（2）混凝土剪力強度：

$$V_c = 0.53\sqrt{f_c'} b_w d = 0.53\sqrt{280}(30\times 56) = 14899\ kgf$$

（3）剪力筋強度需求：$V_n = V_c + V_s \Rightarrow 48\times 10^3 = 14899 + V_s \quad \therefore V_s = 33101\ kgf$

（4）$V_s = \dfrac{dA_v f_y}{s} \Rightarrow 33101 = \dfrac{(56)(2\times 1.27)(2800)}{s} \quad \therefore s = 12\ cm$

（二）最大鋼筋量間距規定

$$1.06\sqrt{f_c'} b_w d \leq V_s \leq 2.12\sqrt{f_c'} b_w d \Rightarrow s \leq \left(\frac{d}{4}\ ,\ 30cm\right) \Rightarrow s \leq \left(\frac{56}{4}cm\ ,\ 30cm\right) \quad \therefore s = 14cm$$

（三）最少鋼筋量間距規定

$$s \leq \left\{\frac{A_v f_{yt}}{0.2\sqrt{f_c'} b_w}\ ,\ \frac{A_v f_{yt}}{3.5 b_w}\right\}_{\min} \Rightarrow s \leq \left\{\frac{(2\times 1.27)(2800)}{0.2\sqrt{280}(30)}\ ,\ \frac{(2\times 1.27)(2800)}{3.5(30)}\right\}_{\min}$$

$$\Rightarrow s \leq \{70.8cm\ ,\ 67.7cm\}_{\min} \quad \therefore s = 67.7\ cm$$

（四）綜合（一）（二）（三），$s = \{12cm\ ,\ 14cm\ ,\ 67.7cm\}_{\min} = 12\ cm$，由剪力強度控制。

108年 公務人員普通考試試題／土木施工學概要

一、若隧道施作時，發現隧道淨空變位大或變形速率過快時，請說明可行之處理對策，以防產生隧道災變？（25 分）

參考題解

（一）初步處理對策

1. 減少開挖（炸）與支保架設間之時間。
2. 提前進行岩栓打設。
3. 噴凝土設置伸縮縫（發生裂縫時）。
4. 縮減輪進長度（台階與仰拱輪進長度）。

（二）進階處理對策

初步處理對策效果不顯著時或允許大幅度變動時，可採用下列進階處理對策：

1. 增加岩栓數量或岩栓長度。
2. 岩栓墊片增設彈性材（提高岩栓抗變形性能）。
3. 採臨時仰拱工法。
4. 改用微台階工法。
5. 縮短台階長度，以利於實施襯砌早期閉合。

二、混凝土為常用的營建材料，請依據混凝土相關學理與知識，逐一回答下列問題：

（一）混凝土主要由水、水泥、粗骨材、細骨材、與摻料所組成。請說明水於混凝土工程之使用用途？（13 分）

（二）某混凝土配比設計，選用之水灰比為 0.42，若此批混凝土共計使用 420 公斤拌合水，請計算與說明此批混凝土共需使用幾包袋裝水泥（列出計算式）？（12 分）

參考題解

（一）水於混凝土工程之用途

1. 洗滌用：
   （1）降低或除去骨材中常見有害物（如土塊、過＃200 篩物質、煤炭、鹽類與植物殘屑等）。
   （2）清除模板脫模後上混凝土殘屑。

2. 拌合用：與膠結材拌合後使混凝土新拌狀態具有工作性，硬固狀態因水化反應產生強度。
3. 養治用：提供混凝土持續水化作用所需水份，使混凝土之強度健全發展。
4. 脫模用：木模板需以水濕潤（或塗脫模劑），避免混凝土硬化後粘模，損及混凝土鑄面與模板襯板，使容易脫模並提高模板轉用率。

（二）水泥數量計算

$$水灰比=\frac{水質量}{水泥質量}$$

$$水泥質量=\frac{水質量}{水灰比}$$

$$=420 / 0.42=1000（kg）=1000 / 50（包）=20（包）$$

三、道路銑鋪時，可能因故造成粒料分離（俗稱跳料）。請説明粒料分離的成因、缺失改善措施與預防對策？（25 分）

參考題解

道路銑鋪時，造成粒料分離的成因、缺失改善措施與預防對策

（一）成因
1. 瀝青混凝土拌合不均勻或配比不良。
2. 黏層灑佈不足或不均。
3. 滾壓時溫度過低
   （1）瀝青混凝土進場溫度過低。
   （2）進場至滾壓完成時間過長。
4. 滾壓不確實。
5. 滾壓時噴水過多。
6. 養護時間不足（過早開放通車）。

（二）缺失改善措施
1. 瀝青拌合細粒料修補或加鋪。
2. 切割後刨除重鋪。

（三）預防對策
1. 駐廠品質管制作業確實。
2. 黏層應以灑佈機均勻噴灑。

3. 瀝青混凝土拌合溫度應符合規範要求（120℃～163℃）（供料商之自主檢查）。
4. 運送時，採防止溫度降溫過快之措施（蓋帆布）。
5. 鋪築至滾壓程序之標準化。
6. 氣溫過低，以鋪築機瓦斯設備加溫（經監造者同意）。
7. 確實滾壓作業。
8. 滾壓時，防止黏輪之噴水應適量。
9. 溫度於 50℃以上時，禁止開放通車。
10. 嚴禁鋪面噴水降溫。

四、建築物基礎施工時，可能因故造成擋土壁側向變位太大或地面沉陷增加，工地四周路面開裂，鄰近地面及牆壁產生破壞性裂縫。請說明上述基礎開挖問題的緊急應變處置方法。（25 分）

參考題解

（一）共同緊急應變處置方面
1. 立即停止開挖作業，現場人員全力針對災變進行緊急應變處置。
2. 工區四周設立禁止通行標誌，非搶救人員不得進入。
3. 基地周圍有維生管線時，應通知相關主管單位派員檢查，若有損壞現象，應關閉管線進行修補。
4. 加設與補換（原設置損壞，且有必要時繼續使用）相關監測設施，提高監測頻率，加強安全監測至復工（或基礎施工完成）為止。
5. 派遣人員巡視基地四周鄰房及道路之損壞狀況，若有沉陷或淘空現象，考慮先進行填塞灌漿，防止二次災害發生。

（二）分項緊急應變處置方面
1. 開挖面砂湧：
（1）緊急回填砂包於發生砂湧區域。
（2）砂湧區域周圍進行積水抽除與止水灌漿，並嚴密監視灌漿壓力與砂湧處之地盤變化。
（3）進行止水灌漿後，若砂湧情形仍未見改善，則於基地內回填級配砂石或灌水。
（4）中間柱基礎因砂湧淘空，中間柱或支撐系統需加以補強。
2. 開挖面隆起：
（1）局部隆起：

①針對有挫屈現象之支撐系統進行補強。

②分區開挖方式進行開挖，保留部分區內之土壤，以穩定開挖面。

③儘可能除去地基四周地表荷重，必要時挖除部分地表土壤，至基礎施工完成後，再進行回填。

（2）全面隆起：

①必要時先緊急灌水。

②緊急回填級配砂石料。

3. 擋土壁管湧：

（1）管湧處緊急止滲處理，依滲水程度，處置如下：

①擋土壁面單純滲水：在滲水點以無收縮水泥進行表面封孔處理（滲水量大時，採封模後以無收縮水泥砂漿灌漿處理），並埋設導水管（包覆濾層）導水。

②擋土壁面滲水帶砂：以砂包圍堵滲漏點。

③破洞大且滲漏嚴重：以取現地土壤回填管湧處，防止破洞之擴大。

（2）在擋土壁外側進行低壓灌漿，並嚴密監控灌漿壓力與灌漿量。

（3）低壓灌漿無效時：緊急灌水或回填級配砂石。

4. 擋土支撐失敗：

（1）擋土壁未斷裂：

①針對支撐系統尚未破壞部分進行補強措施，以強化支撐系統原有之支撐勁度。

②對於已破壞之支撐系統儘速予以清除，並架設臨時支撐於擋土壁上，施加預力，以避免擋土壁持續變形。

（2）擋土壁已斷裂：

①緊急於支撐失敗崩坍區回填級配砂石。

②於回填區域進行掛網噴漿或鋪設大型帆布，穩定坡面。

③針對尚未破壞支撐系統進行補強。

④斷裂擋土壁外側，施打臨時性擋土壁（鋼版樁或鋼管排樁等），並與原有未斷裂之擋土壁相連接，接合處進行止水處理。

5. 擋土壁破壞：

（1）緊急於基地發生擋土壁破壞之區域回填級配砂石。

（2）於回填區域進行掛網噴漿或鋪設大型帆布，以穩定坡面。

（3）於擋土壁破壞處施打臨時性擋土壁（鋼版樁或鋼管排樁等），並與原有未破壞之擋土壁相連接，接合處進行止水處理。

108年 公務人員普通考試試題／測量學概要

一、繪圖並以文字說明磁偏角以及製圖角（或稱子午線收斂角）之定義及用途。（25 分）

參考題解

（一）磁偏角

由於地球磁極和地球自轉軸南北極並不重合，因此過的地球表面上某點的磁子午線和真子午線也不重合，二者之間的夾角稱為磁偏角，如圖中的δ角。因此定義磁偏角為磁北與真北之間的夾角，若磁北在真北東側時稱為東偏，磁北在真北西側時稱為西偏，應用時定義東偏為正，西偏為負。

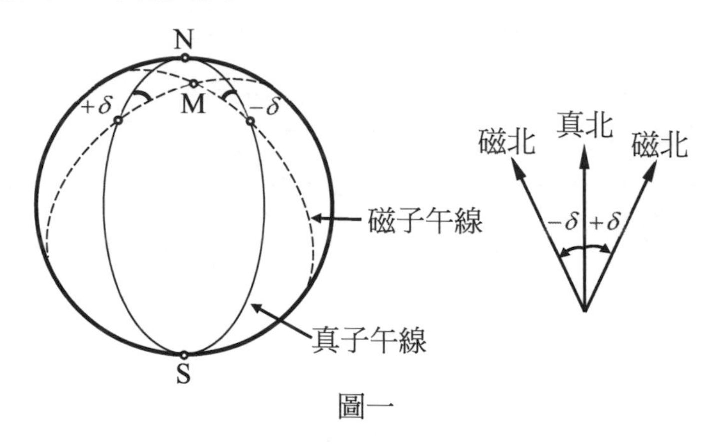

圖一

（二）製圖角

對各 TM 投影帶而言，離開投影帶中央子午線各點的坐標縱軸方向（坐標北）與其子午線方向並不重合，如圖二中的γ角便是分處中央子午線二側的製圖角。因此定義製圖角為坐標北與真北之間的夾角，若坐標北在真北東側稱為東偏，坐標北在真北西側稱為西偏，且定義東偏為正，西偏為負。

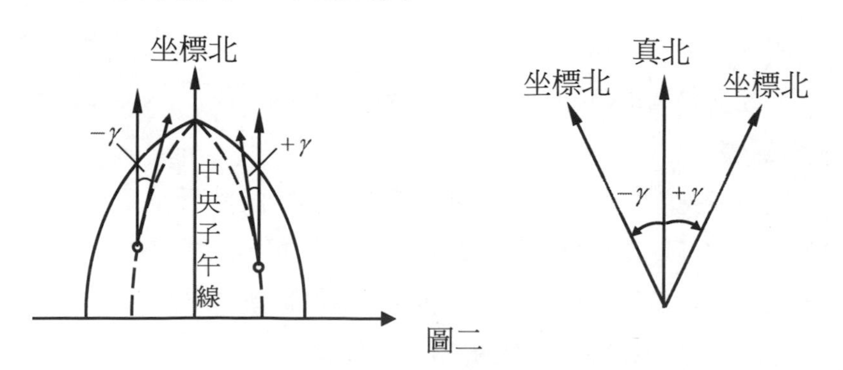

圖二

二、某全測站具備天頂距全圓周式之垂直角度盤，若其垂直角觀測誤差為 ± 5"。以該儀器進行某方向線之垂直角觀測，正鏡讀數為 78°46'30"，倒鏡讀數為 281°13'25"，則：
（一）進行指標差改正後之垂直角（天頂距）為若干？（15 分）
（二）試分析指標差是否顯著？（10 分）

參考題解

（一）指標差 $i=\frac{1}{2}(Z_1+Z_2-360°)=\frac{1}{2}(78°46'30''+281°13'25''-360°)=-2.5''$

指標差改正後之天頂距 $=78°46'30''+2.5''=78°46'32.5''$

指標差改正後之垂直角 $=90°-78°46'32.5''=+11°13'27.5''$

（二）指標差之中誤差為 $M_i=\pm\sqrt{(\frac{1}{2})^2\times5^2+(\frac{1}{2})^2\times5^2}=\pm\frac{5''}{\sqrt{2}}=\pm3.5''$

若以二倍指標差中誤差為容許誤差，即 $2|M_i|=7''$，則因 $|i|=2.5''<7''$，故指標差並不顯著。從另一個角度來看，垂直角觀測誤差值 $\pm5''$，表示垂直角讀數的誤差量 $\pm5''$ 以內皆可以是為偶然誤差，本題每一個垂直角讀數的指標差值已小於垂直角觀測誤差，故指標差並不顯著。

三、使用甲類水準儀器設備進行 1 公里水準測量，其高程差誤差為 ±15 公厘；以乙類水準儀器設備進行 100 公尺的水準測量，其高程差誤差為 ±5 公厘。假設水準測量之方差（或稱變方，Variance）與施測長度成正比，則：
（一）甲類或乙類水準儀器設備施測精度較高？（無計算過程者，不予計分）（15 分）
（二）在施測相同路線長度之條件下，若將甲類水準儀器設備所測得之高程差觀測品質其權（Weight）設為 1，則乙類水準儀器設備高程差觀測品質對應之權為若干？（10 分）

參考題解

（一）甲、乙二類水準儀器設備之規範值計算如下

$\pm15=C_{甲}\sqrt{1}$　→　$C_{甲}=15$

$\pm5=C_{乙}\sqrt{0.1}$　→　$C_{乙}=15.8\approx16$

因 $C_{甲}<C_{乙}$，故甲類水準儀器設備施測精度較高。

（二）設施測路線長度為 L，則甲、乙二類水準儀器設備之中誤差分別為

$$M_{甲} = \pm 15\sqrt{L}\ mm$$

$$M_{乙} = \pm 16\sqrt{L}\ mm$$

因權與中誤差平方成反比，故得

$$P_{甲} : P_{乙} = \frac{(15\sqrt{L})^2}{(15\sqrt{L})^2} : \frac{(15\sqrt{L})^2}{(16\sqrt{L})^2} = 1 : 0.88$$

若將甲類水準儀器設備所測得之高程差觀測品質其權（Weight）設為 1，則乙類水準儀器設備高程差觀測品質對應之權為 0.88。

四、針對全球導航衛星系統（Global Navigation Satellite System, GNSS）：

（一）列舉三種衛星系統。（15 分）

（二）相較於單星系，以多星系進行衛星定位有那些優勢？（10 分）

參考題解

（一）三種衛星系統如下表

衛星系統	國家	基本架構
GPS	美國	• 24 顆工作衛星+3 顆備用衛星 • 6 個軌道面 • 軌道面傾角為 55 度 • 各軌道面有 4 顆衛星 • 軌道高度為 20200 公里 • 繞地球一周約需 11 時 58 分 • 民用頻率 L1、L2、L5
GLONASS	俄羅斯	• 21 顆衛星+3 顆備用衛星 • 3 個橢圓軌道面 • 軌道面傾角為 64.8 度 • 各軌道面有 8 顆衛星 • 軌道高度為 19100 公里 • 繞地球一周約需 11 時 15 分 • 民用頻率 E1、E5a、E5b

衛星系統	國家	基本架構
Galileo	歐盟	• 27 顆衛星 33 顆備用衛星 • 3 個中高軌道面 • 各軌道面有 9 顆衛星 • 軌道傾角為 56 度 • 軌道高度為 23616 公里 • 繞地球一周約需 14 時 05 分 • 民用頻率 G1、G2、G3

（二）相較於單星系，以多星系進行衛星定位優勢如下

1. 可接收的衛星數量較多，可以減少訊號遮蔽問題。
2. 接收到的衛星數較多，可以強化衛星分布的幾何結構，提升定位精度。
3. 可以快速滿足定位所需之最少衛星數量，提升定位速度。

單元 3

土木技師專技高考

108年 專門職業及技術人員高等考試試題／結構設計（包括鋼筋混凝土設計與鋼結構設計）

※依據與作答規範：內政部營建署「混凝土結構設計規範」（內政部 100.6.9 台內營字第1000801914號令）；中國土木水利學會「混凝W土工程設計規範」（土木 401-100）。未依上述規範作答，不予計分。

D13，$d_b = 1.27$ cm，$A_b = 1.27$ cm^2；D22，$d_b = 2.22$ cm，$A_b = 3.87$ cm^2；D25，$d_b = 2.54$ cm，$A_b = 5.07$ cm^2；D29，$d_b = 2.87$ cm，$A_b = 6.47$ cm^2；混凝土強度 $f_c' = 280\ kgf/cm^2$，D10 與 D13 $f_y = 2{,}800\ kgf/cm^2$；D25 以上 $f_y = 4{,}200\ kgf/cm^2$

參考公式：$l_{dc} = \max\left[\dfrac{0.075 d_b f_y}{\sqrt{f_c'}} \times \dfrac{A_{s,req'd}}{A_{s,prov'd}}, 0.0043 d_b f_y, 20cm\right]$

$$S \leqq \min\left[38\left(\frac{2800}{f_s}\right) - 2.5C_C, 30\left(\frac{2800}{f_s}\right)\right]$$

一、附圖所示為一鋼筋混凝土柱基礎，柱主筋未插入基腳內，且須承受活載重 $P_L = 80$ tf 及靜載重 $P_D = 50$ tf 之軸力，請設計此柱基礎之接合鋼筋及其伸展長度。（25分）

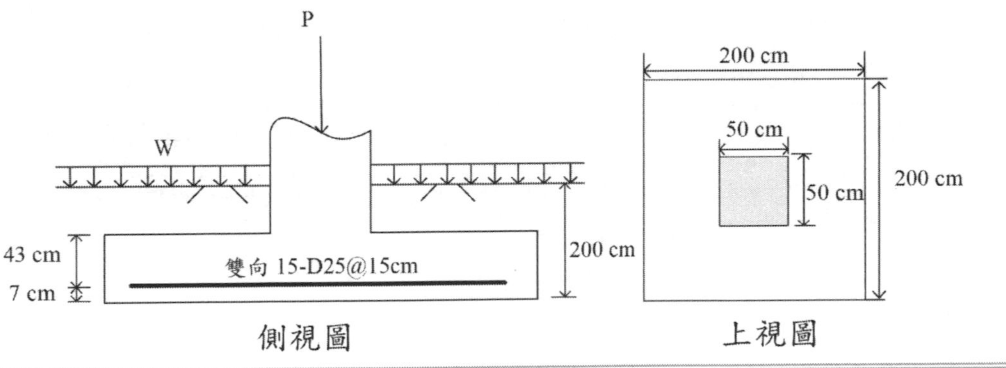

參考題解

（一）設計軸壓

$$P_u = 1.2P_D + 1.6P_L = 1.2(50) + 1.6(80) = 188\ tf$$

（二）柱腳承壓強度

$$\phi P_{柱腳} = \phi(0.85 f_c' A_1) = 0.65(0.85 \times 280 \times 50 \times 50) = 386750\ kgf \approx 386.75\ tf$$

$\phi P_{柱腳} = 386.75\ tf \geq P_u = 188\ tf$　∴柱腳承壓強度足夠⇒沒有縱向鋼筋強度需求

（三）基礎頂承壓強度（可放大 $\sqrt{\dfrac{A_2}{A_1}}$ 倍）

$$\sqrt{\frac{A_2}{A_1}}=\sqrt{\frac{200\times200}{50\times50}}=4\geq2\text{，取}\sqrt{\frac{A_2}{A_1}}=2$$

$$\phi P_{基礎頂}=\phi\left(0.85f_c'A_1\right)\sqrt{\frac{A_2}{A_1}}=0.65\left(0.85\times280\times50\times50\right)\times2=773500\ kgf\approx773.5\ tf$$

$\phi P_{基礎頂}=773.5\ tf\geq P_u=188\ tf\ \therefore$ 基礎頂承壓強度足夠⇒沒有縱向鋼筋強度需求

（四）依規範 8.9.2.1 節規定，配置最少接合鋼筋量 0.5% A_g

$A_{st}=0.005A_g=0.05\left(50\times50\right)=12.5\ cm^2$

柱筋至少要四隻（四個角落各 1 根）⇒採用與基礎同號數鋼筋 4-D25 即足夠

$A_s=4\times5.07=20.28\geq12.5\ cm^2$ (OK)

（五）伸展長度

1. $L_{dc}=\left[\frac{0.075d_bf_y}{\sqrt{f_c'}}\ ,\ 0.0043d_bf_y\right]_{\max}=\left[47.8\ ,\ 45.9\right]_{\max}=47.8\ cm$

2. 修正係數修正

$$伸展長度=L_{dc}\times\frac{A_{s,req'd}}{A_{s,prov'd}}=47.8\times\frac{12.5}{5.07\times4}=29.5\ cm\ \geq20cm\ (OK)$$

由圖中可知，從基礎頂承載面至底層主筋有 43cm，43 ≥ 伸展長度 ⇒設計 OK

【規範條文：{土木 401-100}】

8.9.1.1 支承構材與被支承構材接觸面上之混凝土應力均不超過第 3.17 節規定之承壓強度。

8.9.1.2 支承構材與被支承構材間應使用符合第 8.9.2 或 8.9.3 節規定之鋼筋、插接筋及機械式續接等方式以適當傳遞下列各力：

（1）超過各構材混凝土承壓強度之壓力。

（2）任何界面上之設計拉力。

8.9.1.3 若計算之彎矩係傳入墩柱或基腳，則鋼筋、插接筋及機械式續接應符合第 5.18 節之規定。

8.9.1.4 側向力應以符合第 4.8 節剪力摩擦之規定或使用其他適當方式傳入墩柱或基腳。

【解說】

壓力可藉混凝土以承壓方式傳遞至墩柱或基腳。計算基腳等之設計強度時，如果載重承受面積等於加載面積，則在實際受壓面上之單位承壓強度為 $0.85\phi f_c'$。

一般基腳尺寸均大於柱，故承壓強度在柱腳及基腳頂面均須加以檢討。柱腳承壓強度之檢討是因為柱內鋼筋的作用在離基腳很近的範圍內未能充分伸展，唯若鋼筋直接延伸進入基腳內或採用插接筋、聯結器等方式處理則另當別論。依據第 3.17 節規定計算得之基腳承壓強度不可大於兩倍之$0.85\phi f_c'$。

8.9.2	現場澆置之構造物，第 8.9.1 節所要求之鋼筋應利用縱向鋼筋延伸進入支承之墩柱或基腳，或插接筋等兩種方式之一設計。
8.9.2.1	現場澆置之柱或墩柱，穿過交接面之鋼筋面積不小於被支承構材總斷面積之 0.5%。

【解說】

支承及被支承構材間必須有一定數量之鋼筋穿過以維持構造物的韌性。規範雖未規定柱內所有之鋼筋均必須延伸進入基腳，但至少柱斷面 0.5% 之鋼筋量或插接筋必須延伸進入基腳並施以妥善的錨定。此等鋼筋有助於在施工階段及往後使用中維持結構之整體性。

3.17	承壓強度
3.17.1	混凝土之設計承壓強度不得超過$\phi\left(0.85f_c'A_1\right)$。若支承構材各邊均大於承載面時，承載面之設計承壓強度應可增至$\sqrt{A_2/A_1}$倍，但不得超過 2 倍。A_2取為最大之正截頭角錐體或圓錐體之下底面積。惟該錐體須能完全包容於支承構材內，其上底惟承載面A_1，錐面之斜度為垂直 1 水平 2。

【解說】

本節討論混凝土支承構材之承壓強度，設計承壓應力為$\phi 0.85f_c'$[3.41]，當支承構材之各邊均大於承載面時，因支承構材周圍混凝土之圍束作用，使得承壓強度增加，本節無支承構材最小深度之限制，支承構材最小深度由第 4.13 節規定之剪力需求控制。

當支承構材頂面為適當之斜坡型或階梯形時（如圖 R3.17），則如上述支承構材面積大於載重面積仍可適用。

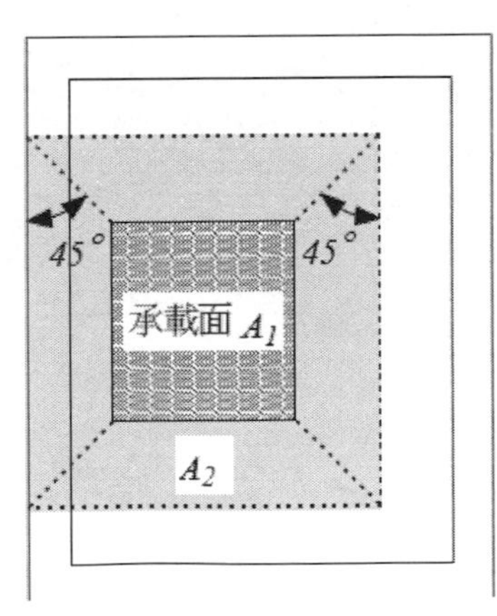

5.4.1 竹節鋼筋與麻面鋼線之受壓伸展長度 ℓ_{dc} 應依第 5.4.2 節之規定，且可依第 5.4.3 節規定乘以適用修正因素，但 ℓ_{dc} 不得小於 20cm。

5.4.2 受壓伸展長度為 $\ell_{dc} = \dfrac{0.075 f_y}{\sqrt{f_c'}} d_b$，但不小於 $0.0043 f_y d_b$。

5.4.3 受壓竹節鋼筋與麻面鋼線若有下列各情況，其 ℓ_{dc} 可分別乘以表 5.4.3 之有關修正因數予以折減。

表 5.4.3　受壓伸展長度修正因素

考慮因素	鋼筋情況	修正因素
超量鋼筋	鋼筋實際之使用量超過分析之需要量。	$\dfrac{需要之A_s}{使用之A_s}$
螺箍筋	鋼筋被直徑不小於 6mm 之螺箍筋所圍束，且其螺距不大於 10cm 者。	0.75
橫箍筋	鋼筋被符合第 13.9.5 節規定之 D13 橫箍筋所圍束，且其中心間距不大於 10cm 者。	0.75

二、有一單筋單排矩形梁（如下圖所示），其主筋採 D25，箍筋採 D13，混凝土骨材最大粒徑為 2.54 cm，試依照規範計算此梁最大與最小彎矩設計強度 ϕM_n。（25 分）

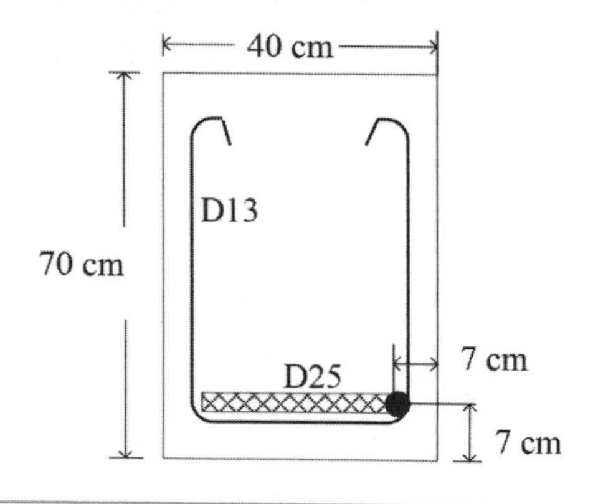

參考題解

（一）最大彎矩設計強度 ϕM_n（$x=\dfrac{3}{7}d$ 時）

1. $\varepsilon_t = 0.004 \Rightarrow x = \dfrac{3}{7}d = x = \dfrac{3}{7}(63) = 27cm$

2. $C_c = 0.85 f_c' ba = 0.85(280)(40)(0.85\times 27) = 218484\ kgf$

$$C_c = T \Rightarrow 218484 = A_s f_y \Rightarrow A_s = \frac{218484}{4200} = 52.02\ cm^2$$

3. 所需隻數：$n = \frac{A_s}{a_s} = \frac{52.02}{5.07} = 10.26 \Rightarrow$ 取$n = 11$

4. 間距檢核：$s = \frac{40-2\times7+2.54-11\times2.54}{10} = 0.06 \le \begin{cases} d_b \\ 2.5cm \\ \frac{4}{3}(2.54) \end{cases}$ (NG)

5. 考慮最小淨間距規定下，所能擺放的隻數

$$s = \frac{40-2\times7+2.54-n\times2.54}{(n-1)} \ge \begin{cases} d_b \\ 2.5cm \\ \frac{4}{3}(2.54) \leftarrow \text{控制} \end{cases}$$

$$\frac{40-2\times7+2.54-n\times2.54}{(n-1)} \ge 3.39 \Rightarrow 28.54-2.54n \ge 3.39n-3.39 \therefore n \le 5.38$$

在單筋單排 D25 的要求下，至多只能擺放下 5 根 D25 鋼筋

（二）最大彎矩設計強度ϕM_n（依最小淨間距規定擺放 5 根 D25）

1. 假設中性軸深度為x，此時$\varepsilon_s > \varepsilon_y$

（1）$C_c = 0.85 f_c' ba = 0.85(280)(40)(0.85x) = 8092x$

（2）$T = A_s f_y = (5\times5.07)(4200) = 106470\ kgf$

（3）$C_c = T \Rightarrow 8092x = 106470 \therefore x \approx 13.2\ cm$

（4）$\varepsilon_t = \frac{d-x}{x}(0.003) = \frac{63-13.2}{13.2}(0.003) = 0.0113 > 0.005 \therefore \phi = 0.9$

2. ϕM_n

（1）$M_n = C_c\left(d-\frac{a}{2}\right) = (8092\times13.2)\left(63-\frac{0.85\times13.2}{2}\right) = 6130078\ kgf-cm \approx 61.3\ tf-m$

（2）$\phi M_n = 0.9(61.3) \approx 55.17\ tf-m$

（三）最小彎矩設計強度ϕM_n

1. 最少鋼筋量：

$$A_{s,\min} = \left[\frac{14}{f_y}b_w d\ ,\ \frac{0.8\sqrt{f_c'}}{f_y}b_w d\right]_{\max} = \left[\frac{14}{4200}(40\times63)\ ,\ \frac{0.8\sqrt{280}}{4200}(40\times63)\right]_{\max}$$

$$= [8.4\ ,\ 8.04]_{\max} = 8.4\ cm^2$$

2. 所需隻數：$n=\frac{A_s}{a_s}=\frac{8.4}{5.07}=1.66\Rightarrow$ 取 $n=2$

3. 裂紋控制規定：當 $n=2$ 時

（1）主筋中心距：$s=\frac{40-7\times2}{1}=26\ cm$

$$c_c=7-\frac{2.54}{2}=5.73$$

（2）裂紋控制規定：採 $f_s=\frac{2}{3}f_y=2800\ kgf/cm^2$

$$s\le\left[38\left(\frac{2800}{f_s}\right)-2.5c_c\ ,\ 30\left(\frac{2800}{f_s}\right)\right]_{\min}$$

$$\Rightarrow 26\le\left[38\left(\frac{2800}{2800}\right)-2.5(5.73)\ ,\ 30\left(\frac{2800}{2800}\right)\right]_{\min}$$

$$\Rightarrow 26\le[23.7\ ,\ 30]_{\min}\ \ \rightarrow NG$$

（3）在單筋單排 D25 的要求下，只擺兩根 D25（取 $n=2$）無法滿足裂紋控制規定 $\therefore$ 最小彎矩設計強度應為取 $n=3$ 時，所對應的 ϕM_n

（四）最小彎矩設計強度 ϕM_n（受限於裂紋控制規定，改擺放 3 根 D25）

1. 假設中性軸深度為 x，此時 $\varepsilon_s>\varepsilon_y$

（1）$C_c=0.85f_c'ba=0.85(280)(40)(0.85x)=8092x$

（2）$T=A_sf_y=(3\times5.07)(4200)=63882\ kgf$

（3）$C_c=T\ \Rightarrow 8092x=63882\ \therefore x\approx7.9\ cm$

（4）$\varepsilon_t=\frac{d-x}{x}(0.003)=\frac{63-9}{9}(0.003)=0.018>0.005\ \therefore\phi=0.9$

2. ϕM_n

（1）$M_n=C_c\left(d-\frac{a}{2}\right)=(8092\times7.9)\left(63-\frac{0.85\times7.9}{2}\right)=3812754\ kgf-cm\approx38.13\ tf-m$

（2）$\phi M_n=0.9(38.13)\approx34.32\ tf-m$

三、請說明形狀因子之定義及其物理意義，並請計算 H600 × 300 × 12 × 22 斷面之形狀因子。（20分）

參考題解

（一）形狀因子：又稱為形狀係數，代表一個梁桿件斷面從降伏狀態到極限狀態的能力。從另一個角度而言，也可以視為斷面塑性應力重分配的能力。

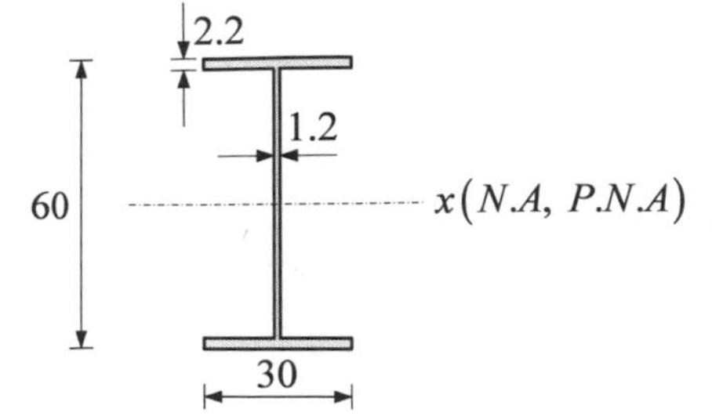

（二）計算 $H600\times300\times12\times22$ 的強軸形狀因子 f_x 。

1. 計算斷面模數 S_x ：

$$S_x=\frac{I_x}{y_{\max}}$$

（1）$I_x=\frac{1}{12}\times30\times60^3-\frac{1}{12}\times(30-1.2)(60-2.2\times2)^3=127489\ cm^4$

（2）$y_{\max}=\frac{60}{2}=30\ cm$

（3）$S_x=\frac{127489}{30}=4250\ cm^3$

2. 計算塑性模數 Z_x ：

H 型鋼為雙對稱斷面，故強軸塑性中性軸恰好通過形心。

$$Z_x=2\left[(30\times2.2)\times\left(\frac{60}{2}-\frac{2.2}{2}\right)+\left(\frac{60}{2}-2.2\right)\times1.2\times\frac{1}{2}\left(\frac{60}{2}-2.2\right)\right]=4742\ cm^3$$

3. 計算強軸形狀因子 f_x ：

$$S_x=\frac{Z_x}{S_x}=\frac{4742}{4250}=1.12$$

（三）計算 $H600\times300\times12\times22$ 的弱軸形狀因子 f_y

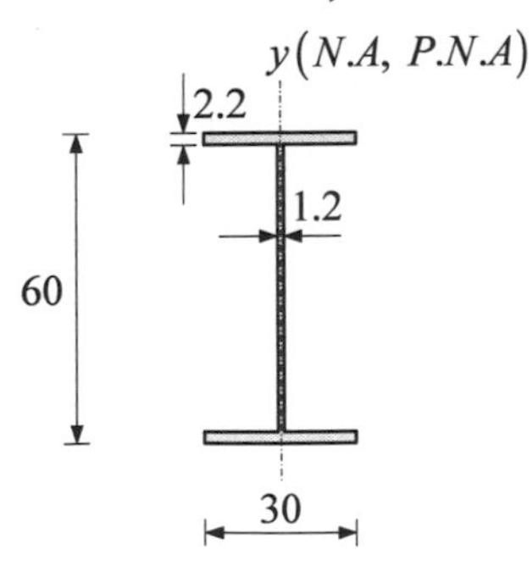

1. 計算斷面模數 S_y ：

$$S_y=\frac{I_y}{x_{\max}}$$

（1）$I_y=2\times\left(\frac{1}{12}\times2.2\times30^3\right)+\frac{1}{12}\times(60-2.2\times2)\times1.2^3=9908\ cm^4$

（2）$x_{max}=\dfrac{30}{2}=15\ cm$

（3）$S_y=\dfrac{9908}{15}=661\ cm^3$

2. 計算塑性模數 Z_y：

H 型鋼為雙對稱斷面，故弱軸塑性中性軸恰好通過形心。

$$Z_y=2\left\{2\left[\frac{30}{2}\times 2.2\times\left(\frac{30}{2}\times\frac{1}{2}\right)\right]+(60-2.2\times 2)\times\frac{1.2}{2}\times\left(\frac{1.2}{2}\times\frac{1}{2}\right)\right\}=1010\ cm^3$$

3. 計算弱軸形狀因子 f_y：

$$S_y=\frac{Z_y}{S_y}=\frac{1010}{661}=1.53$$

四、如下圖所示一寬 20 cm、厚 16 mm (t_1)之鋼板採用填角銲縱向銲道疊接於另一厚度為 20 mm (t_2)之鋼板，兩鋼板之降伏及抗拉強度分別為 $F_y=2.5\ t/cm^2$，$F_u=4.1\ t/cm^2$，E70 銲材（$F_u=4.9\ t/cm^2$）：

（一）依現行極限設計法規範，請問填角銲之最小銲道尺寸及最小銲道長度 L 分別為何？（未說明原因者不予計分。）（10 分）

（二）在不考慮剪力遲滯效應（U = 1.0）下，填角銲銲道尺寸 L 至少應為何？請說明原因。填角銲銲道之最大銲道尺寸又為何？（未說明原因者不予計分。）（20 分）

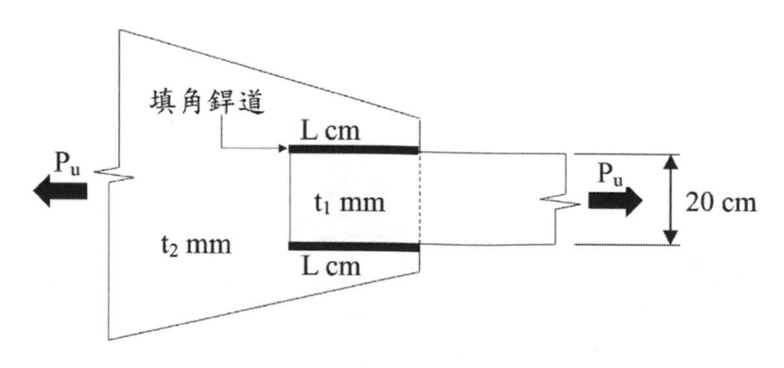

附表　極限設計法填角銲最小尺寸

接合部之較厚板厚，t（mm）	最小銲腳尺寸[a]（mm）
$t \le 6$	3
$6 < t \le 12$	5
$12 < t \le 19$	6
$19 < t \le 38$	8

參考題解

（一）1. 最小銲接尺寸：根據現行國內極限設計法規範第 10.2.2 節第 2 款，最小銲接尺寸由較厚板（$t_2 = 20\ mm$）決定，但不得大於較薄板（$t_1 = 16\ mm$）。由題目附表可之最小銲接尺寸為$8\ mm$。規範訂定最小銲接尺寸之目的在於：

（1）避免接合區較厚鋼板入熱量不足，造成母材與銲材未能完全融合。

（2）避免接合區冷卻過快，銲道脆化，失去韌性。

（3）避免接合區較厚鋼板冷縮束制，造成銲道開裂。

2. 最小銲接長度：根據現行國內極限設計法規範第 10.2.2 節第 2 款，最小縱向銲道長度 L 不得小於填角銲尺寸的 4 倍（$4\times8=32\ mm$），亦不得小於接合板寬度$20\ cm$，避免剪力遲滯效應影響過大。

（二）1. 在不考慮剪力遲滯效應時，依題意剪力遲滯折減因子$U=1.0$，規範規定縱向銲道長度至少須達鋼板寬度 2 倍，即$L_{\min}=2\times20=40\ cm$。以下則依此前提檢視此縱向銲道長度狀態下，是否能夠滿足設計強度的需求。

（1）較薄鋼板（$t_1 = 16\ mm$）全斷面降伏破壞：

Ⅰ. $A_g = 20\times1.6 = 32\ cm^2$

Ⅱ. $P_n = F_y A_g = 2.5\times32 = 80\ tf$

$\phi_t P_n = 0.9\times80 = 72\ tf$ ………………… ①

（2）較薄鋼板（$t_1 = 16\ mm$）淨斷面斷裂破壞：

Ⅰ. $A_e = UA_g = 1.0\times32 = 32\ cm^2$

Ⅱ. $P_n = F_u A_e = 4.1\times32 = 131.2\ tf$

$\phi_t P_n = 0.75\times131.2 = 98.4\ tf$ ………… ②

（3）較厚鋼板（$t_2 = 20\ mm$）塊狀撕裂破壞：

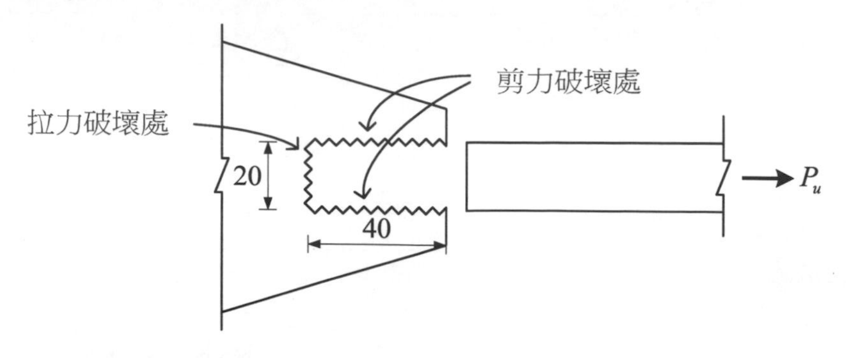

Ⅰ.決定破壞模式：

(a) 鋼板剪力撕裂強度：

$$A_{nv}=2\times40\times\frac{20}{10}=160\ cm^2$$

$$0.6F_uA_{nv}=0.6\times4.1\times160=393.6\ tf$$

(b) 鋼板拉力斷裂強度：

$$A_{nt}=20\times\frac{20}{10}=40\ cm^2$$

$$F_uA_{nt}=4.1\times40=164\ tf$$

(c) $0.6F_uA_{nv}>F_uA_{nt}\ \Rightarrow$ 屬於剪力撕裂+拉力降伏：

$$\therefore\ \phi R_n=\phi\left(0.6F_uA_{nv}+F_yA_{gt}\right)$$

Ⅱ.計算較厚鋼板塊狀撕裂破壞設計強度 ϕR_n：

(a) 計算 ϕR_n：

$$A_{gt}=A_{nt}=40\ cm^2$$

$$\Rightarrow\ F_yA_{gt}=2.5\times40=100\ tf$$

$$\therefore\phi R_n=\phi\left(0.6F_uA_{nv}+F_yA_{gt}\right)=0.75\times\left(393.6+100\right)=370.2\ tf$$

(b) 確認：

$$\phi R_n\le\phi\left(0.6F_uA_{nv}+F_uA_{nt}\right)$$

$$\phi\left(0.6F_uA_{nv}+F_uA_{nt}\right)=0.75\left(393.6+164\right)=418.2\ tf$$

$$\phi R_n=370.2<418.2\ \text{(OK)}$$

$\therefore$ 較厚鋼板塊狀撕裂強度 $\phi R_n=370.2\ tf$ ⋯⋯ ③

（4）計算銲道設計剪力強度 ϕR_{nw}：

Ⅰ.計算銲喉 t_e：

$$t_e=0.707w=0.707\times0.8=0.566\ cm$$

Ⅱ.單邊縱向銲道長 $L=40\ cm$。

Ⅲ.計算銲道設計剪力強度 ϕR_{nw}。

$F_w = 0.6F_{EXX} = 0.6 \times 4.9 = 2.94\ tf/cm^2$

$A_w = 2Lt_e = 2 \times 40 \times 0.566 = 45.28\ cm^2$

$\phi R_{nw} = \phi F_w A_w = 0.75 \times 2.94 \times 45.28 = 99.84\ tf \cdots ④$

綜上，$\phi R_n = (①,②,③,④)_{\min} = (72\ ,\ 98.4\ ,\ 370.2\ ,\ 99.84)_{\min} = 72\ tf$

代表最小縱向銲接長度 40 公分上足以提供高於母材設計拉力強度之需求，故最小縱向銲接長度為 40 公分。

2. 最大銲接尺寸：不得大於板厚扣掉1.5 mm ，即 $w_{\max} = 16 - 1.5 = 14.5\ mm$ 。規定最大焊接尺寸限制之目的在於方便銲道檢驗人員檢查，另一方面也可以避免浪費。

108年 專門職業及技術人員高等考試試題／施工法（包括土木、建築施工法與工程材料）

一、為維護民眾的生活品質，任何施工作業均須防止產生不當的施工公害；請說明土木與建築工程的施工過程中，依其施工工項與作業內容的差異性，對周遭環境所可能產生的施工公害計有那些？（25 分）

參考題解

（一）噪音

1. 拆除工程：拆除作業。
2. 基礎工程：打樁、拔樁與土方開挖搬運作業。
3. 混凝土工程：混凝土輸送及泵送作業。

（二）振動

1. 拆除工程：拆除作業。
2. 基礎工程：打樁、拔樁與土方開挖搬運作業。
3. 混凝土工程：混凝土輸送及泵送作業。

（三）空氣污染

1. 全部工程：
   （1）採用柴油引擎機具之作業：CO，C_mH_n，NO_m 與黑煙等。
   （2）搬運作業：粉塵。
2. 拆除工程：拆除作業所產生粉塵。
3. 基礎工程：
   （1）土方開挖作業：粉塵。
   （2）打樁作業：柴油打樁機之油濺。
4. 防水工程：熱瀝青油毛毡防水作業所產生煙塵。
5. 道路工程：瀝青混凝土鋪築作業所產生煙塵。

（四）水污染

1. 基礎工程：
   （1）擋土壁作業：場鑄混凝土排樁與地下連續壁使用穩定液。
   （2）場鑄基樁作業：反循環基樁與土鑽基樁使用穩定液。
   （3）地盤改良作業：地盤改良藥液。

2. 環境清理：
   （1）土方開挖作業：土方運棄車輛與工地四周清洗後泥水。
   （2）混凝土輸送及泵送作業：殘留混凝土清洗後泥水。

（五）土壤污染
1. 基礎工程：
   （1）擋土壁作業：場鑄混凝土排樁與地下連續壁使用穩定液。
   （2）場鑄基樁：反循環基樁與土鑽基樁使用穩定液。
   （3）地盤改良：地盤改良藥液。
2. 環境清理：
   （1）土方開挖作業：土方運棄車輛與工地四周清洗後泥水。
   （2）混凝土輸送及泵送作業：殘留混凝土清洗後泥水。

（六）地盤下陷
基礎工程：
1. 擋土壁作業：降低地下水位抽水不當。
2. 開挖作業：擋土施作不當。

（七）廢棄物
1. 拆除工程：拆除作業廢棄料。
2. 基礎工程：開挖作業廢土。
3. 其他工程：所有作業施作零星料（下腳料）與包裝材。

（八）交通問題
1. 道路工程：全部作業（非新闢道路）。
2. 橋梁工程：全部作業（改建橋梁採半半施工與非新闢道路之新建高架橋）。
3. 管道工程：潛盾與推進全部作業。
4. 其他工程：施工車輛與機具進出工地相關作業。

（九）惡臭
1. 防水工程：熱瀝青油毛氈防水作業。
2. 道路工程：瀝青混凝土鋪築作業。

二、今年十月所發生的南方澳跨港大橋災難事件，不僅凸顯橋梁工程生命週期中每個階段的重要性，也顯示出鋼質材料檢測的專業與必要性。請說明一件橋梁工程專案的生命週期中每個階段所應辦理之事項內容；以及鋼構材料可採取之非破壞檢測計有那幾種方法？（25 分）

參考題解

（一）生命週期中每個階段所應辦理之事項內容

依公共工程委員會「公共工程全生命週期管控機制參考手冊」之規定事項，內容如下：

1. 規劃設計階段：

（1）可行性之評估及擬訂計畫成本

（2）審查設計、規範與圖樣

（3）設計進度之管理

（4）工程界面管理

（5）設計階段應考量事項：

①安全抗災　②環境保護　③景觀作業

④活化資源　⑤創新技術　⑥公開說明

2. 採購及招標階段：

本階段係以「採購及招標決標策略」為主，應考量下列各項：

（1）招標及決標流程

（2）採購策略

（3）委託技術服務採購招標決標策略

（4）工程採購招標決標策略

3. 工程履約階段：

（1）強化計畫時程管控

（2）落實三級品管制度

（3）工地安全衛生及環境保護

（4）優先聘雇我國在地勞工，嚴禁違法外勞

（5）估驗計價

（6）工程契約變更

（7）工程竣工、結算、驗收

4. 接管維護管理階段：

本階段係以建立「接管維護管理機制」，主要如下列兩項：

（1）審慎辦理工程接管

（2）健全維護管理機制

（二）鋼構材料可採取之非破壞檢測

1. 鋼板料：

（1）鋼板料夾層檢測

中厚板料（≧19mm）以超音波檢測鋼板料之夾層等內部缺失（CNS 12845 Z8099「結構用鋼板超音波直束檢測法」）。

（2）鋼板料表面缺陷檢測：以浸水法施測。

（3）鋼板料密度與厚度檢測：以浸水法施測。

2. 高拉力螺栓：

（1）製品檢測：

①形狀與尺寸：以遊標尺與計測規測定螺栓、螺母與墊片之形狀、尺寸與螺紋精度。

②外觀檢查：目視檢測螺栓銹蝕與損傷狀況。

（2）螺栓扭矩與軸力檢測：以扭矩（扭力）扳手與軸力計施測，並求得（檢核）扭矩係數。

3. 剪力釘：

（1）形狀與尺寸：以遊標尺測定剪力釘之形狀與尺寸。

（2）外觀檢查：目視檢測剪力釘植焊焊道缺陷。

4. 焊接（焊道）：

（1）焊道形狀與尺寸：使用銲道規與間隙規等工具輔助，直接檢查銲道形狀與尺寸。

（2）銲道缺陷：

①目視檢測（CNS 13021 Z8115「鋼結構焊道目視檢測法」）：使用放大鏡與銲道規等工具輔助，以目視直接檢查銲道缺陷。

②滲液檢測（CNS 13464 Z8131「鋼結構焊道滲液檢測法」）：

A. 顯像劑顯像：以滲液藉毛細現象，進入銲道表面裂縫或孔隙；再以顯像劑，使銲道缺陷部位之滲液因吸附作用而於表面成形，指示缺陷。

B. 螢光劑顯像：含螢光成份滲液藉毛細現象，進入銲道表面裂縫或孔隙；再以紫外線燈照射顯像，指示缺陷。

③磁粉（粒）檢測（CNS 13341 Z8125「鋼結構焊道磁粒檢測法」）：利用電流周圍產生磁場，磁力線於銲道缺陷產生磁漏現象，吸引磁粉（粒），形成

異常分佈，指示缺陷。

④渦電流檢測：利用電磁感應原理，線圈於金屬導體（銲道）周圍感應產生渦電流，由渦電流所產生之訊號變化，判讀缺陷。

⑤放射線檢測（CNS 13020 Z8114「鋼結構焊道射線檢測法」）：以具有穿透力之極短波長電磁波（如 X 射線、γ 射線等），穿透試件（銲道）缺陷或厚度差異，產生射線強度變化，由螢幕或底片成像，判讀缺陷。

⑥超音波檢測（CNS 12618 Z8075「鋼結構焊道超音波檢測法」）：由換能器發射產生超音波，再經界面耦合劑傳入試件（銲道），由超音波經缺陷、界面等訊號之變化，判讀缺陷。

三、發泡聚苯乙烯（Expanded Polystyrene；簡稱為 EPS）由於所具有之材料特性，歐、美、日等國家已將其作為工程上的土方回填替代材料達數十年，故歐美國家多將之稱為地工泡棉（Geofoam）；而行政院公共工程委員會亦於公共工程施工綱要規範「第 02334 章」頒定發泡聚苯乙烯之工程應用規範，以維護 EPS 做為輕質填土工法之工程品質；請說明在一般情況下，EPS 輕質填土工法之施工程序與 EPS 材料之品管準則。（25 分）

參考題解

（一）施工程序

1. 準備工作：

（1）水準點、中心樁及控制樁與其轉移點設置。

（2）施工道路與動線安排。

（3）材料放置場所及施工場所安全措施。

2. 開挖：

（1）地表水及地下水排除，並維持開挖地盤之坡面穩定。

（2）開挖區設置排水溝，並準備抽水幫浦等機具，基地周邊阻水對策（例如土堆等）。

3. 施工基面處理：

（1）維持施工基面之表面平整性與不積水狀態。

（2）使用鋪砂或碎石進行調整，軟弱地盤或特殊狀況時，則依設計圖說或工程司指示辦理。

4. 型塊安裝：

（1）進行最下層型塊設置：維持 EPS 型塊頂面之表面平整性。

（2）型塊切割：非整尺寸，以加熱金屬線工地現場切割。

（3）連接器之安裝：

①連接器之設置數量：依設計圖說規定辦理；設計圖說未規定者，標準型塊每 $1m^3$ 至少 2 個，工地切割之型塊每塊至少 1 個。

②EPS 型塊之接縫位置縱橫向均需錯位設置。

（4）其他各層型塊設置。

5. 頂版施作：以鋼筋（或鋼線網）混凝土配合設置於 EPS 型塊頂面及設計圖說之設置高度。

6. 保護側版施作：外側保護面版施作，依設計圖說所示設置。

7. 回填覆土：

（1）土質：與 EPS 型塊接觸面之土質，不可含超過 5cm 以上之卵（礫）石。

（2）滾壓機具：EPS 型塊頂面上方有混凝土版，則須等混凝土強度足夠才可回填，滾壓機視覆土厚度採用適當重量之機具。

（3）厚度：型塊頂面上方進行覆土，厚度依設計圖說（一般厚度至少 25cm）或工程司指示辦理。

（二）材料之品管準則

1. 資料送審：

（1）承包商應於施工前一個月提送詳細之施工計畫，包含品質管制計畫、施工安全計畫、材料運搬計畫及施工製造圖等，送交工程司審查核可後方可施工。

（2）承包商應提供產品資料送工程司審查，包含樣品、產品資料、產品出廠證明及檢驗報告等。

（3）承包商提送之材料運搬計畫，內容應至少包含搬運方式、材料儲存場及小搬運路徑之動線安排等。

2. EPS 型塊：

（1）儲存：

①EPS 應使用黑色或不透明之塑膠布等加以覆蓋，防止陽光紫外線照射而變色變質。

②放置時間較長時，應將其放置於平坦處所，並適當架高，以防止雨水浸泡。

（2）外觀：除另有規定外，形狀為矩形，須使用各面均為平整且邊角為直角者，不得使用外觀有凹凸、變形或破斷面者。

（3）形狀及尺寸：

①採用尺寸為 2,000mm（長）× 1,000mm（寬）× 500mm（高）之 EPS 型塊，

體積為 1m^3，尺寸許可差 ±0.5%，並繪製施工製造圖。如承包商欲採用其他形狀及尺寸之 EPS 型塊，應先經工程司同意。

②尺寸之檢驗方式採最小刻度為 1 mm 之捲尺，隨機選取 1 個 EPS 型塊，於長、寬、高各面選取 4 處、6 處、6 處測線進行量測，求取平均值計之。

（4）性能要求：包括密度、抗壓強度、燃燒性與吸水量，其檢驗與合格標準如下：

①檢驗頻率：首批進料時即進行第一次檢驗，其後每 1,000 m^3，於施工前進行現場抽樣檢驗一次，且應於 EPS 型塊料源供應商或製造工廠變更時，增加檢驗一次。

②採樣位置：檢驗時隨機選取 1 個 EPS 試驗型塊，採樣位置為 EPS 型塊之對角及中央位置截取長 100 mm × 寬 100 mm × 高 500mm 之試體 6 處，再由上述 6 處試體中選取試驗所需尺度之試體，其切割方式及工具應使用熱金屬線或工程司認可之方式進行。

③試驗規範：CNS 2536 K6224「泡沫聚苯乙烯隔熱材料試驗法」

④合格標準：如下表（EPS 型塊材料規格與合格標準表）。

EPS 型塊材料規格與合格標準表

項目	單位	製造方法					
		模內發泡法					擠出發泡法
		D-30	D-25	D-20	D-16	D-12	DX-29
密度	kg/m3	30±2.0	25±1.5	20+1.5/-1.0 （19.0~21.5）	16±1.0	12±1.0	29±2.0
抗壓強度 1	kgf/cm2	0.9 以上	0.7 以上	0.5 以上	0.35 以上	0.2 以上	1.4 以上
抗壓強度 2	kgf/cm2	1.8 以上	1.4 以上	1.0 以上	0.7 以上	0.4 以上	2.8 以上
燃燒性	難燃	難燃	難燃	難燃	難燃	–	難燃
吸水量	g/100cm2	1.0 以下	1.0 以下	1.5 以下	1.5 以下	–	1.0 以下

註：抗壓強度 1 係採用方塊試體進行單軸壓縮試驗於彈性範圍時之強度；抗壓強度 2 採用方塊試體進行單軸壓縮至 5%壓縮應變時之強度。

3. 連接器：

（1）形狀及尺寸：

①形狀：單面爪型、雙面爪型或依設計。

②尺寸：150×150mm，爪高 25mm 厚度 0.6~1mm 或依設計。

（2）性能要求：包括鍍鋅最小附著量、降伏點（或降伏強度）與抗張強度，其檢驗與合格標準如下：

①檢驗頻率：施工前，必要時再於施工中依工程司指示增加檢驗頻率。

②材料規格要求：

A. 熱浸法鍍鋅鋼板須符合 CNS 1244 及 CNS 1247 之規定。

B. 熱浸鍍鋅鋁鋼板須符合 CNS 15237 之規定。

C. 不銹鋼板須符合 CNS 8499 之規定。

EPS 型塊連接器之材料規格表

材質	鍍鋅最小附著量	降伏點或降伏強度	抗張強度	厚度
鍍鋅鋼板 鍍鋅鋁鋼板	170g/m^2 或 150g/m^2	20.9kgf/mm^2 以上	27.6kgf/mm^2 以上	0.6~1.0mm
不銹鋼板	－	20.9kgf/mm^2 以上	53kgf/mm^2 以上	0.6~1.0mm

4. 混凝土：28 天抗壓強度，應符合設計圖說或契約之規定。其所用之水泥、粗細粒料、水、化學摻料及所拌混凝土之品質，均應符合契約或規範相關規定。

5. 鋼筋：應符合 CNS 560 之規定。

6. 銲接鋼線網：應符合 CNS 6919 之規定。

四、請分別說明反循環基樁、全套管基樁以及土鑽基樁三種場鑄基樁施工方法之內容，並比較其差異性。（25 分）

參考題解

（一）施工方法之內容

1. 反循環基樁：利用穩定液穩定樁身土壁，鑽掘並以反循環方式排土，鑽掘完成後，置入鋼筋籠以水中混凝土澆置樁體。施工程序如下：

（1）打設表層保護套管

（2）鑽掘與穩定液注入

（3）反循環排土

（4）鑽掘至預定深度

（5）超音波檢測

（6）吊放鋼筋籠與特密管

（7）澆置水中混凝土

（8）拔出保護套管

（9）樁頭打除

2. 全套管基樁：利用全深度臨時鋼管穩定樁身土壁，以錘式抓斗直接衝擊抓土與吊出排土，鑽掘完成後，置入鋼筋籠與特密管澆置樁體混凝土。施工程序如下：

（1）旋入套管

（2）抓土與排土

（3）鑽掘至預定深度並挖除孔底淤泥

（4）吊放鋼筋籠及特密管

（5）澆置混凝土（乾地或水中混凝土）

（6）樁底高壓灌漿

（7）拔除套管

3. 土鑽基樁：視地質狀況採穩定液穩定樁身土壁（地質良好採自承式），以鑽機的旋轉盤轉動伸縮鑽桿進行樁孔鑽掘，由其下裝設之鑽掘桶收集土岩碎屑，直接吊出地面排土，鑽掘完成後，置入鋼筋籠及以特密管澆置樁體混凝土。施工程序如下：

（1）打設表層保護套管

（2）鑽掘與穩定液注入（自承式省略）

（3）集土與排土

（4）鑽掘至預定深度

（5）超音波檢測

（5）吊放鋼筋籠及特密管

（6）澆置混凝土（水中或乾地混凝土）

（7）拔除套管

（二）差異點：列表說明於下：

項　目	反循環樁	全套管基樁	土鑽基樁
1. 土壁穩定方式	穩定液	臨時全深度鋼管	穩定液（地質良好時可不使用）
2. 排土方式	反循環	直接挖土（錘式抓斗）	鑽頭挖土後利用伸縮鑽桿下方鑽掘桶集土後排土
3. 施工效率	較低	高	甚高
4. 混凝土澆置環境	水中混凝土（特密管法）	陸（乾）地或水中混凝土（特密管法）	陸（乾）地或水中混凝土（特密管法）
5. 樁壁完整性	有崩孔發生可能性	無崩孔發生可能性	有崩孔發生可能性
6. 垂直精度	較高	高	較低（深度較深時，遇傾斜堅硬地層易歪斜）
7. 不適用性地層	粒徑 15 cm 以上卵礫石地層	岩盤	硬岩

108年 專門職業及技術人員高等考試試題／結構分析（包括材料力學與結構學）

一、倒 T 型斷面如下圖所示。b = 200 mm，a = 300 mm，t_w = 20 mm，t_f = 25 mm。受彎矩 M = 20 kN • m，角度 θ = 45°。請計算該斷面最大之拉應力與壓應力。（25 分）

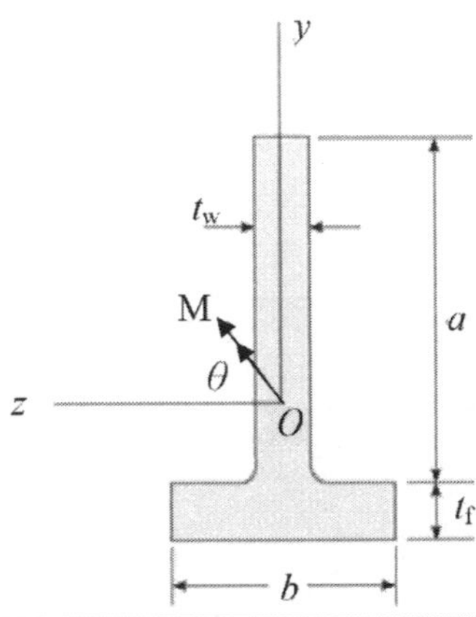

參考題解

（一）計算 I_y、I_z

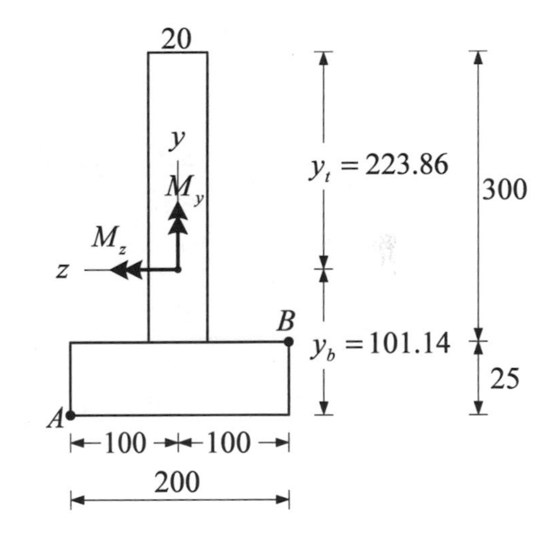

$$y_b = \frac{200\times25(12.5)+20\times300(150+25)}{200\times25+20\times300}$$
$$=101.14\ mm$$

$$y_t = 300+25-101.14 = 223.86\ mm$$

$$z_1 = 10\ mm$$
$$z_2 = 100\ mm$$

$$I_y = \frac{1}{12}\times300\times20^3+\frac{1}{12}\times25\times200^3$$
$$=16866667\ mm^4$$

$$I_z = \frac{1}{3}\times20\times223.86^3+\frac{1}{3}\times200\times101.14^3-\frac{1}{3}\times(200-20)\times(101.14-25)^3$$
$$=117277462\ mm^4$$

（二）斷面最大拉應力在 A 點

$$\sigma_A = \frac{M_z(101.14)}{I_z}+\frac{M_y(100)}{I_y} = \frac{(10\sqrt{2}\times10^6)(101.14)}{117277462}+\frac{(10\sqrt{2}\times10^6)(100)}{16866667}$$
$$=12.2+83.85=96.05\ MPa \text{ ☜ } \sigma_{t,\max}$$

（三）斷面最大壓應力在 B 點

$$\sigma_B = \frac{M_z(101.14-25)}{I_z} - \frac{M_y(100)}{I_y} = \frac{\left(10\sqrt{2}\times10^6\right)(76.14)}{117277462} - \frac{\left(10\sqrt{2}\times10^6\right)(100)}{16866667}$$
$$= 9.18 - 83.85 = -74.67\,MPa \text{ ☜ } \sigma_{c,\max}$$

二、如下圖所示，請繪出所示桁架結構下列影響線：1. A 支承垂直反力，2. D 支承垂直反力，3. E 支承垂直反力，4. F 支承垂直反力，5. BC 桿件力，6. BG 桿件力。（25 分）

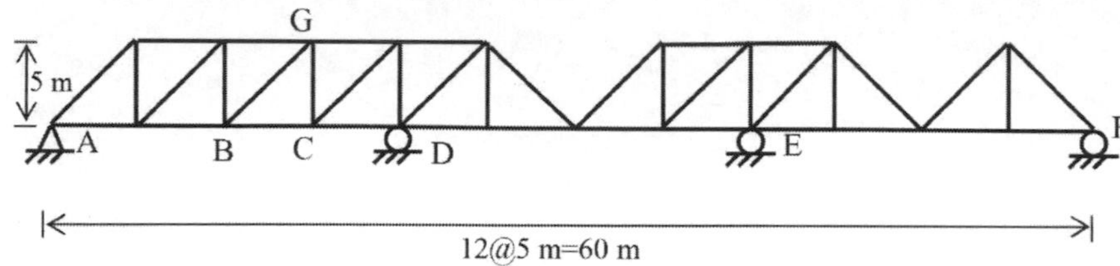

參考題解

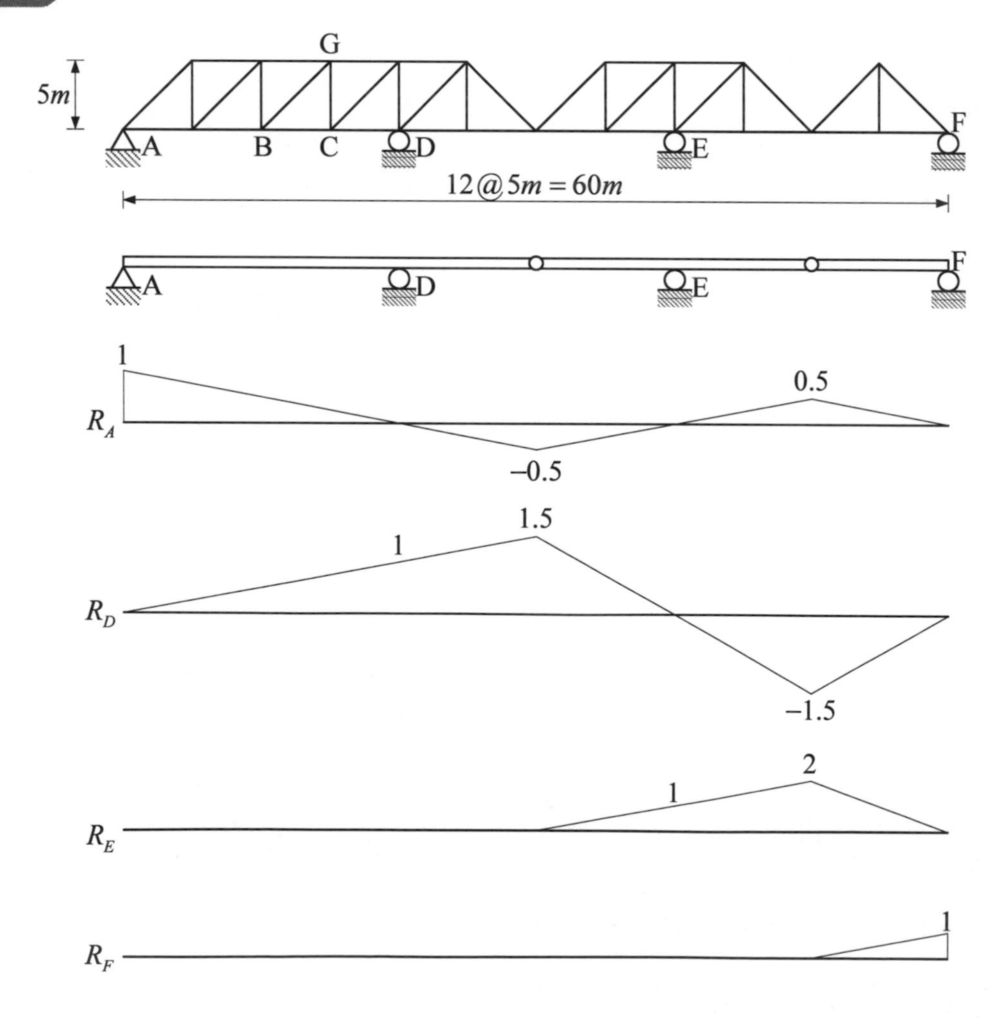

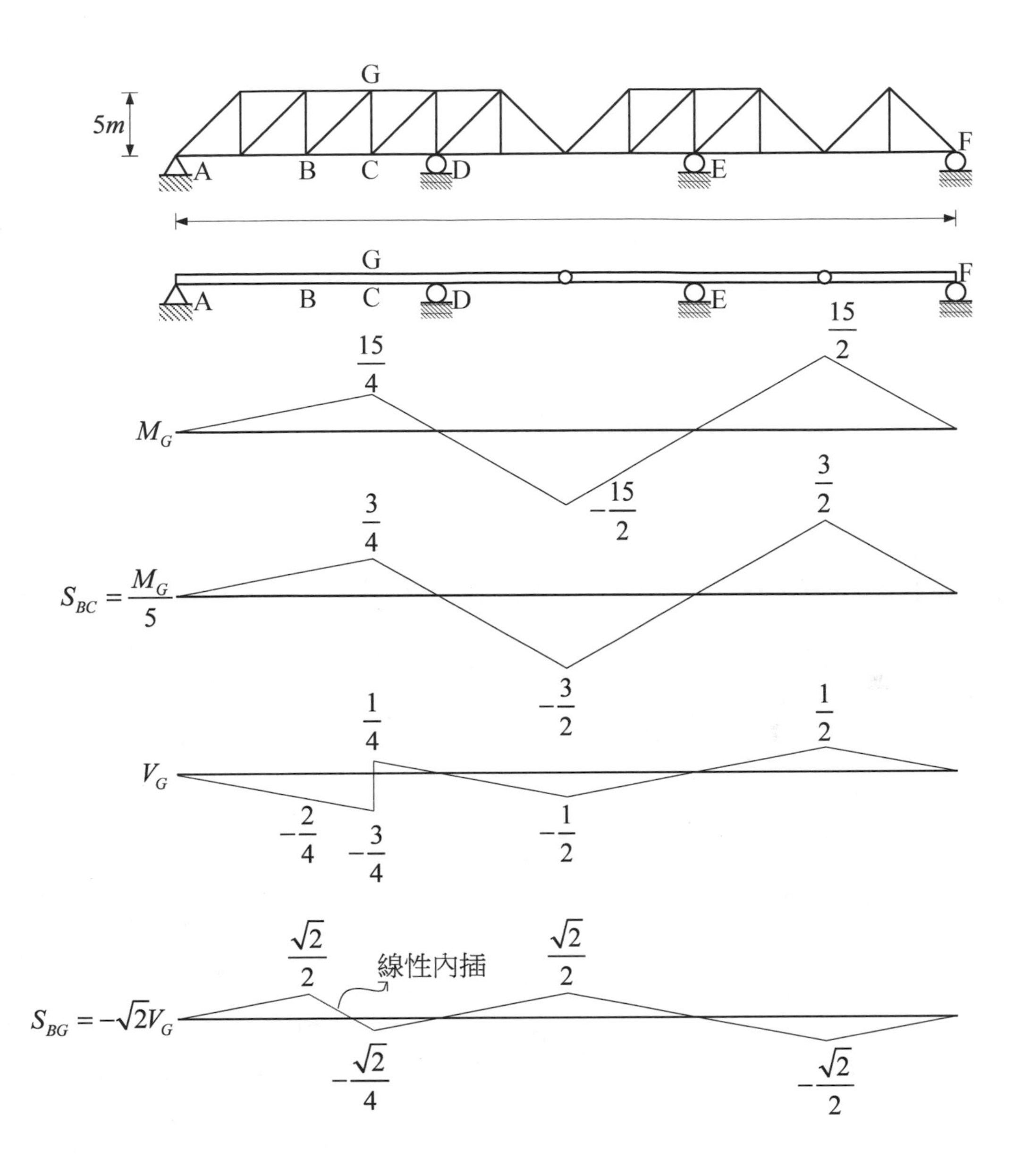
G
5m
A
B
C
D
E
F
M_G
$\frac{15}{4}$
$\frac{15}{2}$
$-\frac{15}{2}$
$S_{BC}=\frac{M_G}{5}$
$\frac{3}{4}$
$\frac{3}{2}$
$-\frac{3}{2}$
V_G
$\frac{1}{4}$
$\frac{1}{2}$
$-\frac{2}{4}$
$-\frac{3}{4}$
$-\frac{1}{2}$
$S_{BG}=-\sqrt{2}V_G$
$\frac{\sqrt{2}}{2}$
線性內插
$-\frac{\sqrt{2}}{4}$
$-\frac{\sqrt{2}}{2}$

三、請利用力法（諧和變位法）計算 C 點支承反力，並繪製桿件 BC 的彎矩圖。下圖各桿件之 EI 均相同。（25 分）

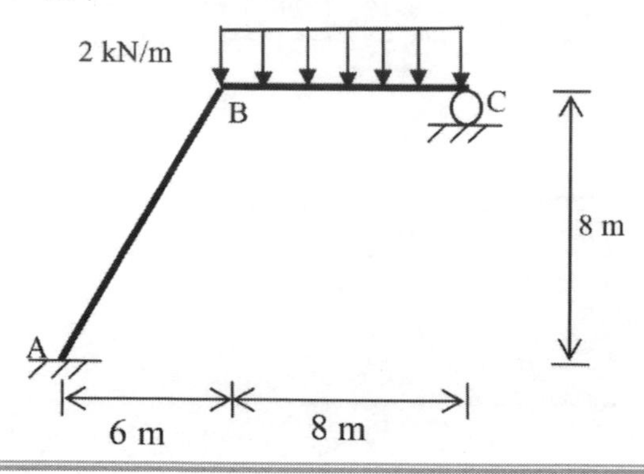

參考題解

（一）選取 C 點反力為贅力，繪製外力$\dfrac{M}{EI}$圖、贅力$\dfrac{M}{EI}$圖、m圖

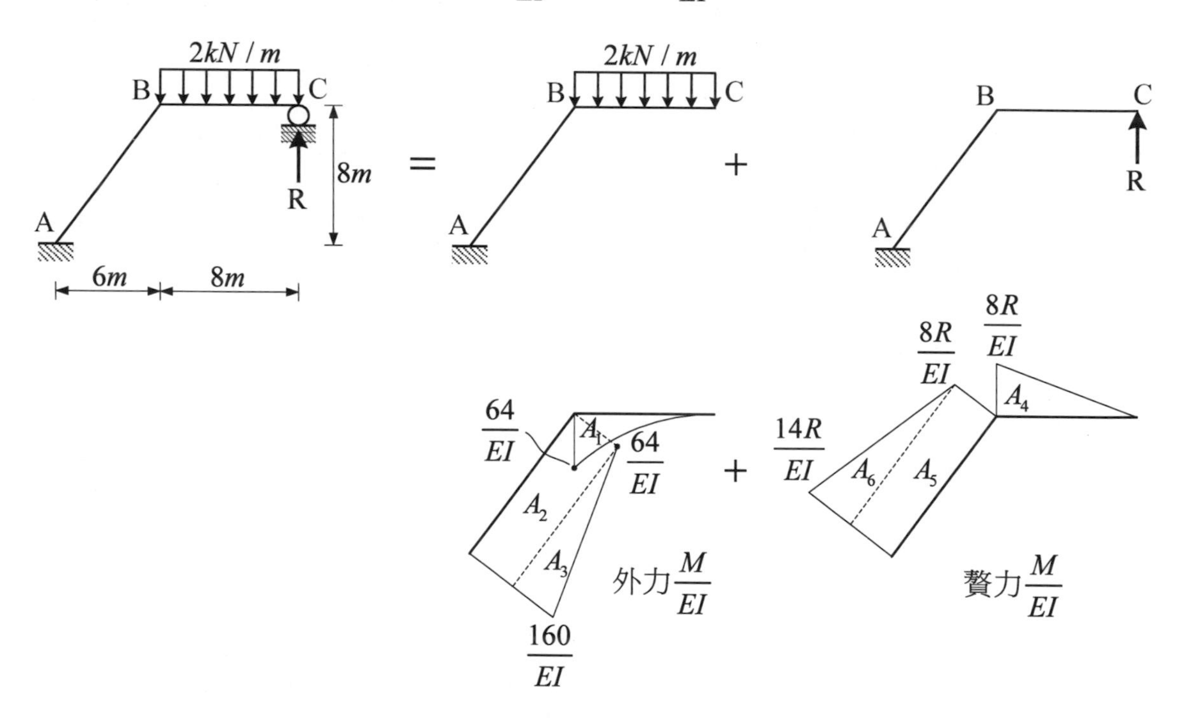

（二）計算 A_i 、 y_i

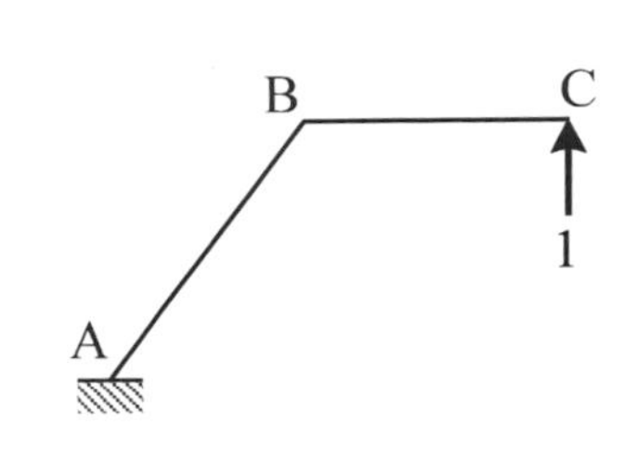

$$A_1 = -\frac{1}{3}\times 8\times\frac{64}{EI} = -\frac{512}{3}\frac{1}{EI} \qquad y_1 = 8\times\frac{3}{4} = 6$$

$$A_2 = -10\times\frac{64}{EI} = -\frac{640}{EI} \qquad y_2 = 11$$

$$A_3 = -\frac{1}{2}\times 10\times\frac{96}{EI} = -\frac{480}{EI} \qquad y_3 = 8+6\times\frac{2}{3} = 12$$

$$A_4 = \frac{1}{2}\times 8\times\frac{8R}{EI} = \frac{32R}{EI} \qquad y_4 = 8\times\frac{2}{3} = \frac{16}{3}$$

$$A_5 = 10\times\frac{8R}{EI} = \frac{80R}{EI} \qquad y_5 = 11$$

$$A_6 = \frac{1}{2}\times 10\times\frac{6R}{EI} = \frac{30R}{EI} \qquad y_6 = 8+6\times\frac{2}{3} = 12$$

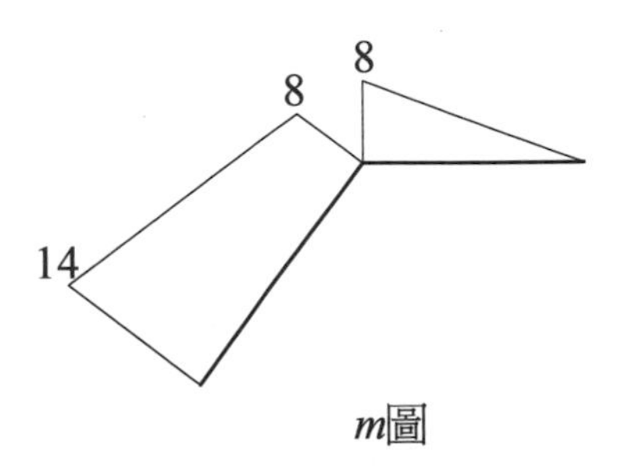

m圖

（三）變形諧和： $\Delta_{CV} = 0$

$$1\cdot\Delta_{CV} = \int m\frac{M}{EI}dx = \sum A_i y_i = \left(A_1y_1 + A_2y_2 + A_3y_3\right) + \left(A_4y_4 + A_5y_5 + A_6y_6\right)$$

$$\Rightarrow 0 = \left(-\frac{13824}{EI}\right) + \left(\frac{4232}{3}\frac{R}{EI}\right) \quad \therefore R = 9.8\ kN$$

（四）BC 桿的剪力彎矩圖

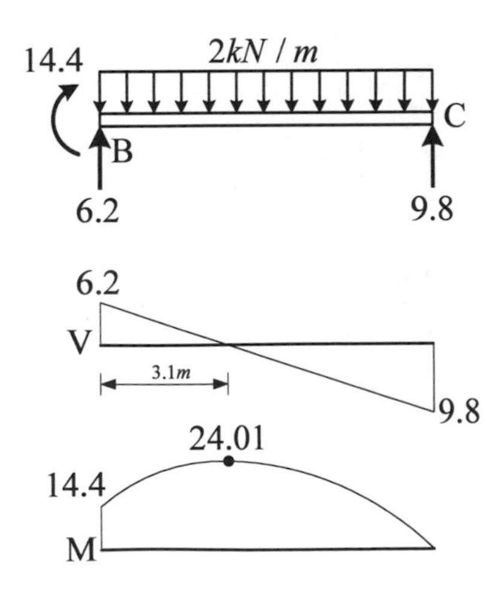

四、請利用力矩分配法計算各桿件端點力矩。桿件 EI 值比例標示於下圖。（25 分）

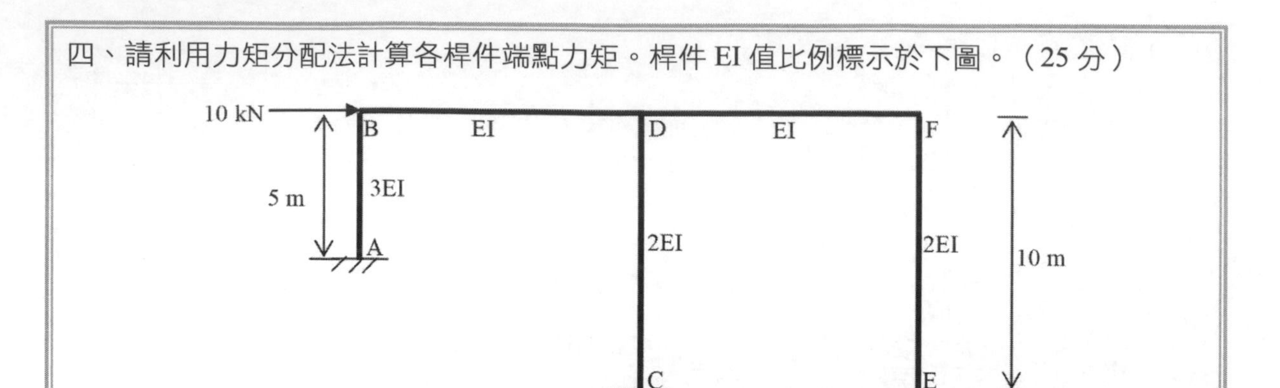

參考題解

（一）固端彎矩

1. 外力造成的固彎：無

2. 側移造成的固彎：

$$\begin{cases} M_{AB}^{F} = M_{BA}^{F} = -\dfrac{6(3EI)\Delta}{5^2} = -\dfrac{18}{25}EI\Delta \\ M_{CD}^{F} = M_{DC}^{F} = -\dfrac{6(2EI)\Delta}{10^2} = -\dfrac{12}{100}EI\Delta \\ H_{FE}^{F} = -\dfrac{3(2EI)\Delta}{10^2} = -\dfrac{6}{100}EI\Delta \end{cases} \Rightarrow 令\dfrac{6}{100}EI\Delta = z \text{，則} \begin{cases} M_{AB}^{F} = M_{BA}^{F} = -12z \\ M_{CD}^{F} = M_{DC}^{F} = -2z \\ H_{FE}^{F} = -z \end{cases}$$

（二）分配係數 D

1. B 節點：$D_{BA} : D_{BD} = \dfrac{4(3EI)}{5} : \dfrac{4(EI)}{10} = 6:1$

2. D 節點：$D_{DB} : D_{DC} : D_{DF} = \dfrac{4(EI)}{10} : \dfrac{4(2EI)}{10} : \dfrac{4(EI)}{10} = 1:2:1$

3. F 節點：$D_{FD} : D_{FE} = \dfrac{4(EI)}{10} : \dfrac{4(2EI)}{10} \times \dfrac{3}{4} = 2:3$

（三）綜合彎矩分配表

節點	A	B		D			F		C
桿端	AB	BA	BD	DB	DC	DF	FD	FE	CD
D.F		6	1	1	2	1	2	3	
F.E.M	$-12z$	$-12z$			$-2z$			$-z$	$-2z$
D.M		$12x$	$2x$	$2y$	$4y$	$2y$	$2w$	$3w$	
C.O.M	$6x$		y	x		w	y		$2y$
Σ	$6x-12z$	$12x-12z$	$2x+y$	$x+2y$	$4y-2z$	$2y+w$	$y+2w$	$-z$ $+3w$	$2y$ $-2z$
	−32.6	−8.6	8.6	5.15	−7.13	1.98	2.23	−2.23	−8.28

（四）力平衡條件

1. $\Sigma M_B=0$，$M_{BA}+M_{BD}=0 \Rightarrow 14x+y-12z=0$ ⋯⋯⋯⋯⋯⋯ ①

2. $\Sigma M_D=0$，$M_{DB}+M_{DC}+M_{DF}=0 \Rightarrow x+8y-2z+w=0$ ⋯⋯⋯ ②

3. $\Sigma M_F=0$，$M_{FD}+M_{FE}=0 \Rightarrow y-z+5w=0$ ⋯⋯⋯⋯⋯⋯⋯ ③

4. $\Sigma F_x=0$，$\dfrac{M_{AB}+M_{BA}}{5}+\dfrac{M_{CD}+M_{DC}}{10}+\dfrac{M_{FE}}{10}+10=0$

$\Rightarrow 2\left(M_{AB}+M_{BA}\right)+\left(M_{CD}+M_{DC}\right)+M_{FE}=-100$

$\Rightarrow 36x+6y-53z+3w=-100$ ⋯⋯⋯⋯⋯⋯⋯⋯⋯⋯⋯⋯ ④

聯立①②③④，可得：$\begin{cases} x=4 \\ y=0.576 \\ z=4.717 \\ w=0.828 \end{cases}$

（五）帶回彎矩分配表，可得各桿端彎矩，如表格最後一列。

108年 專門職業及技術人員高等考試試題／工程測量（包括平面測量與施工測量）

一、今欲測量一正方形工地的面積，假設以某部儀器觀測該正方形邊長 a 的中誤差為 σ：

（一）若欲控制該工地面積的中誤差不得大於 σ_A，在僅觀測一次正方形邊長的情形下，請說明 σ 與 σ_A 之間須滿足何種關係？（10 分）

（二）若上述關係無法滿足，在使用同一部儀器的狀況下，請提出可採取的觀測策略並說明理由。（15 分）

參考題解

（一）正方形邊長為 a，故正方形面積 $A=a^2$，則

$$\frac{\partial A}{\partial a}=2a$$

$$\sigma_A=\pm\sqrt{(\frac{\partial A}{\partial a})^2\cdot\sigma^2}=\pm\sqrt{(2a)^2\cdot\sigma^2}=2a\cdot\sigma$$

若欲控制該工地面積的中誤差不得大於 σ_A，在僅觀測一次正方形邊長的情形下，則 σ 與 σ_A 之間須滿足的關係為：$\sigma\le\frac{\sigma_A}{2a}$。

（二）若上述關係無法滿足，在使用同一部儀器的狀況下，可以採用量測正方形二個獨立邊長 a_1 和 a_2 的策略，如圖示，故正方形面積 $A'=a_1\cdot a_2$，則

$$\frac{\partial A'}{\partial a_1}=a_2 \qquad \frac{\partial A'}{\partial a_2}=a_1$$

$$\sigma'_A=\pm\sqrt{(\frac{\partial A'}{\partial a_1})^2\cdot\sigma^2+(\frac{\partial A'}{\partial a_2})^2\cdot\sigma^2}=\pm\sqrt{a_2^2\cdot\sigma^2+a_1^2\cdot\sigma^2}$$

a_1

a_2

令 $a_1=a_2=a$，則得

$$\sigma'_A=\pm\sqrt{a_2^2\cdot\sigma^2+a_1^2\cdot\sigma^2}=\pm\sqrt{a^2\cdot\sigma^2+a^2\cdot\sigma^2}=\pm\sqrt{2}a\cdot\sigma<\sigma_A$$

由上式得知，採用量測正方形二個獨立邊長的策略，正方形面積的精度將提高 $\sqrt{2}$ 倍。

二、單曲線中間樁之測設方法包含偏角法（deflection angle method）及切線支距法（the methods of offsets from tangents）等，請分別說明其原理、計算方式及適用場合。（25 分）

參考題解

假設單曲線之中心角為Δ、半徑為 R，當確定曲線上各副點的樁號後，便可得知單曲線從 B.C. 樁到 E.C.樁之間相鄰點位之間的各個弦長 ℓ_i，則可計算得各個副點對應之偏角值為

$$\delta_i = 1718.87' \times \frac{\ell_i}{R}$$ 。

（一）偏角法（deflection angle method）

原理：如圖一所示，將全測站儀整置於 B.C.樁處，將儀器水平度盤歸零並後視照準 I.P. 樁，依序平轉儀器至對應之水平度盤讀數 θ_i（各偏角依序累積值）確定副點測設方向後，再從 B.C.樁量水平距離 S_i 確定副點實地位置，如此即可將單曲線各副點一一測設於實地。

計算方式：單曲線各副點對應之水平度盤讀數 θ_i 之計算式為：$\theta_i = \sum_{i=1}^{n} \delta_i$

從 B.C.樁到單曲線各副點的水平距離之計算是為：$S_i = 2R \cdot \sin\theta_i$

適用場合：一般單曲線皆可以此法測設曲線副點。

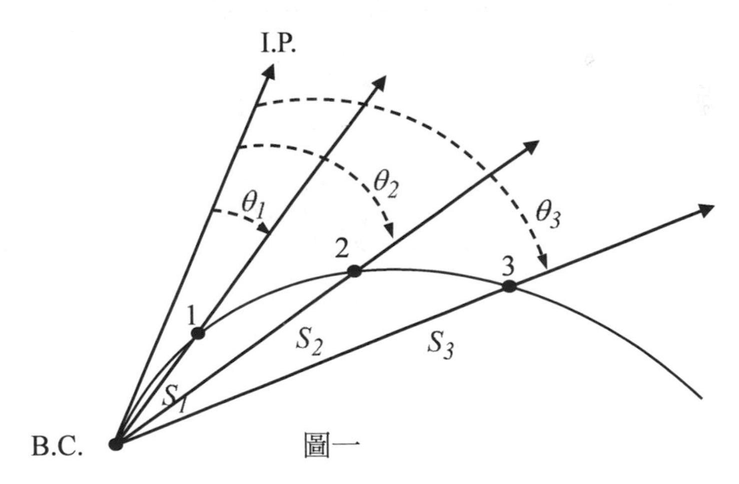

圖一

（二）切線支距法（the methods of offsets from tangents）

原理：如圖二所示，設 B.C.樁至 I.P.樁方向（切線方向）為 X 軸，B.C.樁至單曲線圓心方向（半徑方向）為 Y 軸，將全測站儀整置於 B.C.樁處並照準 I.P.樁，先自 B.C. 樁依序量測各副點對應之 x 坐標值確定各副點在切線上的垂足位置，接著依序

將儀器整置在各垂足上，再以支距法量測各副點對應之支距值（即 y 坐標值），如此即可將單曲線各副點一一測設於實地。

計算方式：單曲線各副點之偏角累積值 θ_i 之計算式為：$\theta_i = \sum_{i=1}^{n} \delta_i$

單曲線各副點對應之 x 坐標計算式為：$x_i = R \cdot \sin 2\theta_i$

單曲線各副點對應之 y 坐標計算式為：$y_i = R \cdot (1 - \cos 2\theta_i)$

適用場合：（1）一般適用於平坦地區或山區，且在切線方向無障礙物知短曲線。

（2）當 B.C.樁或 E.C.樁有障礙物時，可採本法替代。

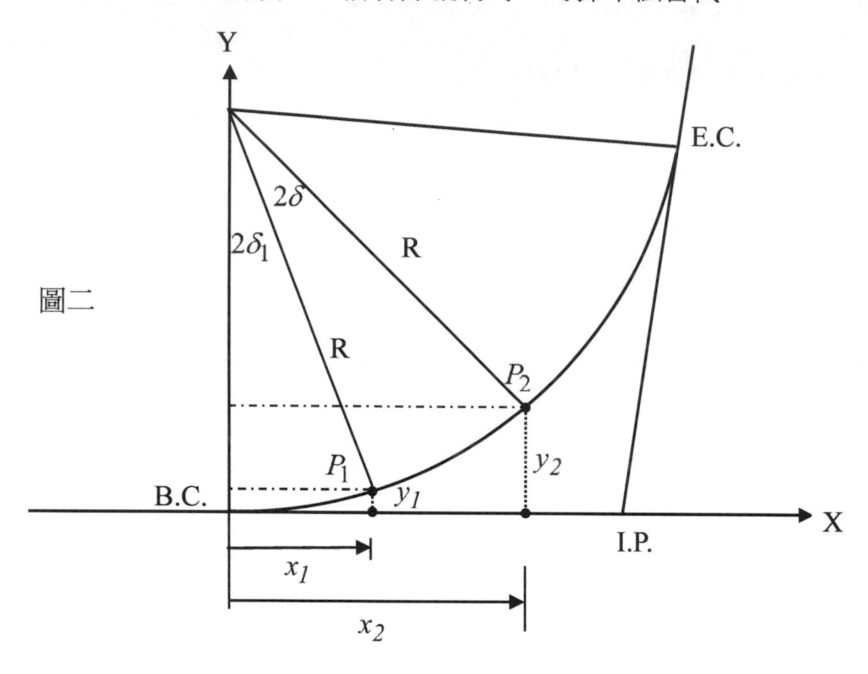

圖二

> 三、衛星定位測量中，從衛星軌道資訊到待測地面點位置皆需參考到不同的坐標系統。請列舉並說明各坐標系統的定義、以及坐標系統之間的相互關係。（25 分）

參考題解

廣播星曆含軌道參數共 16 個，其中 1 個為參考時刻，6 個為對應於參考時刻的刻卜勒軌道元素（Keplerian orbital elements），9 個為反映擾動力（perturbations）影響的參數。參照圖一，6 個刻卜勒軌道元素說明如下：

a：軌道長半徑，確定衛星軌道的形狀。

e：軌道離心率，確定衛星軌道的大小。

Ω：昇交點赤經，即在地球赤道平面上昇交點與春分點之間的地心夾角。

i：軌道面傾角，即衛星軌道平面與地球赤道面之間的夾角。

ω：近地點角距，即在衛星軌道平面上昇交點與近地點之間的地心夾角。

$V(t)$：衛星的真近點角，平近點角為軌道平面上衛星與近地點之夾角。

其中，參數 a、e 用以確定衛星軌道的形狀和大小，參數 Ω、i 用以決定衛星軌道平面與地球體之間的相對位置，參數 ω 用以決定衛星軌道平面（刻卜勒橢圓）在軌道平面上的方向，參數 $V(t)$用以決定衛星在軌道上的瞬時位置。

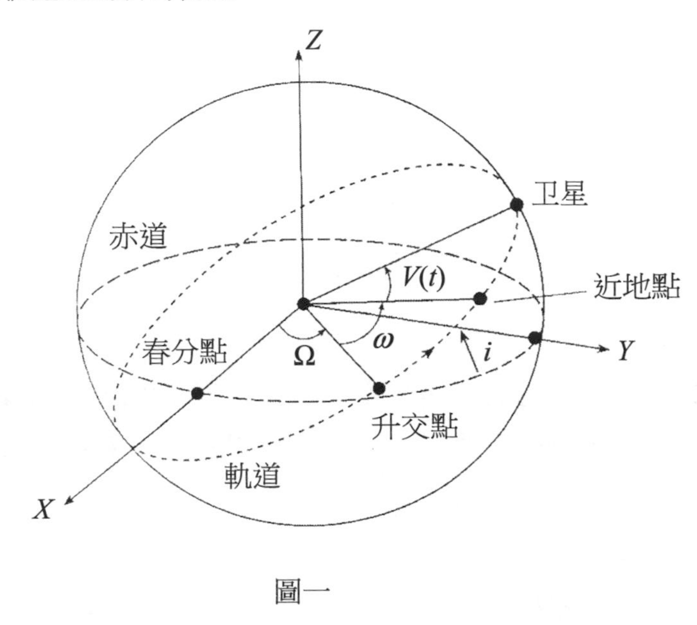

圖一

衛星定位測量中，從衛星軌道資訊到待測地面點位置需參考到衛星軌道直角坐標系、天球坐標系和地球坐標系。要計算衛星在任意觀測曆元下相對於地球坐標系的位置，可分為三個步驟：首先建立軌道直角坐標系，計算衛星在軌道直角坐標系中的位置；然後計算衛星在天球坐標系中的坐標直；最後將衛星的天球坐標轉換為地球坐標系下的坐標值。茲說明如下：

（一）衛星軌道直角坐標系

用以描述衛星在所設計的軌道平面上的瞬時位置，如圖二所示，坐標系定義如下：

原點 O：與地球質心重合的橢圓焦點

X 軸：指向近地點

Z 軸：垂直於軌道面

Y 軸：與 X、Z 軸形成右旋直角坐標系

用以描述衛星在軌道平面上位置的坐標值定義如下：

$x = a \cdot (\cos E - e)$

$y = a \cdot \sqrt{1-e^2} \cdot \sin E$

$z = 0$

式中 E 為偏近點角，可以利用軌道資料另行推算得到。

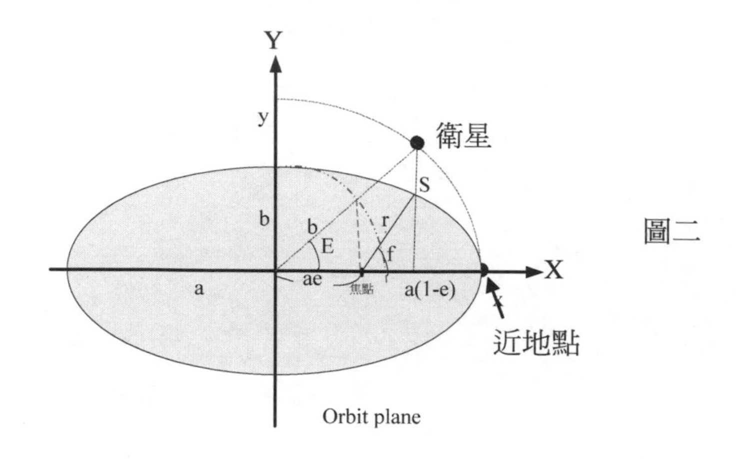

圖二

（二）天球坐標系

以天球為參考體，天球赤道面和過春分點的天球子午圈為參考面。因天球坐標系與地球自轉無關，是一種慣性坐標系，所以可以描述天體和衛星的位置及其運動狀態。如圖三所示，天球坐標系定義如下：

原點 O：地球質心

Z 軸：指向北天極

X 軸：指向春分點

Y 軸：與 X、Z 軸形成右旋直角坐標系

用以描述衛星位置的坐標值定義如下：

赤經 Ω：自春分點沿天球赤道逆時針至天體天球子午圈的夾角。自春分點起算，向東為正，向西為負。

赤緯 δ：自天球赤道面沿天體之天球子午圈至星體角度。向北為正，向南為負。

空間距離 R：地球質心至星體的空間距離。

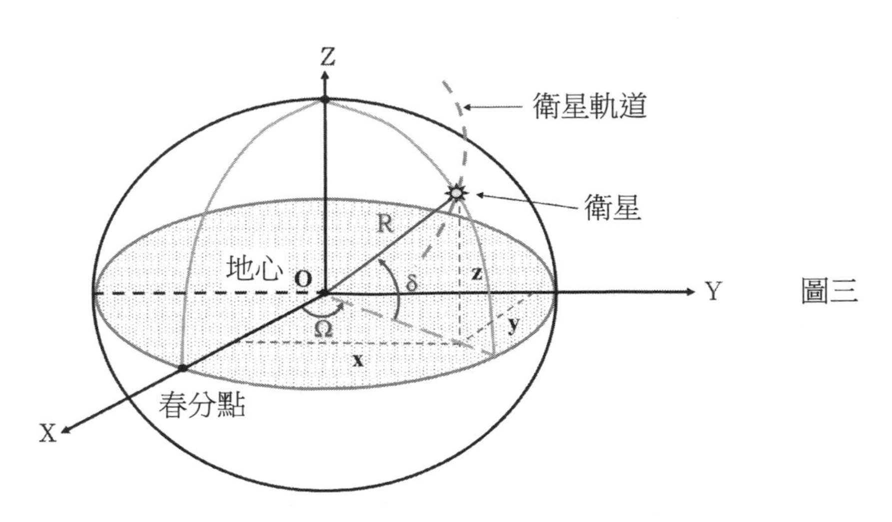

圖三

（三）地球坐標系

以橢球面為基準面，法線為基準線，赤道面和過格林威治的子午圈為參考面。地球坐標系與地球一起轉動，因此與地球自轉相關，也是一種慣性坐標系，故可方便地描述測站的位置。如圖四所示，地球坐標系定義下：

原點 O：地球質心

Z 軸：指向地球北極

X 軸：指向格林威治子午圈與地球赤道面的交點

Y 軸：與 X、Z 軸形成右旋直角坐標系

用以描述測站位置的坐標值定義如下：

大地經度 L：格林威治子午圈起算與測站經圈之夾角。自格林威治經圈起算，向東為正（東經），向西為負（西經）。

大地緯度 B：過地面點的橢球法線與橢球赤道面的夾角。北緯為正，南緯為負。

幾何高 h：地面點沿法線至橢球面的距離。

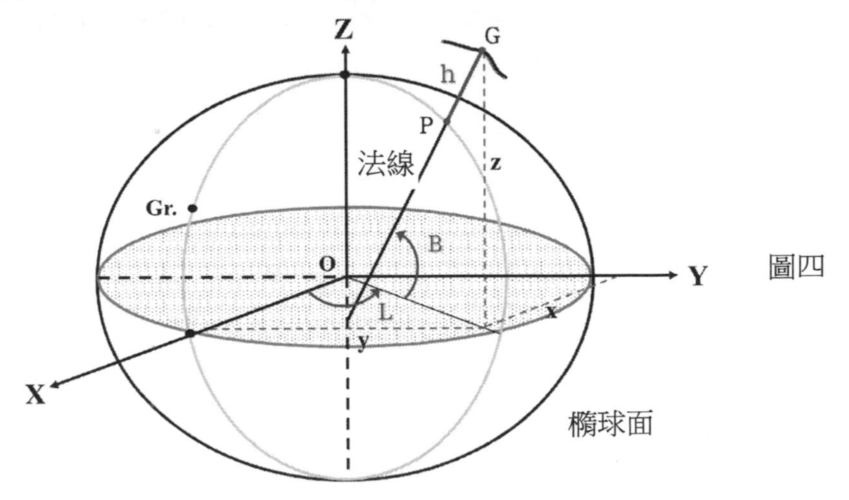

圖四

（四）坐標系統之間的相互關係

1. 軌道坐標系轉換成天球坐標系

軌道坐標系與天球坐標系有共同原點，因此只須做三軸旋轉即可使二坐標系一致，透過下面關係式便能確定衛星任意觀測曆元下在天球坐標系中的坐標值。

$$\begin{bmatrix} x \\ y \\ z \end{bmatrix}_{天球} = \begin{bmatrix} \cos\Omega & -\sin\Omega & 0 \\ \sin\Omega & \cos\Omega & 0 \\ 0 & 0 & 1 \end{bmatrix} \begin{bmatrix} 1 & 0 & 0 \\ 0 & \cos i & -\sin i \\ 0 & \sin i & \cos i \end{bmatrix} \begin{bmatrix} \cos\omega & -\sin\omega & 0 \\ \sin\omega & \cos\omega & 0 \\ 0 & 0 & 1 \end{bmatrix} \begin{bmatrix} a(\cos E - e) \\ a\sqrt{1-e^2}\sin E \\ 0 \end{bmatrix}$$

2. 天球坐標系轉換成地球坐標系

天球坐標系與地球坐標系有共同原點和 Z 軸，二者差別僅在 X 軸的指向不同，若取二坐標系 X 軸之間的夾角（春分點與格林威治子午線之間的夾角）為春分點的格林威治恆星時 GAST（可根據廣播星曆計算得到），天球坐標系僅須繞 Z 軸旋轉即可使二坐標系一致，因此透過下面關係式便能確定衛星任意觀測曆元下在地球坐標系中的坐標值。

$$\begin{bmatrix} x \\ y \\ z \end{bmatrix}_{地球} = \begin{bmatrix} \cos(\text{GAST}) & \sin(\text{GAST}) & 0 \\ -\sin(\text{GAST}) & \cos(\text{GAST}) & 0 \\ 0 & 0 & 1 \end{bmatrix} \begin{bmatrix} x \\ y \\ z \end{bmatrix}_{天球}$$

以上說明並未考量極移改正與衛星軌道攝動影響改正，精確計算應予改正。

四、如圖欲對一道路進行彎道改善工程，圖中 AC 弧線為原道路中心之圓曲線，起點 A 之樁號為（80 K + 321.34 m），但已無法查得原曲線半徑 R 的大小。因現場無法對切線交點 B 進行定樁及觀測，因此分別於兩切線上設立樁位 S 及 T，並觀測 $\overline{AS}$ 長度為 18.16 公尺、$\overline{ST}$ 長度為 28.52 公尺，$\alpha = \angle AST = 135°$、$\beta = \angle STC = 101°$；新道路曲線仍設計為圓曲線，且具有與原曲線相同的曲線中心角 γ。請回答以下問題：

（一）請推算原 AC 曲線之曲線中心角 γ 及曲線半徑 R。（15 分）

（二）若新曲線的半徑 R′ 設計為 70 公尺，請計算新曲線起點 A′ 樁號、以及 A′C′的弧線長度。（10 分）

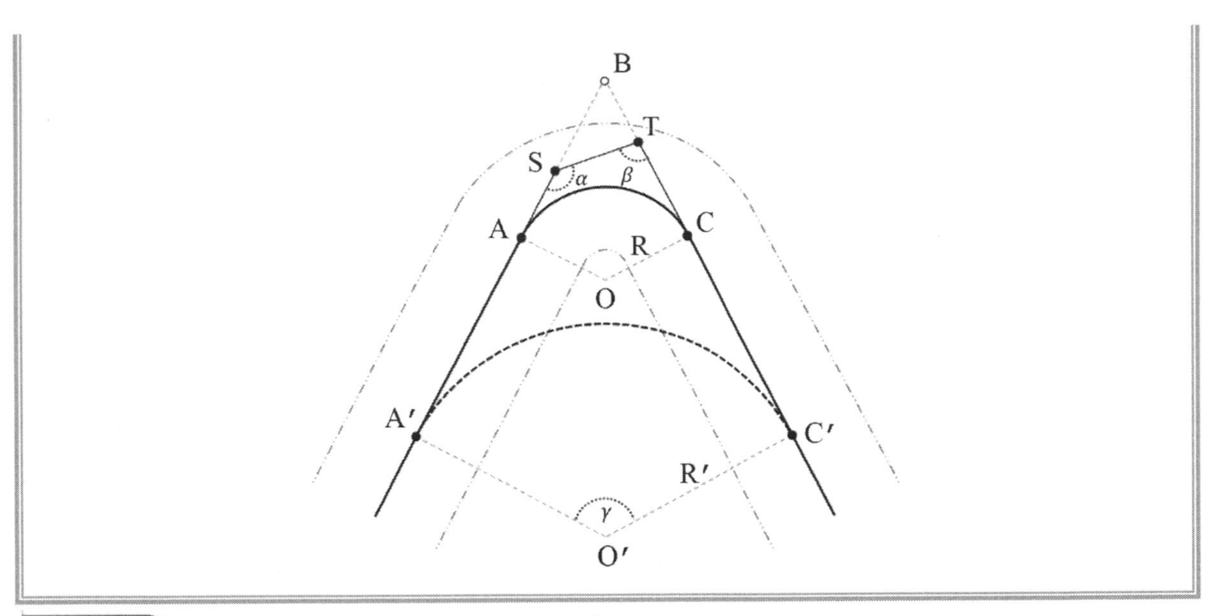

參考題解

（一）$\angle BST = 180° - 135° = 45°$

$\angle STB = 180° - 101° = 79°$

$$\overline{SB} = \overline{ST} \times \frac{\sin \angle STB}{\sin(180° - \angle BST - \angle STB)} = 28.52 \times \frac{\sin 79°}{\sin(180° - 45° - 79°)} = 33.77m$$

原曲線切線長 $\overline{AB} = \overline{AS} + \overline{SB} = 18.16 + 33.77 = 51.93m$

原曲線中心角 $\gamma = \angle BST + \angle STB = 45° + 79° = 124°$

因 $\overline{AB} = R \times \tan\frac{\gamma}{2}$，則 $51.93 = R \times \tan\frac{124°}{2}$，解得：

原曲線半徑 $R = 27.63m$

（二）因新舊曲線的中心角同為 γ，故

新曲線的切線長 $\overline{A'B} = 70 \times \tan\frac{124°}{2} = 131.65m$

$$\overline{A'A} = \overline{A'B} - \overline{AB} = 131.65 - 51.93 = 79.72m$$

新曲線起點 A′的樁號為：$80k + 321.34 - 79.72 = 80k + 241.62m$

新曲線 A′C′的弧線長度為：$70 \times \frac{124°}{180°} \times \pi = 151.49m$

108年 專門職業及技術人員高等考試試題／營建管理

一、依據最新修訂之政府採購法第 70 條之 1 規定：機關辦理工程規劃、設計，應依工程規模及特性，分析潛在施工危險。而勞動部職業安全衛生署亦已函頒「營造工程施工風險評估技術指引」，透過行政指導說明不同生命週期各階段施工風險評估之方式。若您是一位土木工程技師，請具體說明設計成果風險評估該如何進行。（25 分）

參考題解

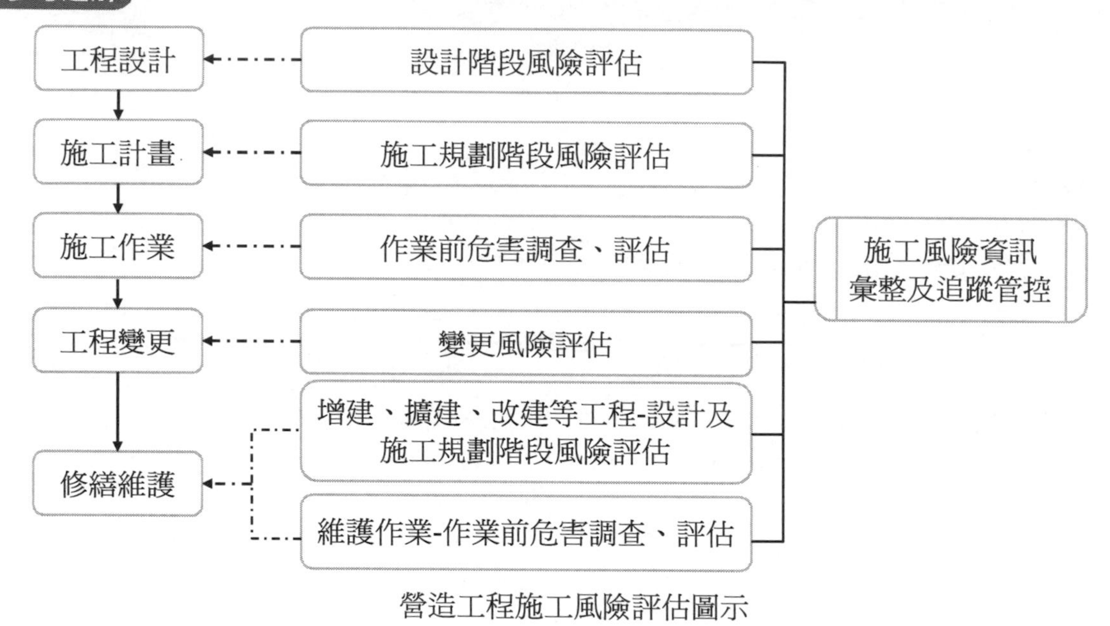

營造工程施工風險評估圖示

設計成果風險評估如下：

於設計完成後，施工風險評估小組應就設計成果實施施工風險評估，並將評估過程及結果製作紀錄。

為評估設計成果施工風險，應先研擬設計成果之施工計畫及使用維護手冊。再就施工計畫及使用維護手冊之內容，進行作業拆解，以明確分項工程之組成。

逐一將各分項工程（或維護作業程序等）拆解為：第一階作業、第二階作業、作業內容等，以明確施工作業內容、使用之機具設備、設施、作業程序及步驟等。

就作業拆解結果並參酌工作場所狀況，逐項辨識潛在危害；就辨識出之危害進行風險分析；再逐一就風險分析所發現之可能危害狀況進行風險評量，以篩選出不可接受之風險。

二、國內工程技術性服務的計費方法，依「機關委託技術服務廠商評選及計費辦法」（簡稱技服辦法）內容規定，其一為「服務成本加公費法」。請回答以下問題：
（一）服務成本加公費法的組成，所有費用主要區分為那些細項。（15 分）
（二）依技服辦法之規定，請詳述機關得給付廠商獎勵性報酬的情形與方式。（10 分）

參考題解

（一）1. 直接費用：

（1）直接薪資：包括直接從事委辦案件工作之建築師、技師、工程師、規劃、經濟、財務、法律、管理或營運等各種專家及其他工作人員之實際薪資，另加實際薪資之一定比率作為工作人員不扣薪假與特別休假之薪資費用；非經常性給與之獎金；及依法應由雇主負擔之勞工保險費、積欠工資墊償基金提繳費、全民健康保險費、勞工退休金。

（2）管理費用：包括未在直接薪資項下開支之管理及會計人員之薪資、保險費及退休金、辦公室費用、水電及冷暖氣費用、機器設備及傢俱等之折舊或租金、辦公事務費、機器設備之搬運費、郵電費、業務承攬費、廣告費、準備及結束工作所需費用、參加國內外職業及技術會議費用、業務及人力發展費用、研究費用或專業聯繫費用及有關之稅捐等。但全部管理費用不得超過直接薪資扣除非經常性給與之獎金後之百分之一百。

（3）其他直接費用：包括執行委辦案件工作時所需直接薪資以外之各項直接費用。如差旅費、工地津貼、加班費、專業責任保險費、專案或工地辦公室及工地試驗室設置費、工地車輛費用、資料收集費、專利費、操作及維護人員之代訓費、電腦軟體製作費或使用費、測量、探查及試驗費或圖表報告之複製印刷費、外聘專家顧問報酬及有關之各項稅捐、會計師簽證費用等。

2. 公費：指廠商提供技術服務所得之報酬，包括風險、利潤及有關之稅捐等。

3. 營業稅。

（二）前項獎勵性報酬之給付方式如下，由機關於招標文件中訂明：

一、屬服務費用降低者，為所減省之契約價金金額之一定比率。

二、屬實際績效提高者，依契約所載計算方式給付。

前項第一款一定比率，以不逾百分之五十為限；第二款給付金額，以不逾契約價金總額或契約價金上限之百分之十為限。

三、設計施工界面整合是提升工程品質必須進行的一項基礎工作。請回答以下問題：
（一）請說明何謂可施工性（Constructability）。（5 分）
（二）請舉例說明，如何善用 BIM（Building Information Modeling）技術進行可施工性的分析。（20 分）

參考題解

（一）可施工性：設計圖說上構造物可正確、如質產出。

（二）BIM 的最大優勢之一為具有三維的能力，模型中具有高程資訊。

1. 透過電腦模型了解建築構造物裏頭複雜管線、鋼筋等是否有相互衝突之處，可提前發現並進行修正，避免施工過程中發現問題導致工期延宕或增加工程成本。
2. BIM 可直接產出施工圖，針對每個細部均可輕易得到剖面施工圖，避免施工過程因資訊不足導致施作錯誤。
3. 施工現場時常出現工項最後無法收邊的情況，例如鋼骨鋼筋結構，兩者銜接處收邊問題是過去較容易於施工現場發生的狀況，而透過 BIM 進行構造物施工介面及收頭檢討。
4. 現場施工數量管控，傳統方式不僅耗時且不易檢查錯誤，透過只需核對結構元件、材料位置及計算公式，電腦即可將數量產出，大大提升工作效率。
5. BIM 建模後，包商僅需依據模型施工，工程師或監造單位可直接使用模型比對，提升施工品質。

四、工程專案面臨展延工期幾乎無法避免。請詳述一般契約中通常約定可以展延的情境。（25 分）

參考題解

（一）契約履約期間，有下列情形之一，且確非可歸責於廠商，並影響進度網圖要徑作業之進行，而需展延工期者，廠商應於事故發生或消失後，檢具事證，儘速以書面向機關申請展延工期。機關得審酌其情形後，以書面同意延長履約期限，不計算逾期違約金。其事由未達半日者，以半日計；逾半日未達 1 日者，以 1 日計。

1. 發生契約規定不可抗力之事故。
2. 因天候影響無法施工。
3. 機關要求全部或部分停工。
4. 因辦理變更設計或增加工程數量或項目。

5. 機關應辦事項未及時辦妥。

6. 由機關自辦或機關之其他廠商因承包契約相關工程之延誤而影響履約進度者。

7. 其他非可歸責於廠商之情形，經機關認定者。

(二)前目事故之發生，致契約全部或部分必須停工時，廠商應於停工原因消滅後立即復工。其停工及復工，廠商應儘速向機關提出書面報告。

(三)第 1 目停工之展延工期，除另有規定外，機關得依廠商報經機關核備之預定進度表之要徑核定之。

108年 專門職業及技術人員高等考試試題／大地工程學（包括土壤力學、基礎工程與工程地質）

一、就土壤三軸壓密排水試驗（CD test）和單向度壓密試驗：

（一）試比較三軸壓密排水試驗在受軸差應力階段，而單向度壓密試驗受垂直載重階段時，兩者試體產生側向（半徑方向）應變，有何不同？壓密試驗得到的楊氏係數和一般的楊氏係數，有何不同？它在模擬現場黏土分布的面積範圍之情形為何？（15分）

（二）這兩種試驗結果，分別可得到那些土壤參數？（10分）

參考題解

題型解析	難易程度：簡單但冷門觀念題（涉及材料力學）
108講義出處	土壤力學 7-2-1（P.142）、7-3（P.146）、8-3（P.210）

（一）1. 三軸壓密排水試驗允許側向變形（試體以橡皮膜包覆），模擬的是工址某位置產生的剪力破壞模式，試體會產生側向（半徑方向）應變；單向度壓密試驗不允許側向變形（側向有金屬壓密環），模擬的是廣大面積的加載行為，孔隙水的排出方向僅為垂直向（z向），即是所謂的單向度壓密，此試體不會產生側向（半徑方向）應變 $(\varepsilon_x = \varepsilon_y = 0，\varepsilon_z \neq 0)$。

2. 一般的楊氏係數無限制側向變形$(\varepsilon_x \neq \varepsilon_y \neq \varepsilon_z \neq 0)$，與壓密試驗限制側向變形、僅有軸向變形所得到的楊氏係數（此稱拘限模數，D）有下列關係：

$$\text{拘限模數 } D = E_{\text{壓密}} = \frac{d\sigma_y}{d\varepsilon_y} = \frac{(1-\nu)}{(1+\nu)(1-2\nu)}E$$

3. 一般而言，當現場黏土層所受之應力增量$(\Delta\sigma')$，其加載的面積遠大於土壤的厚度時，稱之廣大（或稱無限）面積加載。壓密試驗就是在模擬這樣的應力加載行為，此時在土層中任一點位置所受的應力增量都是$\Delta\sigma'$。

（二）除了上述可得的變形參數：楊氏係數與柏松比，尚可得以下參數：

1. 三軸壓密排水試驗可得有效應力剪力參數c'、φ'。

2. 土壤壓密試驗可得土壤壓縮性的各種常數：壓密係數C_v，壓縮係數a_v、體積壓縮係數m_v，壓縮指數C_c、膨脹指數C_s、再壓縮指數C_r及滲透係數 $k = C_v m_v \gamma_w$等，以供計算結構物在粘土層上所引起之沉陷量及沉陷速度。

二、在高雄某地海邊抽砂回填之新生地，於未蓋廠房之前，擬先進行動力夯實（Dynamic Compaction）的工作：

（一）試問動力夯實之目的與方法為何？（15 分）

（二）其適用之地基特性為何及可改善處理的有效深度大約多深？（10 分）

參考題解

題型解析	難易程度：簡單、施工學題型
108 講義出處	基礎工程附錄三建築物基礎構造設計規範之地層改良

（一）1. 動力夯實之目的：

本工法於 1970 年法國 Menard 技術公司研發，係使用吊車或吊架將一重塊吊至高處後自由落下，錘擊於欲改善的地盤面上，使地層受到高能量的撞擊壓實而改善土層的工程性質，以便增加地盤支承力，減少未來的沉陷量，初時稱為垂擊搗法（heary tamping）。主要用於砂質土壤，此後由不斷改良，目前亦可用於粉土、沉泥、粘土等細粒土，由於此法可以增進細粒土壤之壓密過程，故又稱動力壓密工法（Dynamic Consolidation Method）。

2. 動力夯實之方法：

重塊吊升高度一般約為 10~40 公尺，重塊一般係採用鋼筋混凝土塊、或填有混凝土或砂之厚鋼殼塊，其形狀可為球體、圓柱體或立方體等，須視其重量、材質及欲處理區域地表之承載力而定，重塊之重量為 5~40 公噸。主要考慮因素包括：有效影響深度、夯擊能量、夯擊次數、夯擊遍數、間隔時間、夯擊點佈置和處理範圍等。另外，動力夯實施工時，重塊撞擊地面產生噪音及震動，必要時須挖掘槽溝，將震動產生之表面波隔離，以減輕震波引起鄰近結構物之損害。

（二）1. 適用之地基特性：高滲透性砂性土壤、低滲透性飽和黏土層

對砂性土壤而言，當受到高能量衝擊後，不飽和土壤內氣體首先被排出、形成飽和狀態，因土壤飽和而產生超額孔隙水壓，使其砂質土壤達到液化現象，而後超額孔隙水壓消散後使土層變為更緊密。另外諸如粘性土壤、非粘性土壤、岩石回填地層、海床下土壤、抽砂回填的海埔新生地、河口沖積三角洲及垃圾掩埋場的回填地等，都有使用動力夯實改良成功的工程案例。

2. 可改善處理的有效深度：7~13 公尺，以 10 公尺範圍內效果較佳

Mayne（1984）定義影響深度為可被觀察出的土層改良最大深度D_{max}

$$D_{max} = 0.5\sqrt{M \cdot h/n}$$

M：夯錘重量，單位：ton

h：落距，單位：m　　　　n：單位係數，其值 1 ton/meter

三、某開挖面鄰近淡水河，如圖所示：

（一）試繪出流線網，並標示出(1)最高流線(2)最低流線(3)最高等勢能線(4)最低等勢能線。（15 分）

（二）計算淡水河流進開挖面之滲流量為何？設透水砂層之滲透係數 $k = 4.5\times10^{-5}$ m/s。（10 分）

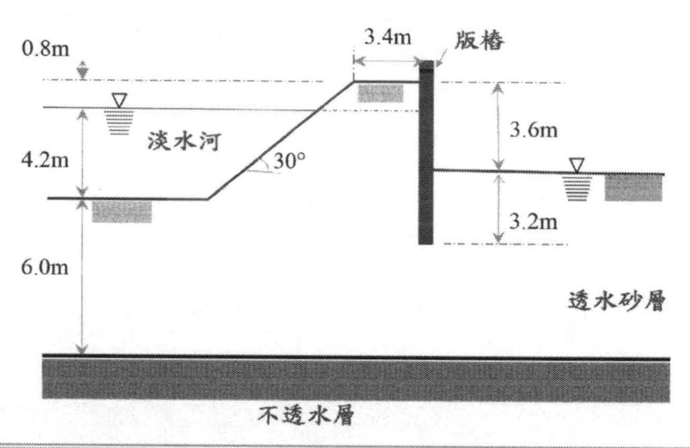

參考題解

題型解析	難易程度：流線網之中等應用題型
108 講義出處	土壤力學 6-5（P.115）、例題 6-11（P.118）、例題 6-24（P.138）

（一）流線網如下：(1)最高流線；(2)最低流線；(3)最高等勢能線；(4)最低等勢能線。

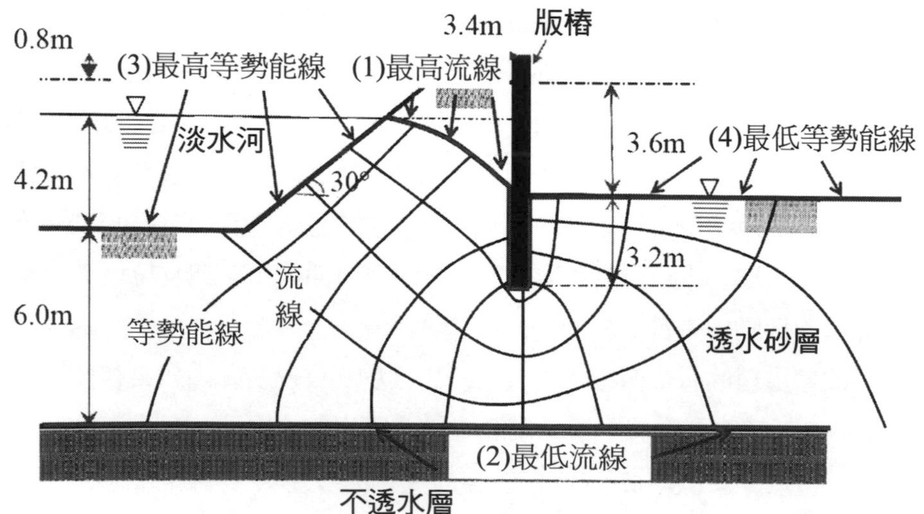

（二）淡水河流進開挖面之滲流量

每公尺寬度每秒滲流損失的水量

流線網圖之流槽數 $N_f = 4$，等勢能間格數$N_q = 9$

$$\Delta h_{total} = 3.6 - 0.8 = 2.8m$$

$$q = k \times \frac{N_f}{N_q} \times \Delta h_{total} = 4.5 \times 10^{-5} \times \frac{4}{9} \times 2.8 = 5.6 \times 10^{-5}\ \ m^3/sec/m$$

$$= 4.84 m^3/day/m \qquad \ldots\ldots\ldots\ldots\ldots\ldots\ldots \text{Ans.}$$

四、（一）離島金門及馬祖的花崗岩地下軍事坑道，當初國軍採用何種施工方式完成的？試說明可否像臺灣本島的山岳隧道，採用機械開挖？並敘述其理由。另連接大金門與小金門且正在施工中的金門大橋，因施作海中橋墩以下的全套管基樁，需打設入岩到新鮮花崗岩盤中，試問要入岩到新鮮花崗岩，會遭遇何種困難及解決方法為何？（15 分）

（二）若有三棟相同建築物分別蓋在傾向斷層（dip-slip faults）的上盤（hanging wall）、下盤（foot wall）及斷層線的上面，試比較住在上盤、下盤、斷層線之上面，危險程度的可能順序為何？並說明其理由。（10 分）

參考題解

題型解析	難易程度：第（一）小題偏向實務，對社會新鮮人較為不利。 第（二）小題屬於活用題型。
108 講義出處	工程地質 1.7.1（P.8）、3.2.12（P.39）

（一）以下參考梁詩桐技師「淺談金門花崗岩基樁工法 順訪金門大橋深槽區大口徑基樁施工」

1. 金門島主要基盤為花崗變質岩，或歷經多次火山噴發、或張裂與入侵，造成金門地區部分變質花崗岩局部裂隙被基性岩脈（如輝綠岩）入侵或被石英岩脈晰出，在海岸清晰可見，可見金門地質的變異非常大；其單壓強度大於100 Mpa，屬於堅硬岩盤難以使用傳統開挖機械或人工破裂碎解，故當年係以傳統鑽炸碎解方式為主、輔以人工或輕型機具進行敲除清運，故工率極差。
2. 如前說明，隨著科技進步、工法的提升，進行金門花崗變質岩採用機械開挖的問題已迎刃而解。然而在陸域或海域施工大口徑基樁，針對當地高強度如輕度至中度風化的花崗岩，如何慎選施工機具為第一要務，主要核心問題乃在於選用適當的鑽頭以快速安全的裂解岩盤。

3. 金門大橋因施作海中橋墩以下的全套管基樁，需打設入岩到新鮮花崗岩盤中，首先面對的是鑽掘進尺率的考驗，目前適用於花崗岩大口徑基樁工法，主要差異性在於鑽頭對岩盤解裂機制，可分為壓磨或鑿擊兩大類，其一壓磨類，以反循環鑽掘工法 Reverse Circulation Drilling（RCD）為代表；其二鑿擊類，以潛孔錘工法 Down-The-Hole Hammer（DTH）為代表。DTH 潛孔錘工法，又分為單錘與群聚組合兩類，單錘適用 1,000mm 直徑以下的基樁。以上兩種工法在金門都已有成功實務經驗。目前在金門大橋橋墩位置深槽區使用大口徑全套管基樁、並搭配 RCD 工法進行鑽掘，工程主要遇到的問題點仍在於鑽掘效率（進尺效率）、切削頭的耐磨及硬度高性能的提昇，還有花崗岩破裂角度、節理數、以及鑽頭齒珠材料本身的張力強度、磨擦度、剪力強度、磨耗度等，綜合以上主要核心問題就在岩盤可鑽掘度及鑽頭工具的耐用度。選擇 RCD 工法的優勢在於：

（1）鑽桿連結頭快速及有效率。

（2）為增加進尺效率，可以在鑽桿增加壓載物提昇效率。

（3）接合鑽管或抽引鑽管以自身機具運做，不須另外吊車吊裝。

（二）斷層是一種破裂性的變形，兩側岩層延著破裂面（斷層面）發生相對移動，或上下或前後或左右，依斷面傾斜角度將兩側岩層分為上盤及下盤，此處所謂上盤或下盤係假設斷層面為傾斜，斷層面上部岩體，稱為上盤（Hanging Wall），反之位於斷層面下部岩體，便稱下盤（Foot Wall）。傾向斷層（dip-slip faults）可再分成正斷層與逆斷層。三棟相同建築物分別蓋在傾向斷層（dip-slip faults）的上盤、下盤及斷層線的上面，危險程度的可能順序如下：

位置	危險程度（排名）	理由
斷層線的上面	最危險 1.	建物位於斷層帶周邊屬高危險區，斷層錯動時伴隨地震力瞬間造成建物毀損倒塌、生命財產重大損失。
上盤（hanging wall）	次之 2.	建物位於斷層上盤屬危險區，正、逆斷層錯動推擠造成上盤往上或往下移動，連帶造成建物局部甚至全部毀損倒塌、生命財產重大損失。如九二一大地震南投埔里、中寮、集集等位於車籠埔斷層（逆衝斷層）的上盤位置。
下盤（foot wall）	再次之 3.	建物位於斷層下盤時，因正、逆斷層錯動推擠造成上盤往上或往下移動，但對於下盤的震動或推擠較小，造成建物震害較為輕微。如九二一大地震台中沿海地區位於車籠埔斷層（逆衝斷層）的上盤位置。

單元 4

結構技師專技高考

108年 專門職業及技術人員高等考試試題／鋼筋混凝土設計與預力混凝土設計

應考人必須依據中國土木水利工程學會所出版的「混凝土工程設計規範與解說」（土木 401-100）來作答。未依上列規範作答，不予計分。

一、附圖所示，為一鋼筋混凝土單筋梁斷面構造。該梁之混凝土抗壓強度為 $f_c' = 210$ kgf/cm^2，鋼筋之降伏應力為 $f_y = 4,200$ kgf/cm^2。如果該斷面承受一設計彎矩 $M_u = 85.72$ $tf-m$，試求所需之拉力鋼筋量 A_S。（25 分）

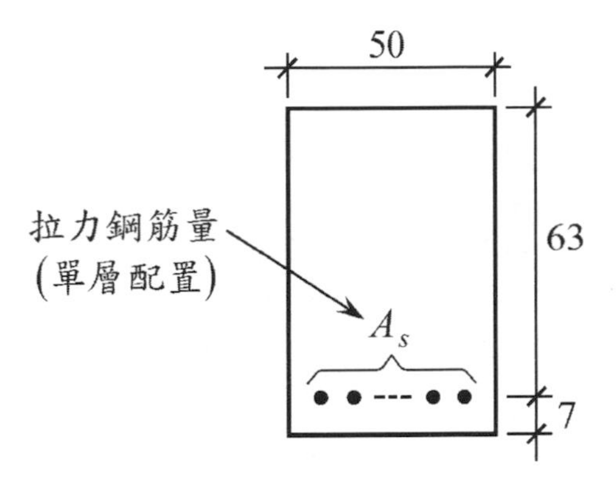

附註：長度單位 cm

提示：本命題之強度折減因數ϕ界於 0.65 與 0.9 之間。

參考題解

（一）依題意折減因數ϕ介於 0.65 與 0.9 之間

1. $$\varepsilon_t = \frac{d-x}{x}\times 0.003 = \frac{63-x}{x}\times 0.003 = \left(\frac{63}{x}-1\right)\times 0.003$$

2. $$\phi = 0.65 + \frac{\varepsilon_t - 0.002}{0.003}\times 0.25 = 0.65 + \frac{\left[\left(\frac{63}{x}-1\right)\times 0.003\right]-0.002}{0.003}\times 0.25$$

$$= 0.65 + \left(\frac{63}{x}-\frac{5}{3}\right)\times 0.25 \approx 0.233 + \frac{15.75}{x}$$

（二）計算中性軸位置

1. $C_c = 0.85 f_c' ba = 0.85\times 210\times 50\times 0.85x \approx 7586x$

2. $$M_n = C_c\left(d-\frac{a}{2}\right) = 7586x\left(63-\frac{0.85x}{2}\right)$$

3. $\phi M_n = M_u \Rightarrow \left(0.233+\frac{15.75}{x}\right)\left[7586x\left(63-\frac{0.85x}{2}\right)\right]=85.72\times10^5$

$\Rightarrow (0.233x+15.75)(63-0.425x)=1130$

$\Rightarrow -0.099x^2+8x-137.75=0 \Rightarrow x=\begin{cases}55.9\ cm\ (\text{不合})\\24.9\ cm\end{cases}$

（三）設計鋼筋量 A_s

$C_c = T \Rightarrow 7586x = A_s f_y \Rightarrow 7586(24.9) = A_s \cdot 4200 \ \therefore A_s = 44.97\ cm^2$

【備註】

題目說強度折減因數 ϕ 介於 0.65 與 0.9 之間，也就是 ε_t 會介於0.002~0.005之間

故 x 必定介於 $x=\frac{3}{5}d=37.8\ cm$ 與 $x=\frac{3}{8}d=23.625\ cm$ 之間

二、附圖所示，為一鋼筋混凝土柱斷面構造。該柱之混凝土抗壓強度為 $f_c'=280\ kgf/\text{cm}^2$，鋼筋之降伏應力為 $f_y=4,200\ kgf/cm^2$。柱內縱向鋼筋量為每側 5 – #8。如果該柱斷面承受一個設計軸力 P_u= 291 tf，試求該柱斷面所能承受之最大設計彎矩 $M_{u,\max}$。（25 分）

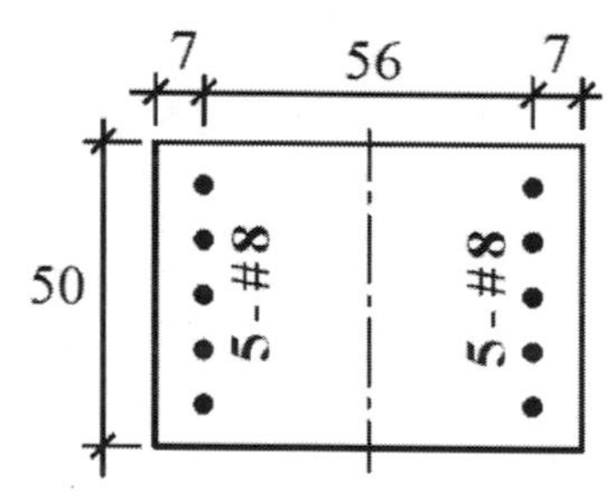

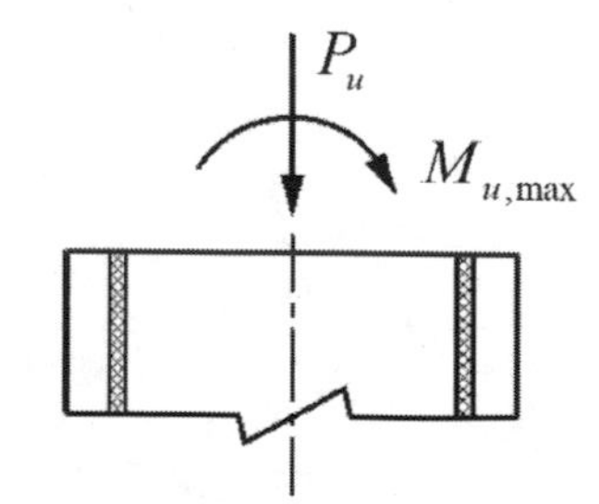

附註：長度單位 cm

提示：

1. 本命題之斷面屬於「壓力控制斷面」。
2. 一根 #8 筋之斷面積為 $A_b^{\#8}=5.07cm^2$。

參考題解

（一）假設破壞時，拉不降，壓降，$\phi = 0.65 \Rightarrow P_n = \dfrac{P_u}{\phi} = \dfrac{291}{0.65} = 447.69\ tf$

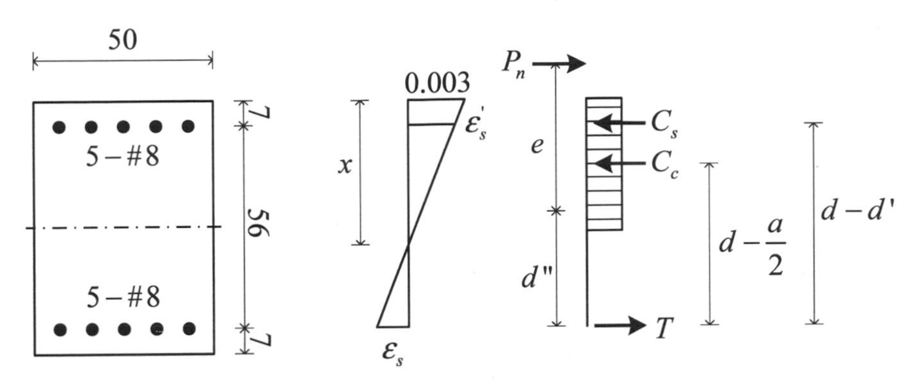

（二）混凝土與鋼筋的受力

1. 混凝土：$C_c = 0.85 f_c' ba = 0.85(280)(50)(0.85x) = 10115x$
2. 壓力筋：$C_s = A_s'(f_y - 0.85 f_c') = (5\times5.07)(4200 - 0.85\times280) = 100437\ kgf$
3. 拉力筋：

$$\varepsilon_s = \frac{d-x}{x}(0.003) = \frac{63-x}{x}(0.003)$$

$$\Rightarrow f_s = E_s\varepsilon_s = 2.04\times10^6\left[\frac{63-x}{x}(0.003)\right] = 6120\left(\frac{63-x}{x}\right)$$

$$T = A_s f_y = (5\times5.07)\left[6120\left(\frac{63-x}{x}\right)\right] = 155142\left(\frac{63-x}{x}\right)$$

（三）計算中性軸位置 x

1. $P_n = C_c + C_s - T$

$$\Rightarrow 447.69\times10^3 = 10115x + 100437 - 155142\left(\frac{63-x}{x}\right)$$

$$\Rightarrow x^2 - 19x - 966 = 0 \quad \therefore x = 42\ ,\ -23(\text{不合})$$

2. 確認：

$$\varepsilon_s = \frac{63-x}{x}(0.003) = \frac{63-42}{42}(0.003) = 1.5\times10^{-3} < \varepsilon_y\ \ (OK)$$

$$\varepsilon_s' = \left(\frac{x-7}{x}\right)(0.003) = \left(\frac{42-7}{42}\right)(0.003) = 2.5\times10^{-3} > \varepsilon_y\ \ (OK)$$

（四）ϕM_n

1. $C_c = 10115x = 10115(42) = 424830\ kgf = 424.83\ tf$
2. $C_s = 100437\ kgf \approx 100.44\ tf$
3. 以拉力筋為力矩中心，計算偏心距 e

   $P_n(e+d'') = C_c\left(d-\frac{a}{2}\right) + C_s(d-d')$

   $\Rightarrow 447.69(e+28) = 424.83\left(63-\frac{0.85\times 42}{2}\right) + 100.44(63-7)$

   $\therefore e = 27.4\ cm$
4. $M_n = P_n e = 447.69(27.4) = 12267\ tf-cm = 122.67\ tf-m$
5. 最大設計彎矩 $M_{u,\max} = \phi M_n = 0.65(122.67) \approx 79.74\ tf-m$

三、附圖所示，為一片自建築結構所擷取出來的橫膈版。橫膈版之混凝土抗壓強度為 $f_c' = 280\ kgf/cm^2$，鋼筋之降伏應力為 $f_y = 2{,}800\ kgf/cm^2$。在 $U = 1.2D + 1.0L \pm 1.0E$ 的載重組合下，版內所需之「撓曲鋼筋」量，先行依據設計載重 $1.2W_D + 1.0W_L$ 完成設計，並採用#4@25「雙層、雙向及等間距」的方式來配置。

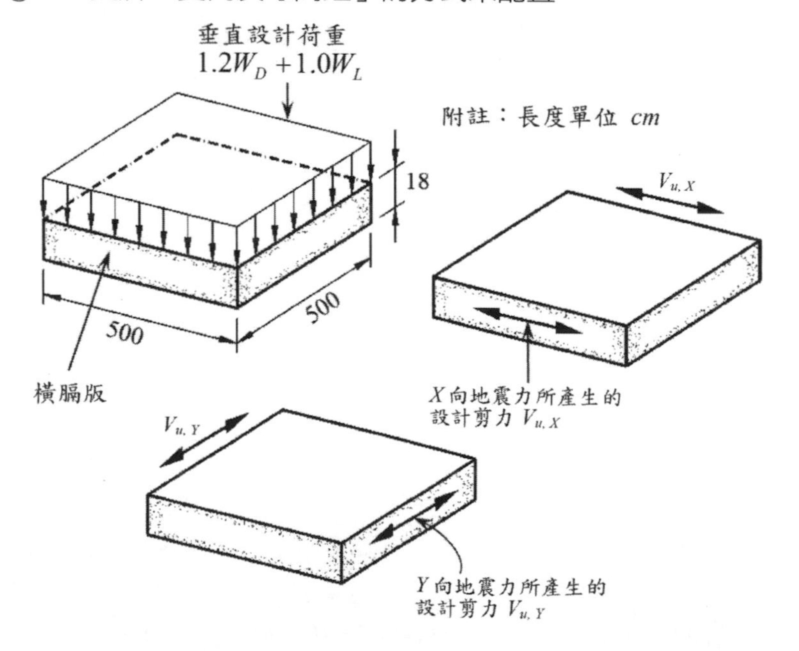

若X向與Y向地震力對於該橫膈版所產生的設計剪力分別為 $V_{u,X} = 100\ tf$ 與 $V_{u,Y} = 100\ tf$，試計算該橫膈版內所需之「抗剪鋼筋」量。如果該橫膈版內鋼筋仍然採用#4 鋼筋，

且其配置方式仍然採用「雙層、雙向及等間距」的型態，試求該橫膈版於最終設計所需之鋼筋間距 s。（25 分）

提示：

1. 橫膈版的計算剪力強度為 $V_n=\left(0.53\sqrt{f_c'}+\rho_t f_y\right)A_{cv}$，其剪力設計之強度折減因數可以保守採用 $\phi=0.6$。
2. 一根#4 筋之斷面積為 $A_b^{\#4}=1.27\ cm^2$。

參考題解

X、Y 向設計剪力與斷面尺寸皆相同，故兩向設計出來的間距會一樣

（一）剪力計算強度：$V_n=\left(0.53\sqrt{f_c'}+\rho_t f_y\right)A_{cv}=\left(0.53\sqrt{280}+\rho_t\cdot 2800\right)\cdot 18\times 500$

（二）$\phi V_n\geq V_u\Rightarrow 0.6\left(0.53\sqrt{280}+\rho_t\cdot 2800\right)\cdot 18\times 500\geq 100\times 10^3$

$\therefore \rho_t\geq 3.45\times 10^{-3}\ \Rightarrow$ 取 $\rho_t=3.45\times 10^{-3}$

（三）版筋量設計

1. 垂直設計荷重 $1.2W_D+1.0W_L$ 下，每 1cm 寬所需要的版筋量

$$\frac{2a_b}{s}=\frac{2\times 1.27}{25}=0.1016\ {cm^2}/{cm}\ \cdots\cdots\cdots\cdots\cdots\cdots\cdots ①$$

2. 地震造成的設計剪力需求下，每 1cm 寬所需的版筋量

$$\rho_t\times 18\times 1=\left(3.45\times 10^{-3}\right)\times 18=0.0621\ {cm^2}/{cm}\ \cdots\cdots ②$$

3. 每 1cm 寬所需的版筋總量：① + ② $=0.1016+0.0621=0.1637\ {cm^2}/{cm}$

4. 採雙層配置：$\dfrac{2a_b}{s}=0.1637\Rightarrow\dfrac{2\times 1.27}{s}=0.1637\ \therefore s=15.5\ cm\ \Rightarrow$ 取 $s=15cm$

（四）設計結果

橫隔板於 X、Y 向最終設計所需之鋼筋間距 s 皆採#4@15cm「雙層、雙向及等間距」配置。

四、附圖所示，為一簡支預力混凝土大梁細部構造。

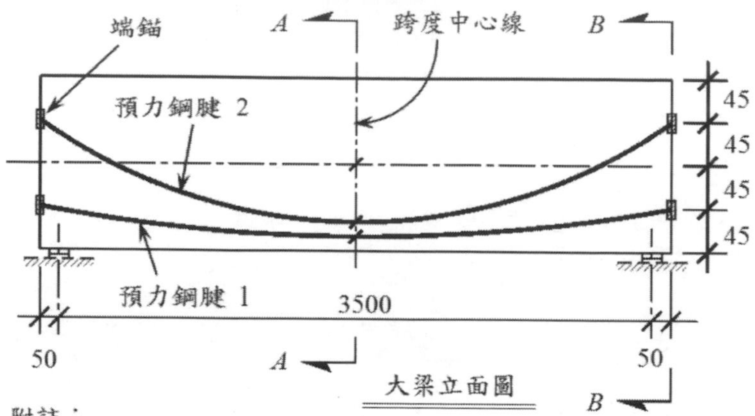

附註：

(1) 預力鋼腱採用拋物線的型態來布設

(2) 長度單位 cm

90
60
15
15
40
預力鋼腱 2
預力鋼腱 1
45
45
45
45
40

剖面 A - A　　剖面 B - B

預力大梁混凝土抗壓強度為 $f_c' = 350\ kgf/cm^2$。預力鋼腱之彈性模數為 $E_{ps} = 1{,}970{,}000\ kgf/cm^2$。預力鋼腱 1 與 2 以拋物線型態布設，其截面積分別為 $A_{ps}^{(1)}$ 與 $A_{ps}^{(2)}$，且 $A_{ps}^{(1)} = A_{ps}^{(2)} = 30.0\ cm^2$。預力大梁採用「後拉式工法」來施作。預力鋼腱單位長度之皺摺摩擦係數為 $K = 0.0049/m$、曲率摩擦係數為 $\mu_p = 0.25/rad$。

預力大梁於混凝土第 28 天齡期時，首先將預力鋼腱 1 由其兩端同步施拉至預應力 $f_{pj} = 12{,}300\ kgf/cm^2$ 然後錨碇之。隨後，再將預力鋼腱 2 由其兩端同步施拉至預應力 $f_{pj} = 12{,}300\ kgf/cm^2$ 並錨碇之。

本題不考慮「端錨滑動」對於預力鋼腱所造成的預應力損失。試求：（25 分）

1. 預力鋼腱 1 與 2 在中央跨度處之起始預力 $P_{i,Cen}^{(1)}$ 與 $P_{i,Cen}^{(2)}$；
2. 預力鋼腱 1 與 2 在梁兩端端錨處之起始預力 $P_{i,End}^{(1)}$ 與 $P_{i,End}^{(2)}$。

提示：

$P_{px} = P_{pj} \cdot e^{-\omega}$，式中 $\omega = Kl_{px} + \mu_p \alpha_{px}$。

混凝土之彈性模數 $E_c = 15{,}000\sqrt{f_c'}$。

【觀念解析】

本題為預力損失計算題型，瞬時預力損失應包含三種情況（詳見九華補習班 CH2 講義），三種情況中，混凝土彈性縮短損失考題並不常見，考生應依照基本觀念及解題原則，則能完整解答。

參考題解

（一）曲線角度計算

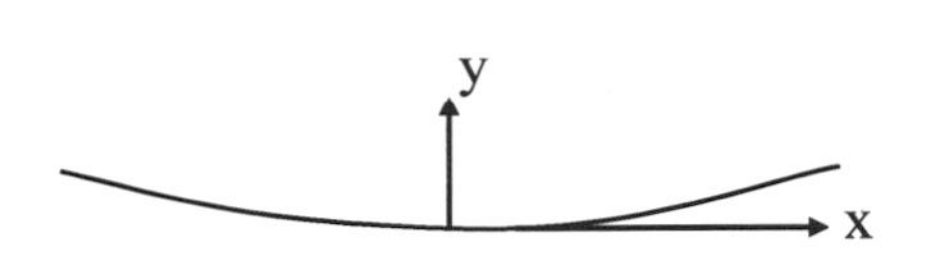

1. 鋼腱 1 曲線 eq：

   曲線座標如右圖所假設

   令 eq：

   $y = ax^2$，由 $y(17.5) = 0.3$

   得 $y = 9.796\times10$^-4x^2

   $\mathrm{Tan}\theta = y'(17.5) = 0.0343$，$\theta = 0.0343$ rad

   其中：θ 為曲線切線與 x 軸之夾角。

2. 鋼腱 2 曲線 eq：

   曲線座標如右圖

   令 eq：

   $y = ax^2$，由 $y(17.5) = 1.05$

   得 $y = 3.429\times10$^-3x^2

   $\tan\theta = y'(17.5) = 0.12$，$\theta = 0.1194$ rad

（二）中央跨度預力計算

1. 鋼腱 1：

   （1）摩擦損失計算：

   $\omega = KL_{px} + \mu_p\alpha_{px}$

   $=0.0049\times17.5 + 0.25\times0.0343 = 0.094$

   $f_{p(L/2)} = f_{pj}\times e^{-\omega}$

   $=12300\times e^{-0.094} = 11196.48$ kgf/cm^2

   （2）混凝土彈性縮短損失$\Delta f_{s1,cen}$計算：

   由鋼腱 2 造成 1 之損失

   鋼腱 2 預力 F_2：

   $F_2 = 10957.2\times30 = 328716$ kgf

   $$n = \frac{E_s}{E_c} = \frac{1970000}{15000\sqrt{350}} = 7.02$$

$$\Delta f_{s1,cen} = n\left(\frac{F}{A}+\frac{F\times e_2\times e_1}{I}\right) = 7.02\left(\frac{328716}{40\times180}+\frac{328716\times60\times75}{\frac{1}{12\times40\times180^3}}\right)$$

$$= 854.66\ \text{kgf/cm}^2$$

（3）中央跨度鋼腱 1 預力計算：

$P_{i,cen}^{(1)} = (11196.48 - 854.66)\times30/1000 = 310.25$ tf

2. 鋼腱 2：

（1）摩擦損失計算：

$\omega = KL_{px} + \mu_p \alpha_{px}$

$= 0.0049\times17.5 + 0.25\times0.1194 = 0.1156$

$f_{p(L/2)} = f_{pj}\times e^{-\omega}$

$=12300\times e^{-0.1156}=10957.2$ kgf/cm^2

（2）混凝土彈性縮短損失計算：

無混凝土彈性縮短損失。（Why？）

（3）中央跨度鋼腱 2 預力計算：

$P_{i,cen}^{(2)} = 10957.2\times30/1000 = 328.716$ tf

（三）端部預力計算

1. 鋼腱 1：

（1）摩擦損失計算：無摩擦損失。

（2）混凝土彈性縮短損失$\Delta f_{s1,end}$計算：

由鋼腱 2 造成 1 之損失

鋼腱 2 預力 F_2：

$F_2 = 12300\times30 = 369000$ kgf

$$n = \frac{E_s}{E_c} = \frac{1970000}{15000\sqrt{350}} = 7.02$$

$$\Delta f_{s1,end} = n\left(\frac{F}{A}+\frac{F\times e_2\times e_1}{I}\right) = 7.02\left(\frac{369000}{40\times180}-\frac{369000\times45\times45}{\frac{1}{12\times40\times180^3}}\right)$$

$$= 89.94\ \text{kgf/cm}^2$$

（3）端部鋼腱 1 預力計算：

$P_{i,end}^{(1)} = (12300\text{-}89.94)\times30/1000 = 366.3$ tf

2. 鋼腱 2：

（1）摩擦損失計算：無摩擦損失。

（2）混凝土彈性縮短損失計算：無混凝土彈性縮短損失。（Why？）

（3）端部鋼腱 2 預力計算：

$P_{i,end}^{(2)}$=12300×30/1000 = 369 tf

108年 專門職業及技術人員高等考試試題／鋼結構設計

一、試述三種鋼結構常用的防蝕方法，並說明其施工之注意事項。（20 分）

參考題解

（一）油漆塗裝

油漆塗裝為常見的鋼構件防蝕方法。在前期的設計規劃階段，應先針對防蝕標的物應承受之環境條件律定塗裝的標準，承包商應依照施工說明書以及設計圖說規定之塗裝標準提出油漆供料廠商的送審資料，並依據業主指定之面漆顏色提送分層油漆色卡，供監造單位核對。施工時需特別注意鋼構件表層黑皮或既有鏽斑是否利用噴砂技術去除乾淨並答規定之粗糙度。在塗佈油漆時，需特別注意塗裝廠環境之溫度、濕度、分層油漆（例如底漆、中途漆、面漆等）塗布間格時間等。分層塗佈後應依照監造計畫規定之檢驗頻率檢查膜厚。在廠內塗裝完成後，因鋼構件在運送途中難免會有擦傷，在工地須依照補漆計畫將損傷之塗裝部位修復塗裝。

油漆塗裝目前仍仰賴人工施作居多，且鋼構件常存在許多轉角（例如 H 型鋼角隅處），因此油漆工本身的工藝條件及敬業精神對於塗裝品質有著舉足輕重的影響。

（二）熱浸鍍

熱浸鍍防蝕方法為利用熔點較鋼還低的金屬（例如鋅），將低熔點的液態金屬附著在鋼構件表面後，經冷卻程序可以形成一個附著力佳的表層金屬，利用該金屬對於環境腐蝕耐受性極佳的特性，保護鋼構件免於鏽蝕，以下以熱浸鍍鋅為例。熱浸鍍鋅在施工時，必須確實將其鋼構件表面清理乾淨，另外亦須特別注意構件的尺寸是否能夠浸至於廠內鍍鋅槽內、鋼板厚度對應適合的鋅層厚度、以及鋅層的均勻性與附著度，都會影響著未來鋼構件的養護。

（三）電鍍

此防蝕方法通常用於精度要求較高的鋼結構零件。電鍍為將非鐵金屬（如鋅、銅、鎳等）利用電解的原理在鋼構件表面鋪上一層金屬的方法。電鍍的施工須注意鋼構件表面的油汙、鏽蝕等是否清除乾淨，此步驟決定了電鍍成果是否符合品管的要求。在電鍍的過程當中，受到電流時的溫度、電流強度、電鍍液體濃度等因素影響極大。

二、下圖所示為一鋼梁上有混凝土樓版，鋼梁有足夠的剪力釘與側向支撐。混凝土樓版的有效寬度為 2.5 m。鋼梁為 H500×200×10×16，鋼材降伏應力 $F_y = 2.5\ tf/cm^2$。混凝土抗壓強度 $f_c' = 210\ kgf/cm^2$。試以極限設計法，依合成斷面之塑性應力分布，計算此合成梁正彎矩計算強度 M_n。（25 分）

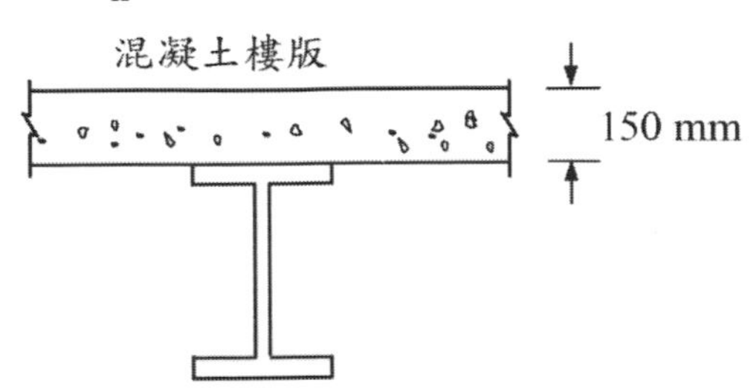

參考題解

因題目已指定使用合成斷面之塑性應力分布，故無需再依國內極限設計法規範第 9.4.2 節第 1 點檢核 H 型鋼之 h/t_w，直接計算標稱正彎矩 M_n。

（一）混凝土與鋼梁受力（假設平衡時塑性中性軸位置深度為 x，且此時混凝土矩形應力塊深度 $a \le$ 樓板深度 15 公分）

有效翼緣寬：$b_E = 250\ cm$

1. 混凝土

$$C_c = 0.85 f_c' b_E a = 0.85 \times 210 \times 250 \times 0.85x = 37931.25x$$

2. 鋼梁（假設鋼梁全部位於拉力區，即 $x \le$ 樓板深度 15 公分）

$$A = 50 \times 20 - (50 - 2 \times 1.6)(20 - 1) = 110.8\ cm^2$$

$$T = AF_y = 110.8 \times 2.5 = 277\ tf = 277000\ kgf$$

（二）塑性中性軸位置

$$C_c = T \Rightarrow 3791.25x = 277000$$
$$\Rightarrow x = 7.3\ cm$$

∴ 中性軸深度位於混凝土樓板深度內，符合假設。

（三）計算 M_n

$$M_n = T\left(\frac{d}{2} + 15 - \frac{a}{2}\right) = 277 \times \left(\frac{50}{2} + 15 - \frac{0.85 \times 7.3}{2}\right)$$
$$= 10221\ tf - cm$$
$$= 102.21\ tf - m$$

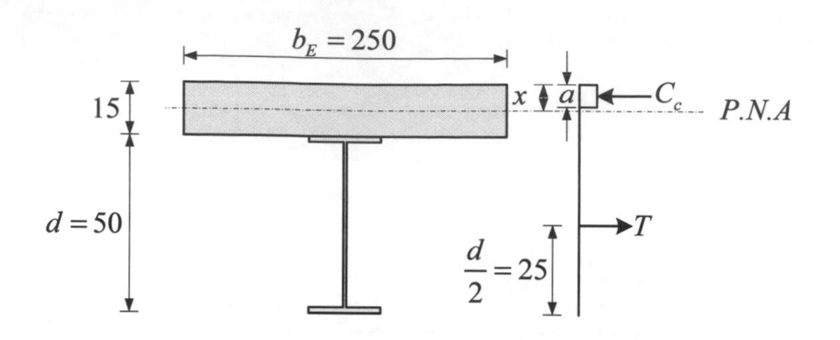

三、下圖所示為一 H 型鋼柱 H400 × 200 × 8 × 13，於 B 點承受偏心工作載重 P = 12 tf。鋼柱於 A、B 與 C 點皆有側向支撐。鋼柱為結實斷面，鋼材降伏應力 $F_y = 2.5$ tf/cm^2，極限強度 $F_u = 4.1$ tf/cm^2，彈性模數 E = 2040 tf/cm^2。不考慮鋼柱自重，試依據容許應力設計法，檢核鋼柱是否滿足設計需求（無需檢核剪力）。（30 分）

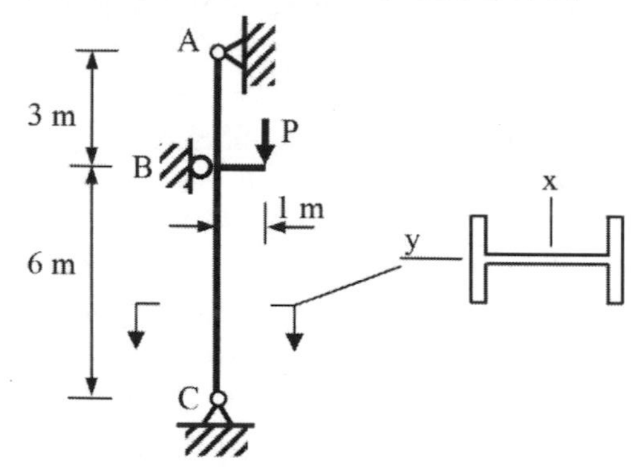

H400 × 200 × 8 × 13：A = 83.4 cm，I_x = 23,500 cm^4，I_y= 1,740 cm^4，r_x= 16.8 cm，r_y = 4.56 cm，r_T = 5.23 cm，S_x = 1,170 cm^3，S_y = 174 cm^3。

參考公式：請自行選擇適合的公式，並檢查其正確性，若有問題應自行修正。

$$C_c = \sqrt{\frac{2\pi^2 E}{F_y}} \text{，} F_a = \frac{[1-\frac{(KL/r)^2}{2C_c^2}]F_y}{\frac{5}{3}+\frac{3}{8}(\frac{KL/r}{C_c})-\frac{1}{8}[\frac{(KL/r)^3}{C_c^3}]} \text{，} F_a = \frac{12}{23}\frac{\pi^2 E}{(KL/r)^2}$$

L_c 為以下兩者之較小值：

$$\frac{20b_f}{\sqrt{F_y}} \text{或} \frac{1400}{(d/A_f)F_y}$$

當 $\sqrt{\frac{7160C_b}{F_y}} \le \frac{L}{r_T} \le \sqrt{\frac{35800C_b}{F_y}}$ ：

$$F_b = \left(\frac{2}{3} - \frac{F_y(L/r_T)^2}{107600C_b}\right)F_y \le 0.6F_y$$

當 $\frac{L}{r_T} > \sqrt{\frac{35800C_b}{F_y}}$ ：

$$F_b = \frac{12000C_b}{(L/r_T)^2} \le 0.6F_y$$

$$F_b = \frac{840C_b}{Ld/A_f} \le 0.6F_y \text{，} C_b = 1.75 + 1.05(M_1/M_2) + 0.3(M_1/M_2)^2 \le 2.3$$

$f_a/F_a \le 0.15$

$$\frac{f_a}{F_a} + \frac{f_{bx}}{F_{bx}} + \frac{f_{by}}{F_{by}} \le 1.0$$

$f_a/F_a > 0.15$

$$\frac{f_a}{F_a} + \frac{C_{mx}f_{bx}}{(1-\frac{f_a}{F_{ex}'})F_{bx}} + \frac{C_{my}f_{by}}{(1-\frac{f_a}{F_{ey}'})F_{by}} \le 1.0$$

$$\frac{f_a}{0.6F_y} + \frac{f_{bx}}{F_{bx}} + \frac{f_{by}}{F_{by}} \le 1.0$$

$$F_e' = \frac{12\pi^2 E}{23(KL_b/r_b)^2}$$

$$\frac{f_a}{F_t} + \frac{f_{bx}}{F_{bx}} + \frac{f_{by}}{F_{by}} \le 1.0$$

參考題解

（一）結構分析

1. 軸力分析

   利用材料力學軸力桿件分析，可得：

   AB 段軸力 $P_{AB} = 8\ tf$（拉力）

   BC 段軸力 $P_{BC} = 4\ tf$（壓力）

2. 彎矩分析

   經結構分析可知 B 結點承受外力 P 引致的強軸（繞 x 軸）彎矩

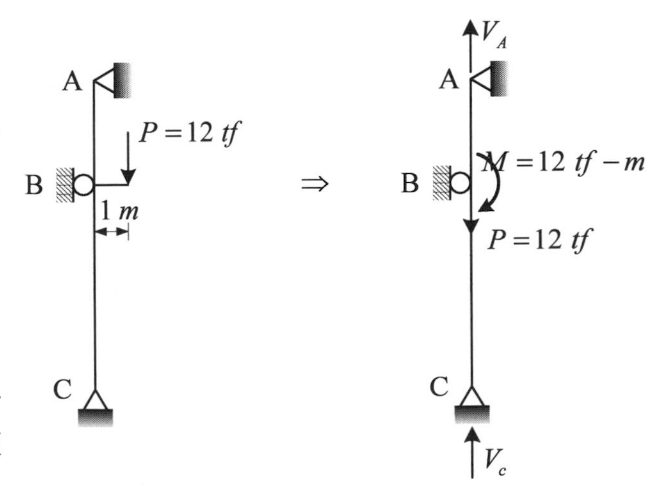

$12\ tf-m$，利用結構學彎矩分配法分析，可得：

$$M_{BA,x}=12\times\frac{2}{3}=8\ tf-m$$

$$M_{BC,x}=12\times\frac{1}{3}=4\ tf-m$$

（二）檢核承受軸壓力的 BC 桿件軸力穩定性

1. 檢核斷面肢材結實性，確認是否符合半結實斷面

   題示斷面為結實斷面，故無需檢核肢材結實性

2. 計算細長比

   因 AB 段與 BC 段斷面相同，桿件邊界旋轉束制條件也相同，故撓曲挫屈會發生在 BC 段。以下取 BC 段進行分析：

   （1）強軸向（x 向）

   $K_x=1.0$（兩端鉸接），$L_x=600\ cm$

   $$\frac{K_xL_x}{r_x}=\frac{1.0\times600}{16.8}=35.71$$

   （2）弱軸向（y 向）

   $K_y=1.0$（兩端鉸接），$L_y=600\ cm$

   $$\frac{K_yL_y}{r_y}=\frac{1.0\times600}{4.56}=131.58$$

   （3）比較細長比

   $$\frac{KL}{r}=\left(\frac{K_xL_x}{r_x}\ ,\ \frac{K_yL_y}{r_y}\right)_{\max}=\left(35.71\ ,\ 131.58\right)_{\max}$$

   $$=131.58$$

   ∴挫屈發生在的弱軸向（y 向）

3. 判斷壓力桿件挫屈型態

   （1）計算 C_c

   $$C_c=\sqrt{\frac{2\pi^2E}{F_y}}=\sqrt{\frac{2\times\pi^2\times2040}{2.5}}=126.91$$

   （2）檢核 $\frac{KL}{r}\le C_c$，判斷挫屈型態

   $$131.58>126.91\ \Rightarrow \text{彈性挫屈}\ F_a=\frac{12\pi^2E}{23\left(KL/r\right)^2}$$

4. 計算 F_a

$$F_a = \frac{12\pi^2 E}{23\left(KL/r\right)^2} = \frac{12\times\pi^2\times2040}{23\times131.58^2}$$
$$= 0.606\ tf/cm^2$$

5. 檢核 $\frac{f_a}{F_a} \geq 0.15$，確認梁柱桿件屬於大軸力或小軸力

（1） $f_a = \frac{P_{BC}}{A} = \frac{4}{83.4} = 0.048\ tf/cm^2$

（2） 計算 $\frac{f_a}{F_a}$

$$\frac{f_a}{F_a} = \frac{0.048}{0.606} = 0.079 > 0.15 \quad \therefore$$ 屬於小軸力梁柱桿件

需求強度比採用公式：$\frac{f_a}{F_a} + \frac{f_{bx}}{F_{bx}} + \frac{f_{by}}{F_{by}} \leq 1.0$

（三）計算需求撓曲應力 f_{bx}、f_{by}

提示只繞強軸彎曲，故只需要計算 f_{bx}

1. f_{bx}

支承端點間（含支承處）：$M_{x,\max} = M_{BC,x} = 4\ tf-m = 400\ tf-cm$

$$f_{bx} = \frac{M_{x,\max}}{S_x} = \frac{400}{1170} = 0.34\ tf/cm^2$$

（四）計算容許撓曲應力 F_{bx}

1. 檢核斷面肢材結實性，確認是否符合結實斷面

題示斷面為結實斷面，故無需檢核肢材結實性

2. 檢核結構是否具有充分側向支撐

（1） $L_c = \left[\frac{20b_f}{\sqrt{F_y}}\ ,\ \frac{1400}{\left(d/A_f\right)F_y}\right]_{\min}$

$$\frac{20b_f}{\sqrt{F_y}} = \frac{20\times20}{\sqrt{2.5}} = 253\ cm$$

$$\frac{1400}{\left(\frac{d}{A_f}\right)F_y} = \frac{1400}{\frac{40}{20\times1.3}\times2.5} = 364\ cm$$

$\Rightarrow\ L_c = (253\ ,\ 364)_{min} = 253\ cm$

（2）比較 L_b 與 L_c 的關係，判斷梁桿件是否具有充分側向支撐

$L_{b,BC} = 600\ cm$

$600 > 253\ \Rightarrow\ L_{b,BC} > L_c\ \Rightarrow$ 不具充份側向支撐

3. 檢核結構側向扭轉挫屈型態

（1）$L_u = r_T\sqrt{\dfrac{7160C_b}{F_y}}$

①計算 $C_{b,BC}$

$M_1 = 0$，$M_2 = M_{BC,x} = 4\ tf-m$

單曲率：$\dfrac{M_1}{M_2} = -\dfrac{0}{4} = 0$

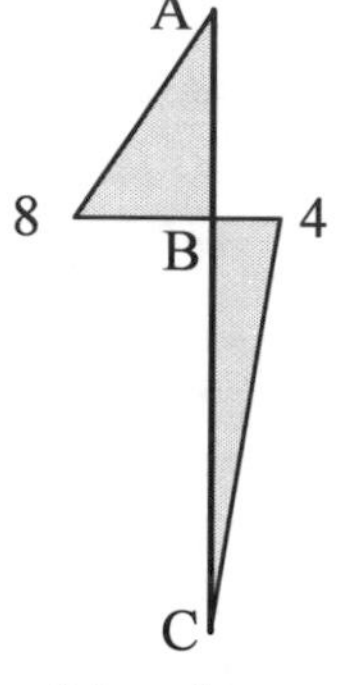

$M_x - diagram$

$$C_{b,BC} = 1.75 + 1.05\left(\frac{M_1}{M_2}\right) + 0.3\left(\frac{M_1}{M_2}\right)^2$$

$$= 1.75 + 1.05\times 0 + 0.3\times 0^2 = 1.75 \le 2.3$$

$\therefore\ C_{b,BC} = 1.75$

②$L_u = r_T\sqrt{\dfrac{7160C_{b,BC}}{F_y}} = 5.23\times\sqrt{\dfrac{7160\times 1.75}{2.5}} = 370\ cm$

（2）$L_r = r_T\sqrt{\dfrac{35800C_b}{F_y}}$

$$L_r = r_T\sqrt{\frac{35800C_{b,BC}}{F_y}} = 5.23\times\sqrt{\frac{35800\times 1.75}{2.5}} = 828\ cm$$

（3）比較 L_b 與 L_u 及 L_r 的關係，判斷梁桿件發生 LTB 的區間

$370 < 600 < 828\ \Rightarrow\ L_u < L_{b,BC} < L_r$：非彈性 LTB

$$\therefore\ F_b = \left\{\left[\frac{2}{3} - \frac{(L_b / r_T)^2 F_y}{107600C_b}\right]F_y\ ,\ \frac{840C_b}{(d / A_f)L_b}\right\}_{max}$$

4. 計算容許彎矩應力 F_{bx}

（1）$F_{bx} = \left\{\left[\dfrac{2}{3} - \dfrac{(L_{b,BC} / r_T)^2 F_y}{107600C_{b,BC}}\right]F_y\ ,\ \dfrac{840C_{b,BC}}{(d / A_f)L_{b,BC}}\right\}_{max}$

$$①\left[\frac{2}{3}-\frac{\left(L_{b,BC}/r_T\right)^2F_y}{107600C_{b,BC}}\right]F_y=\left[\frac{2}{3}-\frac{(600/5.23)^2\times2.5}{107600\times1.75}\right]\times2.5=1.23\ tf/cm^2$$

$$②\frac{840C_{b,BC}}{L_{b,BC}\left(d/A_f\right)}=\frac{840\times1.75}{600\times\left(\frac{40}{20\times1.3}\right)}=1.59\ tf/cm^2$$

$$③F_{bx}=(1.23\ ,\ 1.59)_{\max}=1.59\ tf/cm^2\ (\text{扭轉強度控制})$$

（2）$F_{bx}\le0.6F_y$

$0.6F_y=0.6\times2.5=1.5\ tf/cm^2$

$\Rightarrow\ 1.59>1.5$（NG）

$\therefore\ F_{bx}=1.5\ tf/cm^2$

（五）檢核梁柱桿件容許應力需求比

$$\frac{f_a}{F_a}+\frac{f_{bx}}{F_{bx}}\le1.0$$

$$0.079+\frac{0.34}{1.5}=0.306<1.0\ (\text{OK})$$

該構材滿足設計要求。

【補充解答】

若考生在考場中時間尚有餘裕，建議須對 AB 段進行檢核。

（一）檢核承受軸拉力的 AB 桿件軸力穩定性

1. 計算 F_t

   全斷面容許降伏：$F_t=0.6F_y=0.6\times2.5=1.5\ tf/cm^2$

2. 計算需求張應力 f_a

$$f_a=\frac{P_{AB}}{A}=\frac{8}{83.4}=0.096\ tf/cm^2$$

（二）計算需求撓曲應力 f_{bx} 、f_{by}

提示只繞強軸彎曲，故只需要計算 f_{bx}

1. f_{bx}

   支承端點間（含支承處）：$M_{x,\max}=M_{BA,x}=8\ tf-m=800\ tf-cm$

$$f_{bx}=\frac{M_{x,\max}}{S_x}=\frac{800}{1170}=0.68\ tf/cm^2$$

（三）計算容許撓曲應力 F_{bx}

1. 檢核結構是否具有充分側向支撐

（1）$L_c = \left[\dfrac{20b_f}{\sqrt{F_y}} , \dfrac{1400}{(d/A_f)F_y} \right]_{min} = (253 , 364)_{min} = 253\ cm$

（2）比較 L_b 與 L_c 的關係，判斷梁桿件是否具有充分側向支撐

$L_{b,AB} = 300\ cm$

$300 > 253 \Rightarrow L_{b,AB} > L_c \Rightarrow$ 不具充份側向支撐

2. 檢核結構側向扭轉挫屈型態

（1）$L_u = r_T \sqrt{\dfrac{7160C_b}{F_y}}$

①計算 $C_{b,AB}$

$M_1 = 0$ ， $M_2 = M_{BA,x} = 8\ tf-m$

單曲率：$\dfrac{M_1}{M_2} = -\dfrac{0}{4} = 0$

$$C_{b,AB} = 1.75 + 1.05\left(\frac{M_1}{M_2}\right) + 0.3\left(\frac{M_1}{M_2}\right)^2$$

$$= 1.75 + 1.05 \times 0 + 0.3 \times 0^2 = 1.75 \le 2.3$$

$\therefore\ C_{b,AB} = 1.75$

② $L_u = r_T \sqrt{\dfrac{7160C_{b,AB}}{F_y}} = 5.23 \times \sqrt{\dfrac{7160 \times 1.75}{2.5}} = 370\ cm$

（2）比較 L_b 與 L_u 的關係，判斷梁桿件發生 LTB 的區間

$300 < 370 \Rightarrow L_{b,AB} < L_u$ ：可發展至理論降伏應力 $0.6F_y$

$\therefore\ F_{bx} = 0.6F_y = 1.5\ tf/cm^2$

（四）檢核梁柱桿件容許應力需求比

$$\frac{f_a}{F_t} + \frac{f_{bx}}{F_{bx}} \le 1.0$$

$$\frac{0.096}{1.5} + \frac{0.68}{1.5} = 0.517 < 1.0 \text{（OK）}$$

該構材滿足設計要求。

四、下圖所示組合斷面為一 H 型鋼 H500×200×9×16(mm)上翼板銲接一鋼板 PL25×300(mm)，該斷面承受因數化載重彎矩 25 tf-m 與剪力 50 tf。型鋼與鋼板之鋼材降伏應力皆為 $F_y = 2.5$ tf/cm^2。鋼板與型鋼的銲接使用腳長為 8 mm 的填角銲，銲條為 E70XX，$F_{EXX} = 4.9$ tf/cm^2。銲接為斷續銲接，銲道中心至中心距離為 150 mm。試以極限設計法，計算所需斷續銲道長度 L 為何。（25 分）

參考公式：$\phi 0.6F_{EXX}$，$\phi = 0.75$。

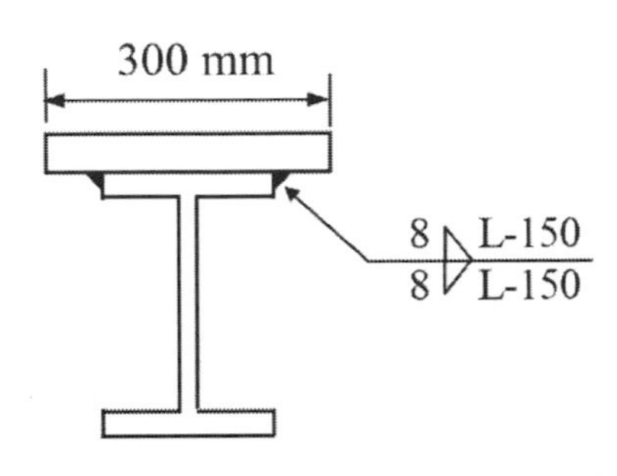

參考題解

（一）計算斷面性質

1. 計算組合斷面形心位置

以斷面下緣起算

$$y_c = \frac{(50\times20)\times\frac{50}{2}-(50-2\times1.6)(20-0.9)\times\left(1.6+\frac{50-2\times1.6}{2}\right)+(30\times2.5)\times\left(50+\frac{2.5}{2}\right)}{50\times20-(50-2\times1.6)(20-0.9)+30\times2.5}$$

$$=35.87\ cm$$

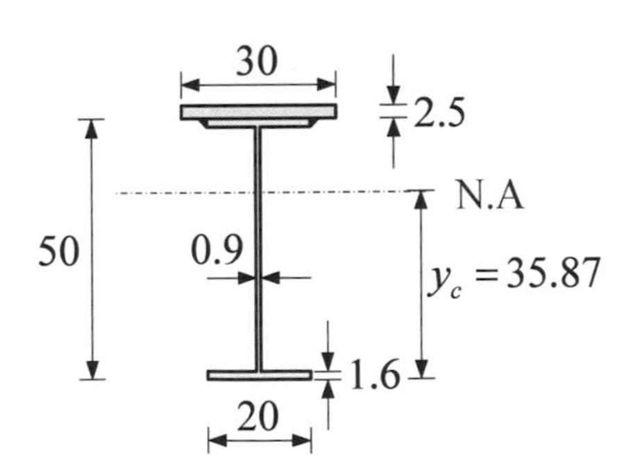

2. 計算I_x

$$I_x=\left[\frac{1}{12}\times20\times50^3+(50\times20)\times\left(\frac{50}{2}-35.87\right)^2\right]-$$

$$\left[\frac{1}{12}\times(20-0.9)\times(50-2\times1.6)^3+(50-2\times1.6)(20-0.9)\times\left(\frac{50}{2}-35.87\right)^2\right]+$$

$$\left[\frac{1}{12}\times30\times2.5^3+(30\times2.5)\times\left(50-35.87+\frac{2.5}{2}\right)^2\right]$$

$$=75501\ cm^4$$

（二）結構分析

1. 計算彎矩M_u引致分布於每單位長度上的撓曲應力流f_b

$$f_b=\frac{M_u y}{I_x}=\frac{(25\times100)\times(50-35.87)}{75501}\times1=0.468\ tf/cm$$

2. 計算剪力V_u引致分布於每單位長度上的直剪應力流f_v

$$f_v=\frac{V_uQ}{I}$$

$$Q=(30\times2.5)\times\left(50-35.87+\frac{2.5}{2}\right)=1153.5\ cm^3$$

$$\Rightarrow f_v=\frac{V_uQ}{I}=\frac{50\times1153.5}{75501}=0.764\ tf/cm$$

3. 計算合成剪應力流f_v

$$f=\sqrt{f_b^2+f_v^2}=\sqrt{0.468^2+0.764^2}=0.896\ tf/cm$$

（三）計算兩側銲道每單位長度設計剪力強度

$$\phi R_{nw}=2[0.75\times F_wA_w\times1]=2[0.75\times(0.6\times4.9)\times(0.707\times0.8)\times1]$$
$$=2.494\ tf/cm$$

（四）計算斷續銲長度 L

斷續銲間距 15cm，故計算每 15cm 長度之合成剪應力須由多長銲道才足以抵抗，

$$\phi R_{nw}L\geq f\times15$$
$$\Rightarrow 2.494L\geq0.896\times15$$
$$\Rightarrow L\geq5.39\ cm=53.9\ mm$$

取$L=54\ mm$

108年 專門職業及技術人員高等考試試題／結構動力分析與耐震設計

一、有一均質剛性梁，其一端為鉸接，另一端為自由端，在自由端以彈簧連接一質量為 m 的圓球。分別考慮以下兩種不同狀況：

（一）剛性梁總質量 = 0。（10 分）　（二）剛性梁總質量 = m。（15 分）

針對每一狀況試回答以下問題：

1. 求出運動方程式。
2. 求出振動頻率及所對應之振態。

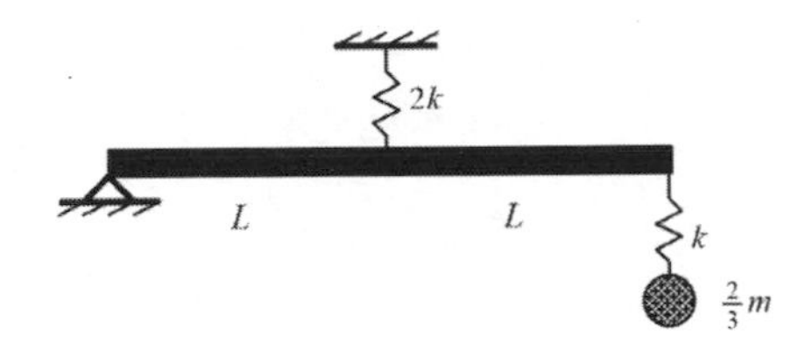

（一）剛性梁總質量 = 0

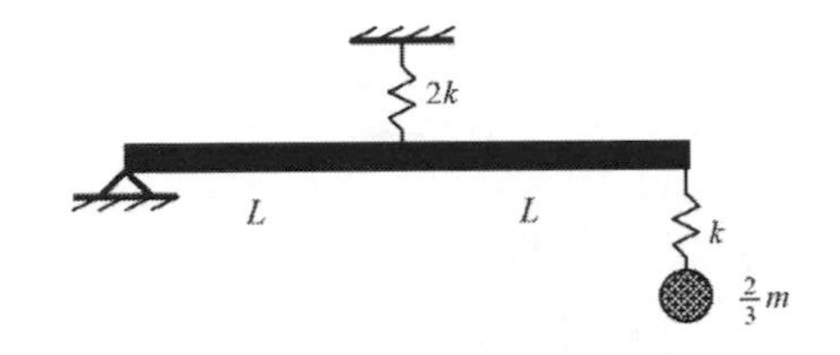

（二）剛性梁總質量 = m

參考題解

（一）鋼性梁質量為 0

1. 運動方程式：

本題為 SDOF 系統，θ 為以 o 點之逆時針旋轉座標，於任何時刻 t，系統繞鉸支承 0 點運動至下圖所示位置，作用力下如圖（一）所示。

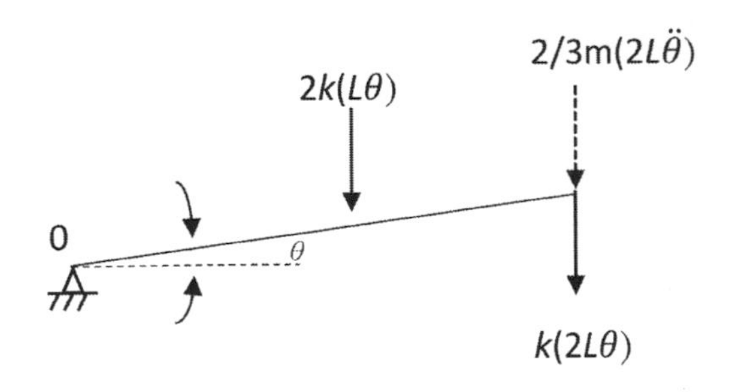

圖（一）

以$\sum M_0 = 0$得，

$2/3\text{m}(2\text{L}\ddot{\theta}(t))\times 2\text{L}+2\text{k}(\text{L}\theta(t))\times\text{L}+\text{k}(2\text{L}\theta(t))\times 2\text{L} = 0$

$8/3\text{m}L^2\ \ddot{\theta}(t)+6\text{k}L^2\theta(t) = 0$

$\text{M}\ \ddot{\theta}(t)+\text{K}\theta(t) = 0$

$\text{M} = 8/3\text{m}L^2$

$K = 6kL^2$

2. 振動頻率及對應之振態：

振動頻率：

$$\omega = \sqrt{\frac{K}{M}} = \sqrt{\frac{6kL^2}{8/3mL^2}} = 1.5\sqrt{\frac{k}{m}}$$

振態：如下圖所示。

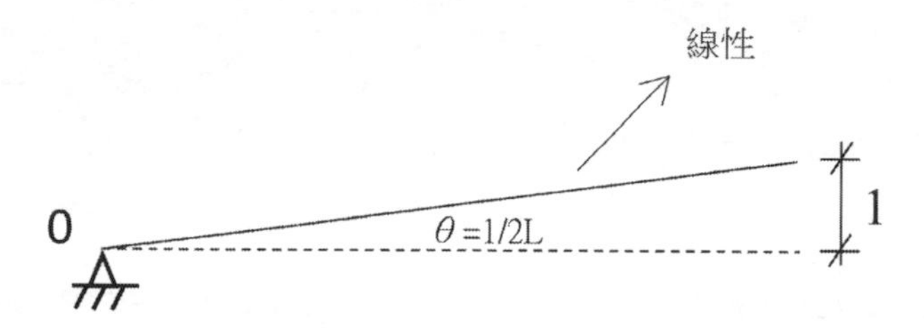

（二）鋼性梁質量為 m

1. 運動方程式：

本題為 SDOF 系統，θ 為以 o 點之逆時針旋轉座標，於任何時刻 t，系統繞鉸支承 0 點運動至下圖所示位置，作用力下如圖（二）所示。

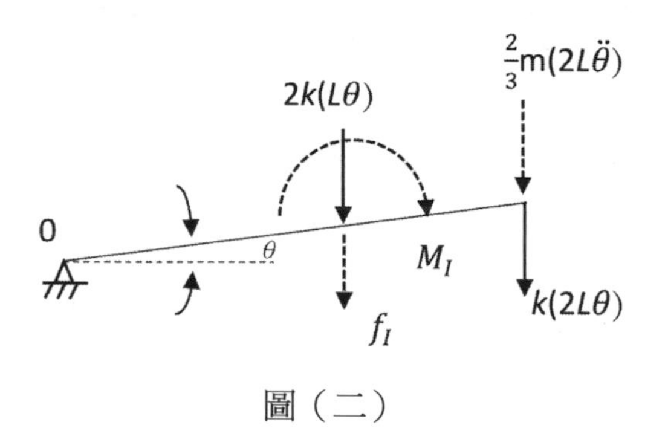

圖（二）

其中：

$M_I = 1/12m(2L)^2\ddot{\theta}$

$f_I = m(L\times\ddot{\theta})$

以 $\sum M_0 = 0$ 得，

$2/3m(2L\ddot{\theta}(t))\times 2L + 2k(L\theta(t))\times L + k(2L\theta(t))\times 2L + f_I\times L + M_I = 0$

$8/3mL^2\ \ddot{\theta}(t) + 6kL^2\theta(t) + mL^2\times\ddot{\theta} + 1/3mL^2\times\ddot{\theta} = 0$

$4mL^2\ddot{\theta}(t) + 6kL^2\theta(t)$

$M\ \ddot{\theta}(t) + K\theta(t) = 0$

$M = 4mL^2$

$K = 6kL^2$

2. 振動頻率及對應之振態：

振動頻率：

$$\omega = \sqrt{\frac{K}{M}} = \sqrt{\frac{6kL^2}{4mL^2}} = 1.225\sqrt{\frac{k}{m}}$$

振態：如下圖所示。

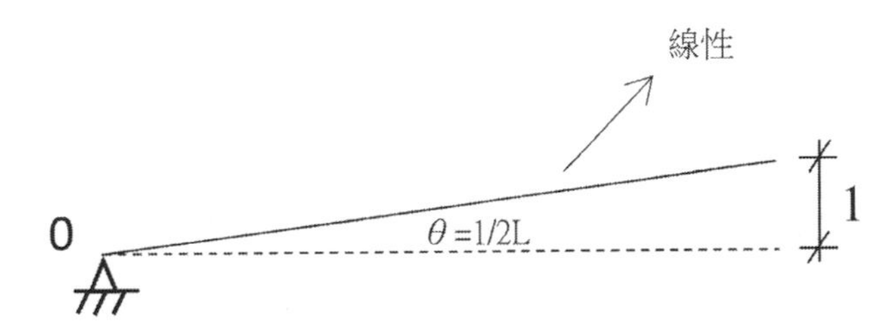

二、有一棟兩層樓剪力屋架，如下之左圖所示，試回答以下問題：

（一）求出運動方程式。（3 分）

（二）求出振動頻率及所對應之振態。（6 分）

（三）當此剪力屋架受到如下右圖所示之起始條件，其位移反應為何？請用時間的函數表示。（16 分）

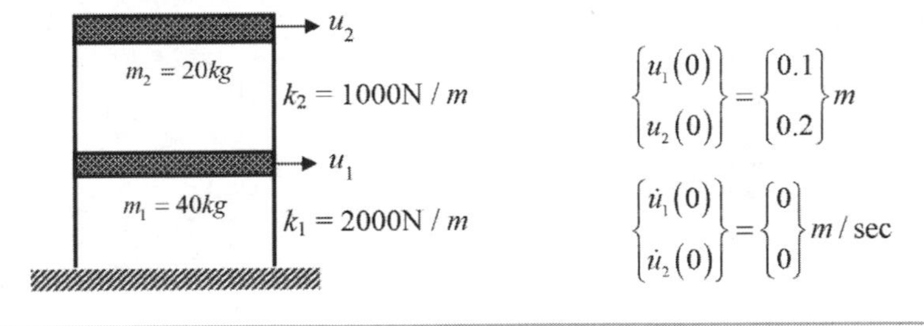

【觀念解析】

本題為近年常考題型，考生必須熟悉。

參考題解

（一）求運動方程式

$$[M]\{\ddot{u}\} + [K]\{u\} = -\{P(t)\}$$

$$[M] = \begin{bmatrix} 40 & 0 \\ 0 & 20 \end{bmatrix} (kg)$$

$$[K] = \begin{bmatrix} 2000 & -1000 \\ -1000 & 1000 \end{bmatrix} (N/m)$$

（二）求出振動頻率及所對應之振態

由頻率方程式求頻率 ω

$$|[K]-\omega^2[M]|=0$$

$$\left|\begin{bmatrix}2000 & -1000\\ -1000 & 1000\end{bmatrix}-\begin{bmatrix}40\omega^2 & 0\\ 0 & 20\omega^2\end{bmatrix}\right|=0$$

$$\begin{vmatrix}2000-40\omega^2 & -1000\\ -1000 & 1000-20\omega^2\end{vmatrix}=0$$

令$\beta=\dfrac{20\omega^2}{1000}$

$$\begin{vmatrix}2-2\beta & -1\\ -1 & 1-\beta\end{vmatrix}=0$$

$$(2-2\beta)(1-\beta)-1=0$$

$$2\beta^2-4\beta+1=0$$

$$\beta=\frac{4\pm\sqrt{4^2-4\times 2}}{2\times 2}=1.707\ \text{ or }\ 0.292$$

$\omega_1=3.821\ rad\qquad T_1=1.644\ sec$

$\omega_2=9.238\ rad\qquad T_2=0.68\ sec$

求振態Φ

$\omega_1=3.821$代入

$$\{[K]-\omega_1^2[M]\}\{\Phi_1\}=\{0\}$$

$$\begin{bmatrix}1.416 & -1\\ -1 & 0.708\end{bmatrix}\begin{bmatrix}\Phi_{11}\\ \Phi_{21}\end{bmatrix}=\begin{bmatrix}0\\ 0\end{bmatrix}$$

$$\{\Phi_1\}=\begin{bmatrix}\Phi_{11}\\ \Phi_{21}\end{bmatrix}=\begin{bmatrix}0.706\\ 1.0\end{bmatrix}$$

$\omega_2=9.238$代入$\{[K]-\omega_2^2[M]\}\{\Phi_2\}=\{0\}$

$$\begin{bmatrix}-1.414 & -1\\ -1 & -0.707\end{bmatrix}\begin{bmatrix}\Phi_{12}\\ \Phi_{22}\end{bmatrix}=\begin{bmatrix}0\\ 0\end{bmatrix}$$

$$\{\Phi_2\}=\begin{bmatrix}\Phi_{12}\\ \Phi_{22}\end{bmatrix}=\begin{bmatrix}-0.5\\ 1.0\end{bmatrix}$$

（三）求位移反應

$$\bar{M}_1=40\times 0.706^2+20\times 1.0^2=39.937$$

$$\bar{M}_2=40\times(-0.5)^2+20\times 1.0^2=30$$

$$Y_1(0)=\frac{1}{\overline{M}_1}\{\Phi\}_1^T[M]\{u(0)\}=\frac{1}{39.937}[0.706\quad 1.0]\begin{bmatrix}40 & 0\\ 0 & 20\end{bmatrix}\begin{Bmatrix}0.1\\0.2\end{Bmatrix}=0.1706\ m$$

$$Y_2(0)=\frac{1}{\overline{M}_2}\{\Phi\}_2^T[M]\{u(0)\}=\frac{1}{30}[-0.5\quad 1.0]\begin{bmatrix}40 & 0\\ 0 & 20\end{bmatrix}\begin{Bmatrix}0.1\\0.2\end{Bmatrix}=0.067\ m$$

$\{\dot{u}(0)\}=\{0\}$，故$\dot{Y}_1(0)=\dot{Y}_2(0)=0$

$Y_1(t)=0.1706cos3.821t$，$Y_2(t)=0.067cos9.238t$

$$\{u(t)\}=\begin{Bmatrix}u_1(t)\\u_2(t)\end{Bmatrix}=[\Phi]\begin{Bmatrix}Y_1(t)\\Y_2(t)\end{Bmatrix}=\begin{bmatrix}0.706 & -0.5\\ 1.0 & 1.0\end{bmatrix}\begin{Bmatrix}0.1706cos3.821t\\0.067cos9.238t\end{Bmatrix}$$

$$=\begin{Bmatrix}0.12cos3.821t-0.0335cos9.238t\\0.1706cos3.821t+0.067cos9.238t\end{Bmatrix}$$

三、兩層樓建築物如下左圖所示，自由度之編號如圖中之 u_1 和 u_2，經由線彈性分析已得知其振動週期為 1 秒，第一振態為 $\phi_1=\{0.5, 1.0\}^T$。另外，已知在極限狀態下（ultimate state）的彈性反應譜如下右圖所示。基於初步設計的概估需求，請依據位移不變法則及僅考慮基本振態，試回答以下問題：

（一）當位移韌性達 5 時，其基礎剪力為何？（15 分）

（二）在此地震力作用下，分別求上下兩層的層間位移？（10 分）

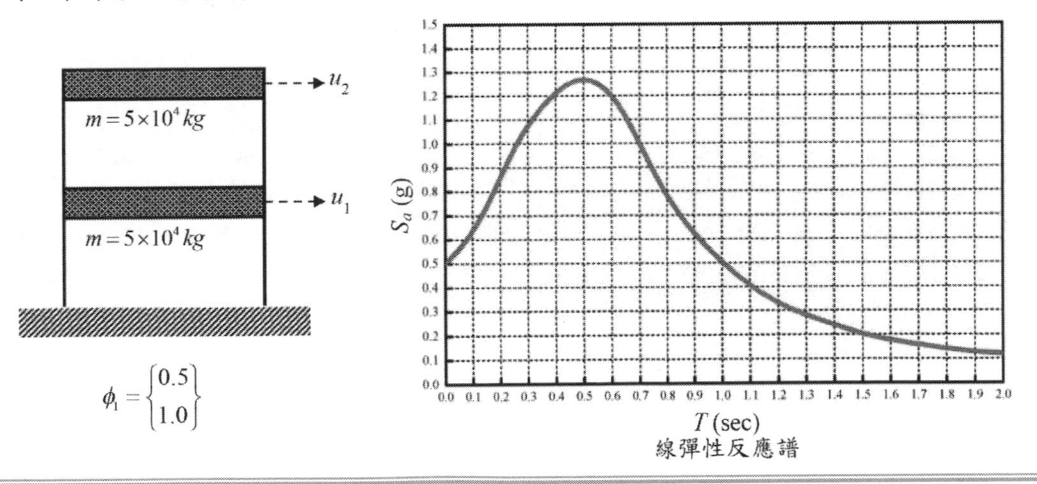

線彈性反應譜

參考題解

（一）基底剪力

$$\phi_1=\begin{Bmatrix}\phi_{11}\\\phi_{21}\end{Bmatrix}=\begin{Bmatrix}0.5\\1.0\end{Bmatrix}$$

$$L_1=m_1\phi_{11}+m_2\phi_{21}=5\times10^4(0.5+1.0)=7.5\times10^4$$

$\bar{M}_1 = m_1\phi_{11}^2 + m_2\phi_{21}^2 = 5\times10^4(0.5^2 + 1.0^2) = 6.25\times10^4$

振態參與係數

$$\Gamma_1 = \frac{L_1}{\bar{M}_1} = 1.2$$

由表知，T = 1.0 sec，$S_a = 0.5g$（彈性）

由 R = 5.0，$S_a = 0.5g/5 = 0.1g$（韌性）（Why?）

$f_{11} = m_1\times\Gamma_1\times S_a\times\phi_{11} = 5\times10^4\times1.2\times0.1\times9.81\times0.5/1000 = 29.43\ \text{kN}$

$f_{21} = m_2\times\Gamma_1\times S_a\times\phi_{21} = 5\times10^4\times1.2\times0.1\times9.81\times1.0/1000 = 58.86\ \text{kN}$

基底剪力：

$V_1 = 29.43 + 58.86 = 88.29\ \text{kN}$

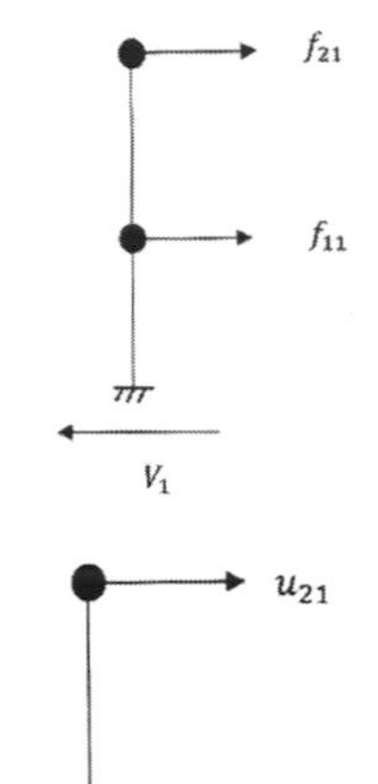

（二）各層位移

$T_1 = 1.0$，$\omega_1 = 6.283\ rad$

$S_{d1} = \frac{S_a}{\omega_1^2} = \frac{0.5g}{6.283^2} = 0.01267g = 0.124\ \text{m}$

$u_{11} = \Gamma_1\times S_{d1}\times\phi_{11} = 1.2\times0.124\times0.5 = 0.0744\ \text{m}$

$u_{21} = \Gamma_1\times S_{d1}\times\phi_{21} = 1.2\times0.124\times1.0 = 0.1488\ \text{m}$

四、在地震侵襲過後，建築物的損壞調查報告發現有幾種特別的破壞模式，例如軟弱層、混凝土強度不足、箍筋間距太大、柱內埋管以及街屋或教室在長向的破壞等等。其中老舊建築物發現短柱破壞也是非常普遍的一種模式，請回答以下問題（可利用示意圖來輔助回答或說明）：

（一）請說明短柱破壞的原因？（10 分）

（二）老舊建築物容易出現短柱破壞的位置，請舉例說明兩個可能情形？（6 分）

（三）針對（二）中的任一舉例提出避免短柱破壞的補強方法。（4 分）

（四）在新建的校舍建築物中，設計時應如何避免短柱破壞模式的發生？（5 分）

【觀念解析】

短柱效應為常考觀念，其破壞方式、產生原因及如何補強方式，考生亦須準備。

參考題解

（一）在同樓層中，柱長度原以樓層高度設計，但在實務上有部分柱子因與窗台矮牆相連，在窗台矮牆的側向束制下，使柱子的有效長度縮短，因而大幅提高柱的側向勁度。當地震時，短柱因勁度大，而較其他正常柱承擔更大的水平側向力，當此短柱所承受的剪應力超過其負荷而出現開裂破壞，此即短柱破壞。

（二）1. 建築物外側牆，鄰近柱位的地方，常開高窗以通風。

2. 外側柱，因景觀需求，通常設置花台與柱相銜接，造長短柱效應。

（三）以（二）2.為例說明，既有花台若與柱相銜接，則應施作隔離縫，將花台結構與原本柱切割，不得共構，以避免短柱效應，並得以回歸原結構設計理念。

（四）新建建築結構設計時，為避免短柱效應，建議如下方式：

1. 若有短柱，必須針對該柱進行評估並設計。
2. 避免窗戶緊鄰柱，應遠離柱端。
3. 花台避免與柱共構。

108年 專門職業及技術人員高等考試試題／結構學

一、如圖一所示之桁架，各桿件都有相同之楊氏模數 E 及斷面積 A。已知對角桿件長 15 m，水平桿件長 12 m，垂直桿件長 9 m。若各桿件之軸拉強度都為 1250 kN，而軸壓強度如下：對角桿件 144 kN、水平桿件 225 kN、垂直桿件 400 kN。今考慮 B 點受一向右之力 P，若 P 由 0 逐漸加大，則 B 點之向右位移 U_B 也會逐漸加大，直至最後桁架會形成破壞機構。試求出破壞機構形成時對應之極限外力，並且以 P 為縱軸 U_B 為橫軸，試繪出加載至破壞機構過程中 P 對 U_B 的定性（大致）關係圖。假設各桿件強度達到之前都是線彈性，而強度達到後，張桿內力可以維持其強度但壓桿內力變為零，此外不論張或壓桿，強度達到後勁度都為零。（25 分）

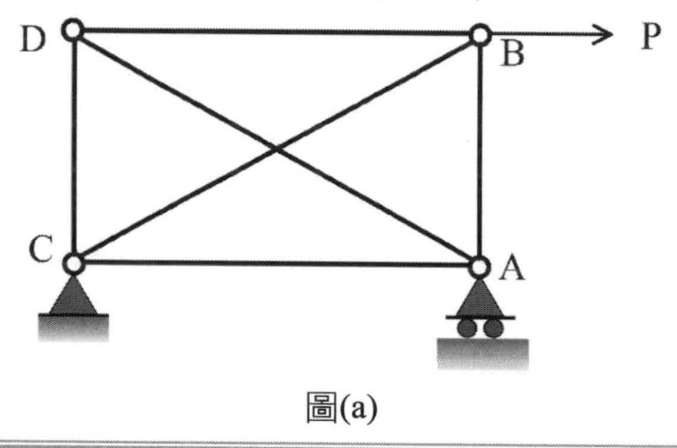

圖(a)

參考題解

（一）如圖(b)所示，取 S_6 為贅餘力，可得各桿內力如表[a]中所示。

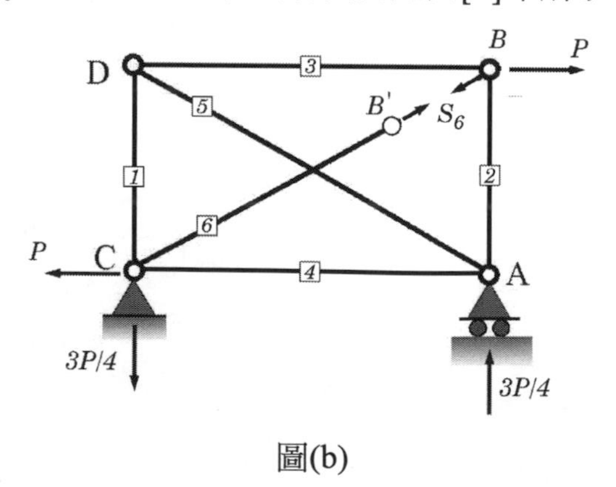

圖(b)

表$[a]$　各桿內力（正值表拉力，負值為壓力）

桿件編號	圖(b)	圖(c)	各桿內力	圖(d)
1	$\frac{3P}{4}-\frac{3S_6}{5}$	$-\frac{3}{5}$	$0.264P$	$\frac{3}{4}$
2	$-\frac{3S_6}{5}$	$-\frac{3}{5}$	$-0.486P$	0
3	$P-\frac{4S_6}{5}$	$-\frac{4}{5}$	$0.352P$	1
4	$P-\frac{4S_6}{5}$	$-\frac{4}{5}$	$0.352P$	1
5	$S_6-\frac{5P}{4}$	1	$-0.440P$	$-\frac{5}{4}$
6	S_6	1	$0.810P$	0

（二）如圖(c)所示，在B點及B'點處施加一對的單位力，各桿內力整理於表$[a]$中。依單位力法可得

$$0=\frac{1}{AE}\left[\left(\frac{3}{5}\right)\left(\frac{3S_6}{5}-\frac{3P}{4}\right)(9)+\left(\frac{3}{5}\right)\left(\frac{3S_6}{5}\right)(9)+\left(\frac{4}{5}\right)\left(\frac{4S_6}{5}-P\right)(12)(2)\right.$$
$$\left.+\left(S_6-\frac{5P}{4}\right)(15)+S_6(1)(15)\right]$$

由上式可得$S_6=0.810P$。進一步可得各桿內力，如表$[a]$中所示。

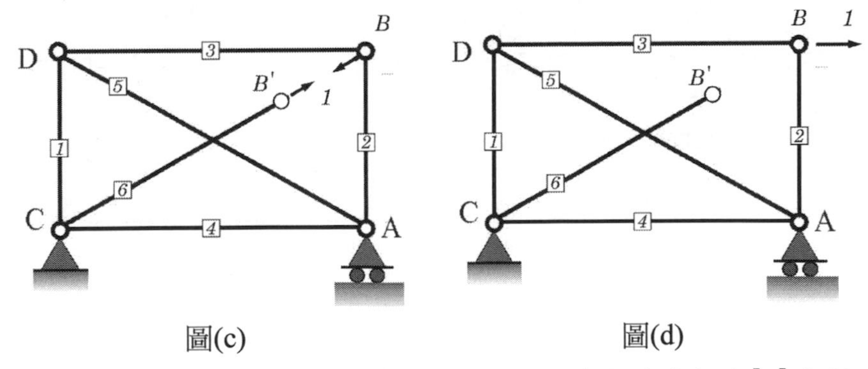

圖(c)　　圖(d)

（三）如圖(d)所示，在 B 點處施加一水平向的單位力，各桿內力如表$[a]$中所示。依單位力法可得 B 點水平位移為

$$U_B=\frac{P}{AE}\left[(0.264)\left(\frac{3}{4}\right)(9)+(0.352)(12)(2)+(0.440)\left(\frac{5}{4}\right)(15)\right]=18.473\frac{P}{AE}\cdots\cdots①$$

（四）由表$[a]$中之各桿內力可知，5號桿將先達壓桿強度。令此時之外力為P_1，可得

$$S_5=-0.440P_1=-144kN$$

得 $P_1 = 327.27kN$ 。再由①式得此時 B 點水平位移為 $U_{B1} = \dfrac{6045.71}{AE}(\rightarrow)$ 。

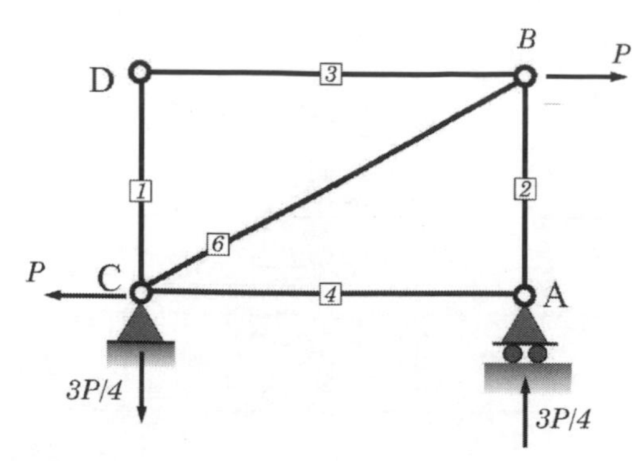

圖(e)

（五）當5號桿件達到壓桿強度之後，結構成為如圖(e)所示之靜定桁架。各桿內力分別為

$$S_1 = S_3 = S_4 = 0 \quad ; \quad S_2 = -\frac{3P}{4} \quad ; \quad S_6 = \frac{5P}{4}$$

B 點水平向位移為

$$U_B = \frac{1}{AE}\left[\left(\frac{3P}{4}\right)\left(\frac{3}{4}\right)(9) + \left(\frac{5P}{4}\right)\left(\frac{5}{4}\right)(15)\right] = 28.5\frac{P}{AE} \cdots\cdots\cdots ②$$

（六）當2號桿件達到壓桿強度時，結構形成破壞機構。令極限外力為 P_{max} ，可得

$$S_2 = -\frac{3P_{max}}{4} = -400kN$$

得 $P_{max} = 533.33kN$ 。由②式得此時 B 點水平位移為 $U_{Bmax} = \dfrac{15200}{AE}(\rightarrow)$ 。施力過程中 $P - U_B$ 關係圖如圖(f)所示。

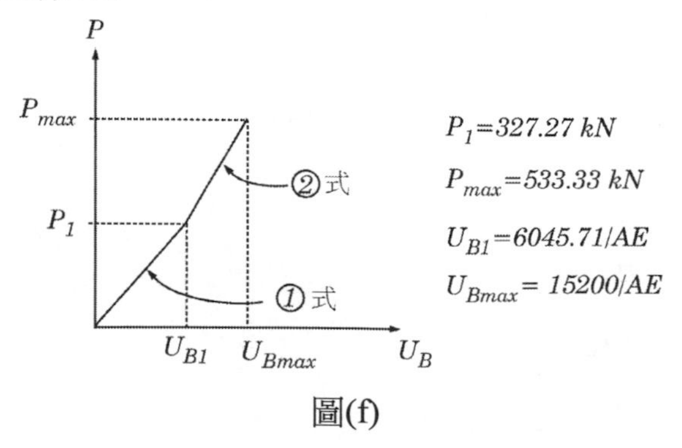

圖(f)

二、范倫迪爾桁架（Vierendeel Truss）實際上受力行為像是構架，因為構件彼此接合為剛接。考慮圖二之范倫迪爾桁架，其受力後各構件受彎矩之變形為一雙曲率變形，採近似分析時可假設反曲點位於各構件之中點，據此假設，分析該桁架，並繪出上下弦桿之彎矩圖、軸力圖及腹桿之彎矩圖、軸力圖。（25 分）

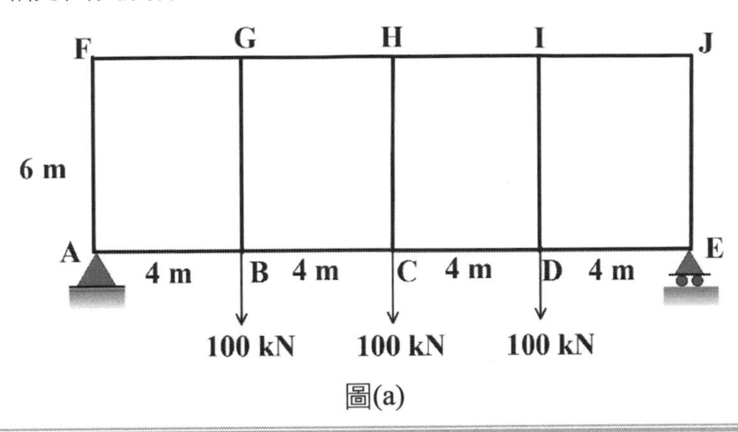

圖(a)

參考題解

（一）依題意各桿中點為鉸接，由平衡方程式可得各鉸點之內力，如圖(b)所示。

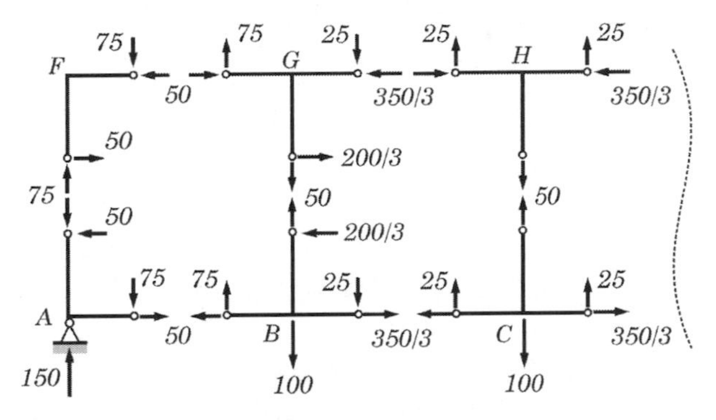

圖(b) 單位：kN

（二）上下弦之軸力如圖(c)所示。

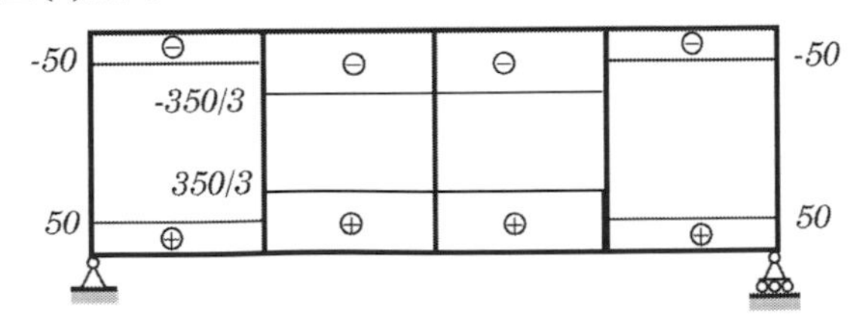

圖(c) 上下弦軸力圖(kN)

上下弦之彎矩如圖(d)所示。

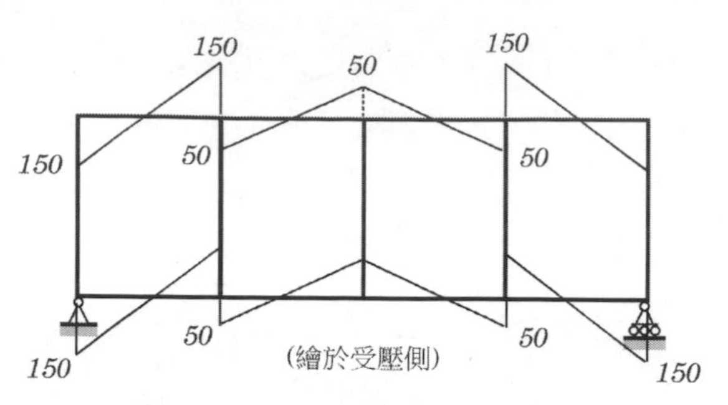

圖(d) 上下弦彎矩圖(kN · m)

（三）腹桿之軸力如圖(e)所示。

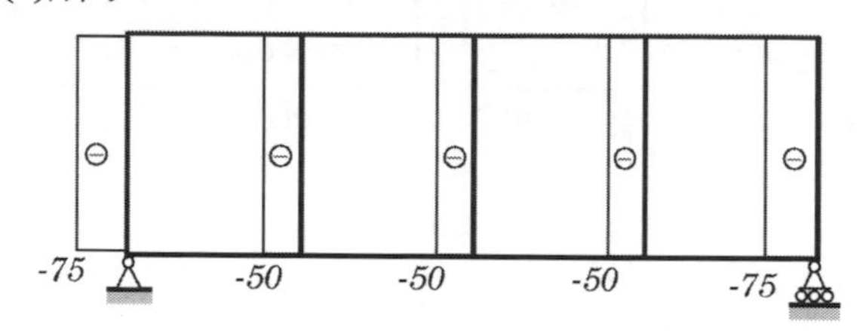

圖(e) 腹桿軸力圖(kN)

腹桿之彎矩如圖(f)所示。

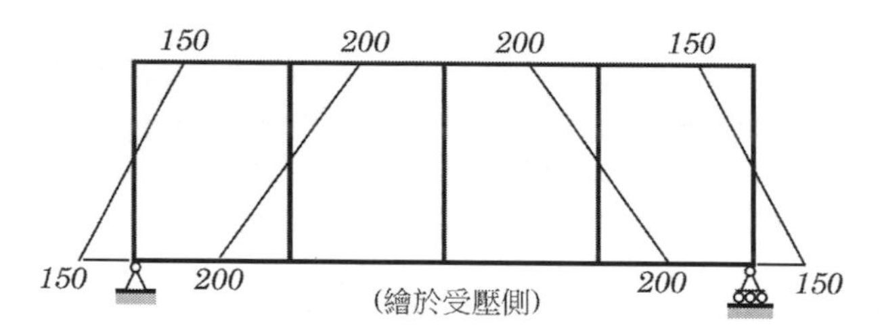

圖(f) 腹桿彎矩圖(kN · m)

三、如圖三所示受均布載重 w 之三跨連續梁，考慮支承 B 及支承 C 都向下沉陷，且沉陷量相同。當沉陷量增加時，支承 A 及 D 垂直反力會增加，而支承 B 及 C 垂直反力會減少。試問當沉陷量為多少時，支承 A 垂直反力會增加 0.1 wL？試以傾角變位法求解。以其他方法作答者一律不予以計分。（25 分）

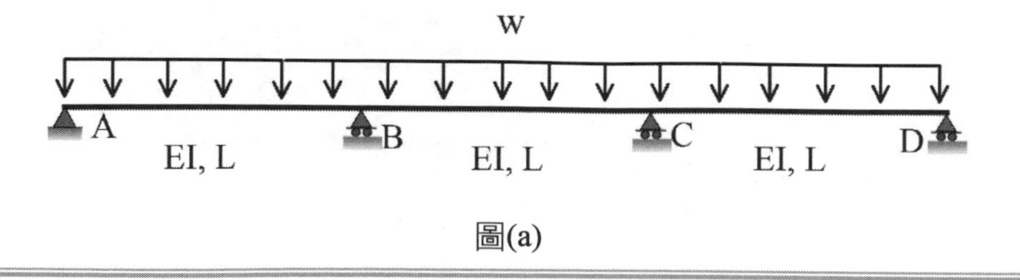

圖(a)

參考題解

（一）考慮支承 B 及 C 的沉陷時，節點連線如圖(b)所示，其中

$$\phi=\frac{\Delta}{L}$$

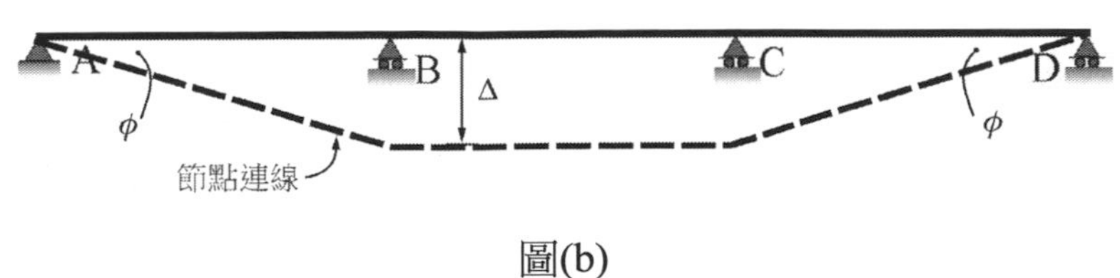

圖(b)

（二）各桿的固端彎矩為

$$H_{BA}=-\frac{\omega L^2}{8}\ (\circlearrowright)\quad ;\quad F_{BC}=\frac{\omega L^2}{12}\ (\circlearrowleft)$$

由傾角變位法公式，各桿端彎矩分別可表為

$$M_{BA}=\frac{EI}{L}\left[3\theta_B-3(-\phi)\right]-\frac{\omega L^2}{8}=3\overline{\theta}+3\overline{\phi}-3\overline{\omega}$$

$$M_{BC}=\frac{EI}{L}\left[4\theta_B+2(-\theta_B)\right]+\frac{\omega L^2}{12}=2\overline{\theta}+2\overline{\omega}$$

上列式中之 $\overline{\theta}=\frac{EI}{L}\theta_B$ ； $\overline{\phi}=\frac{EI}{L}\phi$ ； $\overline{\omega}=\frac{\omega L^2}{24}$ 。

（三）考慮 B 點的隅矩平衡，可得

$$5\overline{\theta}+3\overline{\phi}-\overline{\omega}=0$$

解出 $\overline{\theta}=\frac{\overline{\omega}-3\overline{\phi}}{5}$ 。

（四）前述桿端彎矩 M_{BA} 為

$$M_{BA}=\frac{6\overline{\phi}-12\overline{\omega}}{5}$$

故 A 點支承力 R_A 為

$$R_A=\frac{M_{BA}+\frac{\omega L^2}{2}}{L}=\frac{6EI}{5L^3}\Delta+\frac{2\omega L}{5}(\uparrow)$$

依題意可知

$$\frac{6EI}{5L^3}\Delta=\frac{\omega L}{10}$$

故得沉陷量 Δ 為

$$\Delta=\frac{\omega L^4}{12EI}$$

四、考慮圖四之構架，假設各構件之軸向變形很小可以忽略，各桿件之楊氏模數都為 E、斷面二次矩都為 I 且長度都為 L；外力 P 及 Q 作用於柱之中點。如圖四所示，梁 BD 接到柱 AB 採半剛性接頭，以旋轉彈簧模擬之（可當作零長度），旋轉彈簧勁度假設為 10 EI/L（EI，L 為梁、柱構件性質）。若以勁度法表示該構架平衡方程式，可寫為[K]{D} = {P}，其中{D}為位移向量，依序包括水平位移 d_1、B 點左側旋轉角 d_2、B 點右側旋轉角 d_3 及 D 點旋轉角 d_4 共四個自由度；[K]為結構勁度矩陣；{P}為外力向量。試求[K]及{P}；求[K]前，先寫出每個元素之勁度矩陣再組合得[K]，旋轉彈簧視為一個元素。（25 分）

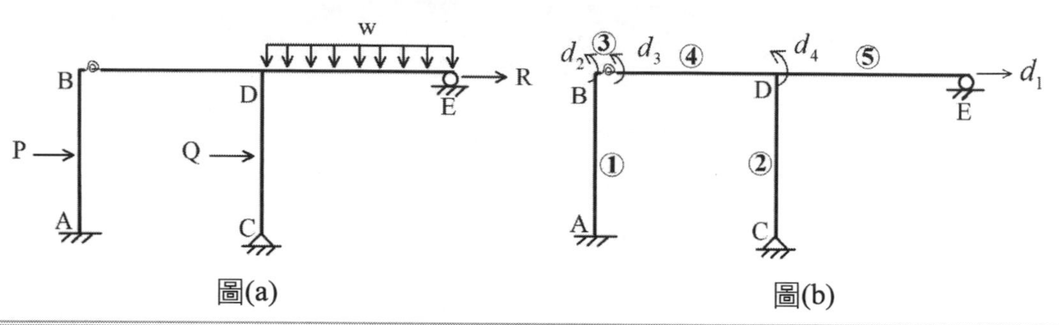

圖(a)　　圖(b)

參考題解

（一）參圖(c)中所示之廣義座標，其中視彈簧為一桿件，其兩端的桿件座標分別為 q_3 及 $-q_3$。

我們有

$$\underset{7\times1}{[q]}=\underset{7\times4}{[a]}\underset{4\times1}{[D]}=\begin{bmatrix}1/L & 0 & 0 & 0\\ 1/L & 1 & 0 & 0\\ 0 & 1 & -1 & 0\\ 0 & 0 & 1 & 0\\ 0 & 0 & 0 & 1\\ 1/L & 0 & 0 & 1\\ 0 & 0 & 0 & 1\end{bmatrix}\begin{bmatrix}d_1\\ d_2\\ d_3\\ d_4\end{bmatrix}$$

上式中$[a]$為位移轉換矩陣。

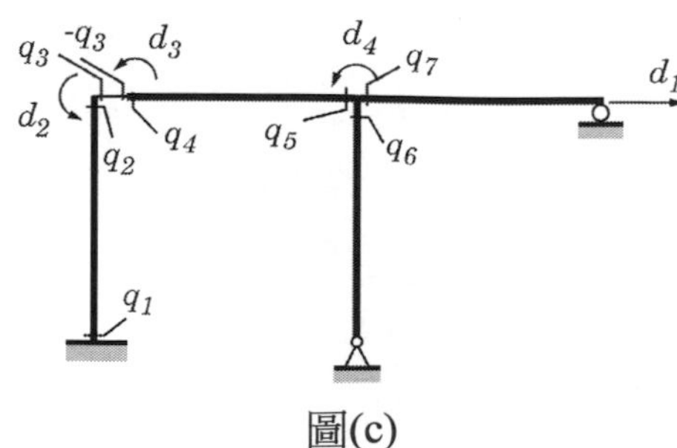

圖(c)

（二）桿件的組合勁度方程式為

$[Q]=[k][q]$

其中$[k]$為

$$\underset{7\times7}{[k]}=\frac{EI}{L}\begin{bmatrix}\begin{bmatrix}4&2\\2&4\end{bmatrix}&&&&\\&[10]&&&\\&&\begin{bmatrix}4&2\\2&4\end{bmatrix}&&\\&&&[3]&\\&&&&[3]\end{bmatrix}=\frac{EI}{L}\begin{bmatrix}4&2&0&0&0&0&0\\2&4&0&0&0&0&0\\0&0&10&0&0&0&0\\0&0&0&4&2&0&0\\0&0&0&2&4&0&0\\0&0&0&0&0&3&0\\0&0&0&0&0&0&3\end{bmatrix}$$

整體結構之勁度矩陣$[K]$為

$$[K]=[a]^t[k][a]=\frac{EI}{L}\begin{bmatrix}15/L^2&6/L&0&3/L\\6/L&14&-10&0\\0&-10&14&2\\3/L&0&2&10\end{bmatrix}$$

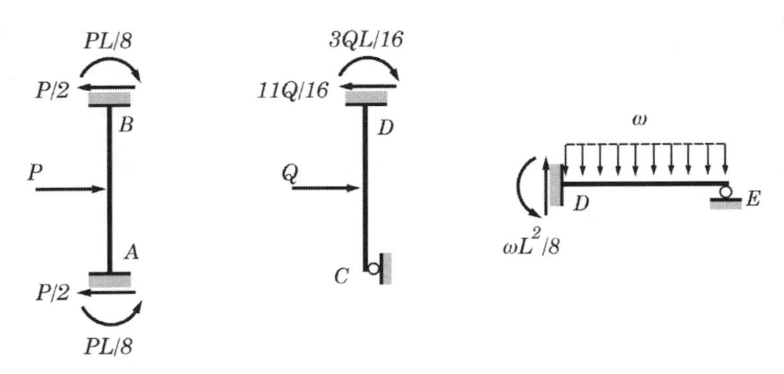

圖(d)

（三）參照圖(d)所示之固端內力，可得外力矩陣$[P]$為

$$[P]=\begin{bmatrix}\frac{P}{2}+\frac{11Q}{16}+R\\\frac{PL}{8}\\0\\\frac{3QL}{16}-\frac{\omega L^2}{8}\end{bmatrix}$$

（四）合併上述結果，結構之勁度方程式即為

$$\frac{EI}{L}\begin{bmatrix} 15/L^2 & 6/L & 0 & 3/L \\ 6/L & 14 & -10 & 0 \\ 0 & -10 & 14 & 2 \\ 3/L & 0 & 2 & 10 \end{bmatrix}\begin{bmatrix} d_1 \\ d_2 \\ d_3 \\ d_4 \end{bmatrix}=\begin{bmatrix} \dfrac{P}{2}+\dfrac{11Q}{16}+R \\ \dfrac{PL}{8} \\ 0 \\ \dfrac{3QL}{16}-\dfrac{\omega L^2}{8} \end{bmatrix}$$

註：勁度方程式與靜平衡方程式的物理意義並不相同，所以，上式並非靜平衡方程式。

108年 專門職業及技術人員高等考試試題／土壤力學與基礎設計

一、請試述下列名詞之意涵：（每小題 5 分，共 30 分）

（一）含水量（moisture content, water content）

（二）過壓密比（overconsolidation ratio, OCR）

（三）摩爾-庫倫破壞準則（Mohr-Coulomb failure criterion）

（四）紅土化（laterization）

（五）群樁效率（group efficiency）

（六）液性指數（liquidity index）

參考題解

題型解析	難易程度：簡單、常見之送分題
108 講義出處	（一）土壤力學 1-1 節，P.1 （二）土壤力學 7-2-3 節，P.146 （三）土壤力學 8-2-1 節，P.207 （四）工程地質 2-6 節相關，P.26 （五）基礎工程 6-7 節，P.6-17 （六）土壤力學 3-7 節，P.37

（一）含水量（moisture content, water content）

土壤內之水的總重量與土壤顆粒總重量之比值。

$$\text{含水量 } w(\%) = \frac{W_w}{W_s} \times 100\%$$

（二）過壓密比（overconsolidation ratio, OCR）

土壤目前所受的有效應力σ'_v小於曾經所受過的最大應力σ'_c（又稱預壓密應力σ'_p），稱之為過壓密土壤（Over Consolidated, OC），而過壓密比為曾經所受過的最大應力σ'_c與目前所受的有效應力 σ'_v 之比值。

$$OCR = \sigma'_c/\sigma'_v$$

（三）摩爾-庫倫破壞準則（Mohr-Coulomb failure criterion）

1. Mohr（1900）發表材料破壞準則的假說（hypothesis），即當破壞面上的剪應力達到正向應力某一個函數值時，此材料即達破壞。

$$\tau_{ff} = f(\sigma_{ff}) \text{(即 Mohr 破壞準則)}$$

2. 依據材料破壞時的主應力、破壞面上的剪應力與正向應力，以莫爾圓表示其應力狀態，並將各莫爾圓上代表破壞面上的剪應力與正向應力之座標點連線，可得剪應力的破壞包絡線，又因這些莫爾圓是在破壞下求得，此包絡線稱之為莫爾破壞包絡線（Mohr Failure Envelope）。
3. Coulomb 強度公式 $\tau_f = \sigma\tan\varphi + c$
4. 後人將 Mohr 破壞準則 $\tau_{ff} = f(\sigma_{ff})$ 及 Coulomb 公式 $\tau_f = \sigma\tan\varphi + c$ 合併加以應用，且將破壞包絡線簡化視為一直線，即所謂的莫爾庫倫破壞準則（Mohr-Coulomb Strength Criterion）：$\tau_{ff} = \sigma_{ff}\tan\varphi + c$。

（四）紅土化（laterization）

指地表岩石經強烈風化作用，逐漸形成紅土的過程。當風化後的產物其含鐵量較高時，就會染紅土壤形成紅土。前述風化作用主要是化學風化作用，通過雨水的淋濾作用使土紅化。紅土中的主要組成礦物是高嶺石、針鐵礦、赤鐵礦、三水鋁石和石英，當土壤受聚鐵鋁化作用，土壤中可溶性礦物被水分溶解移出，剩下無法被淋溶的鐵、鋁氧化物，故呈紅、黃色基調。台灣紅土主要分布於桃竹苗中地區，土壤特性為滲透係數差、具凝聚力、短期可免支撐垂直開挖、壓縮性低（分類為 CL）。

（五）群樁效率（$group\ efficiency$）

二支以上基樁受載重時，由於基樁-土壤-基樁之互制作用，相鄰樁間之應力影響圈會重疊，將會造成群樁效應，應力重疊之程度與基樁載重及樁間距有關，若間距不足，可能導致土壤產生剪力破壞或超量沉陷，以及樁群內部與外圍的基樁受力不均勻之現象，稱之。群樁效應可能會導致下列情形：

1. 應力圈重疊承載能力減小。
2. 應變圈重疊土壤變位增大。
3. 重疊愈多群樁效應愈顯著。
4. 樁群內各樁之勁度不一致，變位亦將不一致。

（六）液性指數（$liquidity\ index$）：

係用來定義黏性土壤在自然含水量狀態下之相對稠度。

$$LI = \frac{w_n - PL}{PI} = \frac{w_n - PL}{LL - PL}$$

其中w_n= 現地（in situ）土壤之自然含水量。自然含水量w_n之值等於 LL 時，此時土壤呈現臨界液體狀態，可見液性指數 LI 愈大，代表自然含水量w_n愈高，土壤愈臨界液體狀態，當液性指數$LI \geq 1$，土壤已呈液態，其剪力強度低、壓縮性高。反之，當液性指數$LI < 1$，土壤已呈塑性，液性指數愈小其剪力強度愈高、壓縮性愈小。

二、某大型營建工程擬建築於如下圖一的地層之地表上，該地層含 4 m 厚的軟弱正常壓密黏土（normally consolidated clay），黏土層上、下皆為排水砂層。此營建工程完工後，構造物預期作用於黏土層的平均永久荷重增加 150 kPa。施工前黏土層中間的平均有效覆土壓力為 70 kPa，且初始孔隙比 0.9，壓縮指數（compression index, C_c）0.25，壓密係數（coefficient of consolidation, c_v）0.008 m^2/day。時間因子 T_v 與平均壓密度 U 之關係如下圖二與表一。

（一）試求此黏土層在此永久荷重下的主要壓密沉陷量。（10 分）

（二）若採用預壓工法（precompression）加速壓密沉陷，擬於地表加載均布荷重 281 kPa，需幾天可達到與（一）相同的主要壓密沉陷量？（10 分）

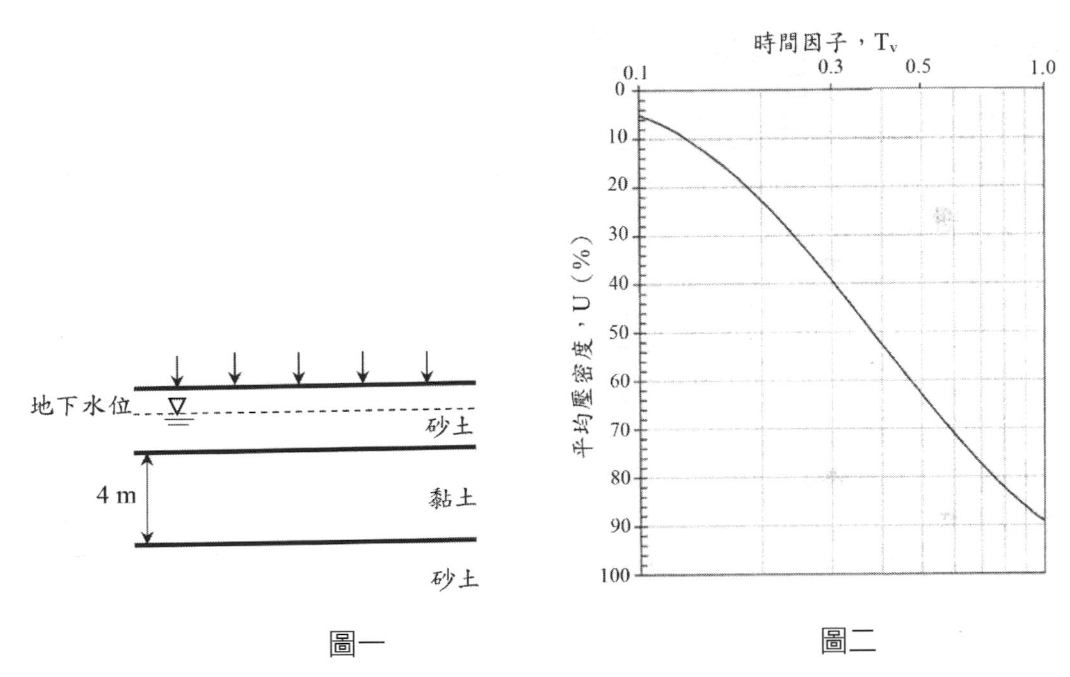

圖一　　圖二

表一

時間因子，T_v	平均壓密度，U(%)
0.05	0.31
0.10	5.07
0.15	13.58
0.20	22.77
0.25	31.46
0.30	39.32

時間因子，T_v	平均壓密度，U(%)
0.40	52.55
0.50	62.92
0.60	71.03
0.70	77.36
0.80	82.31
0.90	86.18
1.00	89.2
1.50	96.86

參考題解

題型解析	難易程度：中等、常見之壓密理論題型
108 講義出處	土壤力學 7-6 例題 多類似題

（一）正常壓密黏土 NC Clay

$$\Delta H_{c,1} = \frac{C_c}{1+e_0} \times H_0 \times \log\frac{\sigma_0' + \Delta\sigma'}{\sigma_0'}$$

$$= \frac{0.25}{1+0.9} \times 400 \times \log\frac{70+150}{70} = 26.17cm \ldots\ldots\ldots\ldots\ldots Ans.$$

（二）預壓工法（precompression）加速壓密沉陷

$$\Delta H_{c,2} = \frac{C_c}{1+e_0} \times H_0 \times \log\frac{\sigma_0' + \Delta\sigma'}{\sigma_0'}$$

$$= \frac{0.25}{1+0.9} \times 400 \times \log\frac{70+281}{70} = 36.85cm$$

此時平均壓密度$U_{avg} = \frac{\Delta H_{c,1}}{\Delta H_{c,2}} = \frac{26.17}{36.85} = 0.71$

查題目所提供之表一，$T_v = 0.6$（不可用公式計算）

已知$T_v = \frac{C_v t}{H_{dr}^2}$ $\Rightarrow$ $T_v = 0.6 = \frac{0.008 \times t}{(4/2)^2}$ $\Rightarrow$ $t = 300$ 天 .....Ans.

三、某施工場址於回填 2 m 厚的砂質土壤後進行夯實，夯實前回填土之相對密度為 50%。該回填土壤於實驗室試驗獲得尸最大孔隙比0.95，最小孔隙比0.55，土壤顆粒比重2.65。施工規範要求回填土壤的夯實需達到相對夯實度（relative compaction）95%，試求：

（一）夯實前、後回填土的乾土單位重（kN/m³）。（15 分）

（二）夯實後回填土減低多少高度（m）。（10 分）

參考題解

題型解析	難易程度：中等、常見之夯實應用題型
108 講義出處	土壤力學第 2 章例題 2-14 類似題

$$D_r(\%) = \frac{e_{max} - e}{e_{max} - e_{min}} = \frac{\gamma_{d,max}(\gamma_d - \gamma_{d,min})}{\gamma_d(\gamma_{d,max} - \gamma_{d,min})}$$

$$0.5 = \frac{0.95 - e_0}{0.95 - 0.55} \quad \Rightarrow \quad e_0 = 0.75$$

$$\text{夯實前}\gamma_{d,0} = \frac{G_s}{1+e_0}\gamma_w = \frac{2.65}{1+0.75} \times 9.81 = 14.86kN/m^3 \ldots\ldots\ldots\ldots Ans.$$

$$\gamma_{d,max} = \frac{G_s}{1+e_{min}}\gamma_w = \frac{2.65}{1+0.55} \times 9.81 = 16.77kN/m^3$$

$$\gamma_{d,min} = \frac{G_s}{1+e_{max}}\gamma_w = \frac{2.65}{1+0.95} \times 9.81 = 13.33kN/m^3$$

$$\text{相對夯實度(Relative Compaction)}R.C. = \frac{\gamma_d}{\gamma_{d,max}}$$

題目提供相對夯實度（relative compaction）95%

$$\Rightarrow 0.95 = \frac{\gamma_{d,1}}{\gamma_{d,max}}$$

$$\Rightarrow \text{夯實後}\gamma_{d,1} = 0.95 \times 16.77 = 15.93kN/m^3 \quad \ldots\ldots\ldots\ldots\ldots\ldots Ans.$$

$$\gamma_d = 15.93 = \frac{2.65}{1+e_1} \times 9.81 \quad \Rightarrow \quad e_1 = 0.632$$

$$\Rightarrow \Delta H = \frac{\Delta e}{1+e_0} \times H = \frac{0.75 - 0.632}{1+0.75} \times 2 = 0.135m \ldots\ldots\ldots\ldots Ans.$$

四、某擋土牆如下圖所示，背填土坡度角 α，土壤單位重 γ，土壤凝聚力與摩擦角分別為 c 與 ϕ，牆背與鉛直線夾 θ 角，土壤與牆面間的凝聚力與摩擦角分別為 c_a 與 δ。考慮張力裂縫（線段 DE 與 BF），但縫內無水，並假設主動狀態之破壞面（線段 AB）與水平線夾 β 角。

（一）試求張力裂縫的最大深度 Z_t。（5 分）

（二）畫出以庫倫（Coulomb）法求解主動狀態時作用於破壞土楔的力多邊形。答案需描述各已知力的計算及各力與水平或鉛直線的夾角。（15 分）

（三）如何求得作用於牆背的主動推力。（5 分）

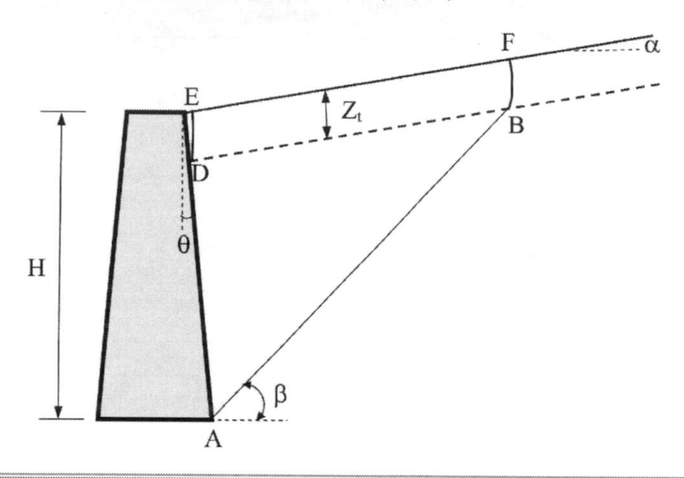

參考題解

題型解析	難易程度：偏難、少見之擋土牆穩定分析題型
108 講義出處	基礎工程第 1 章 1-3-4 節、1-4-2 節觀念應用

（一）張力裂縫深度 $Z_t = \frac{2c}{\gamma'\sqrt{K_a}}$……….Ans.

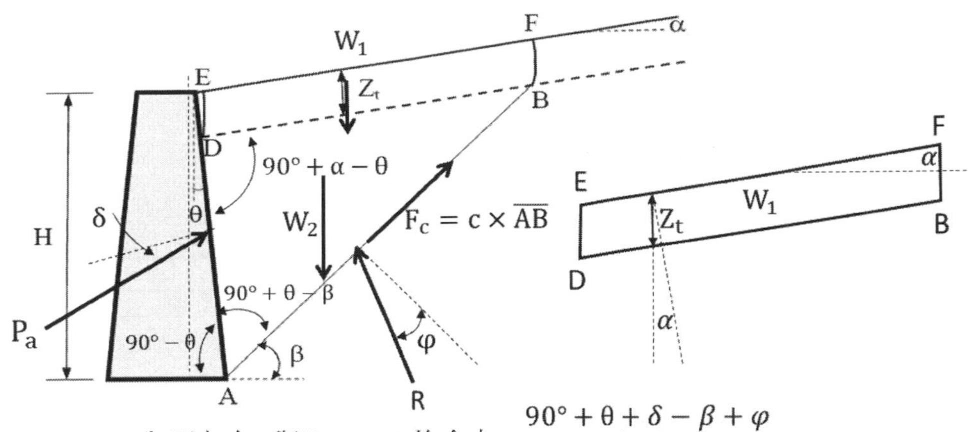

R為正向力N與N × tanφ的合力

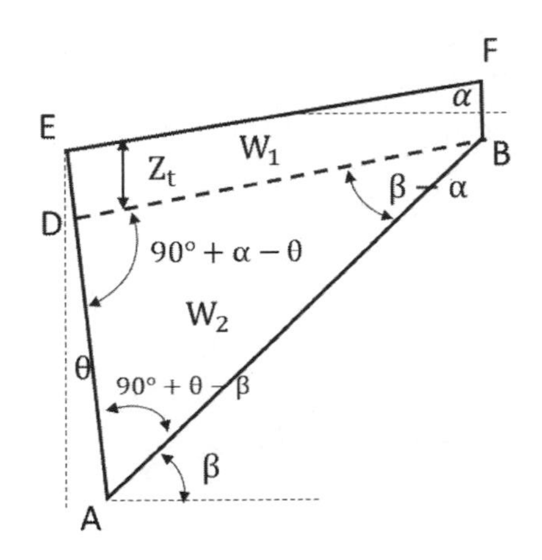

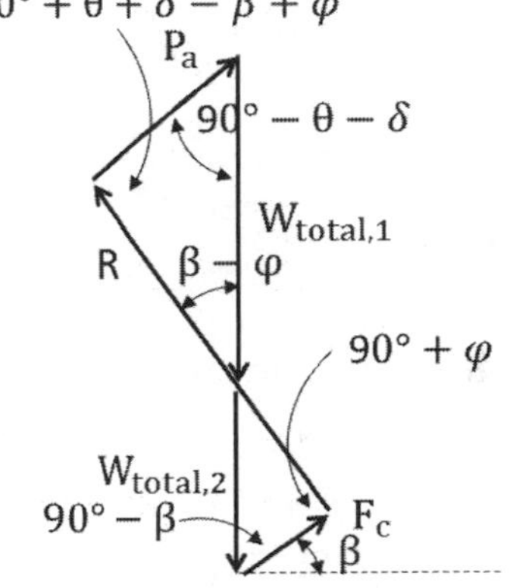

$W_{total} = W_{total,1} + W_{total,2} = W_1 + W_2$

其中$K_a = \cos\alpha \dfrac{\cos\alpha - \sqrt{\cos^2\alpha - \cos^2\varphi}}{\cos\alpha + \sqrt{\cos^2\alpha - \cos^2\varphi}}$

（二）庫倫（Coulomb）法求解主動狀態時各作用力之位置與方向如下：

1. 如上圖，已知張力裂縫深度 $Z_t = \dfrac{2c}{\gamma'\sqrt{K_a}}$　$\Rightarrow \overline{AD} = (H - Z_t)$

2. 利用三角正弦定律，可分別再解得$\overline{AB}$、$\overline{BD}$

$$\Rightarrow \frac{\overline{AD}}{\sin(\beta - \alpha)} = \frac{\overline{AB}}{\sin(90° + \alpha - \theta)} = \frac{\overline{BD}}{\sin(90° + \theta - \beta)}$$

3. 再利用 Heron 公式

$A_2 = \sqrt{s(s - \overline{AD})(s - \overline{AB})(s - \overline{BD})}$　，　其中 $s = \dfrac{\overline{AD} + \overline{AB} + \overline{BD}}{2}$

$\Rightarrow$可得$W_2 = \gamma \times A_2$

另　$W_1 = \gamma \times A_1 = \gamma \times \overline{BD} \times Z_t \cos\alpha$

$\Rightarrow$ 此時可得$W_{total} = W_1 + W_2$

4. 利用力的向量平衡計算各分力

$F_c = c \times \overline{AB}$

R為正向力N 與 $N \times \tan\varphi$的合力

$W_{total} = W_{total,1} + W_{total,2} = W_1 + W_2$

利用三角正弦定律

$$\frac{F_c}{\sin(\beta - \varphi)} = \frac{W_{total,2}}{\sin(90° + \varphi)}$$

$$\Rightarrow W_{total,2} = F_c \frac{\sin(90° + \varphi)}{\sin(\beta - \varphi)} = c \times \overline{AB} \times \frac{\sin(90° + \varphi)}{\sin(\beta - \varphi)}$$

$$\Rightarrow W_{total,1} = W_{total} - W_{total,2} = W_1 + W_2 - W_{total,2}$$

5. 再利用三角正弦定律

$$\frac{P_a}{\sin(\beta - \varphi)} = \frac{W_{total,1}}{\sin(90° + \theta + \delta - \beta + \varphi)}$$

$\Rightarrow$ 庫倫主動土壓力$P_a = \dfrac{W_{total,1} \times \sin(\beta - \varphi)}{\sin(90° + \theta + \delta - \beta + \varphi)}$ ....Ans.

（三）滑動面與水平面所夾的 β 角變動的，不同的 β，會產生不同的 P_a：

$\Rightarrow \dfrac{dP_a}{d\beta} = 0 \Rightarrow P_a = P_{max} = \dfrac{1}{2}\gamma H^2 K_a$，其中$K_a$為 $f(\theta，\delta，\varphi，\alpha)$

108年 專門職業及技術人員高等考試試題／材料力學

一、有一 Z 字型斷面梁，一端為固定支承另一端為鉸支承，此梁受軸壓力 P。如梁之尺寸 $L = 4$ m，$b = 80$ mm，$h = 120$ mm，$t = 12$ mm，慣性矩 $I_y = 3.257 \times 10^6 mm^4$，$I_z = 6.507 \times 10^6 mm^4$，彈性係數 $E = 200$ GPa。（一）試求梁斷面之慣性矩乘積 I_{yz}、慣性矩極大值 I_{max} 及慣性矩極小值 I_{min}。（二）如此梁在 yz 面任何方向均可能產生側向位移，試求此梁之等效長度 L_e 及臨界挫屈載重 P_{cr}。（25 分）

提示：$I_{y1} = \frac{I_y + I_Z}{2} + \frac{I_y - I_Z}{2}\cos 2\theta - I_{yz}\sin 2\theta$

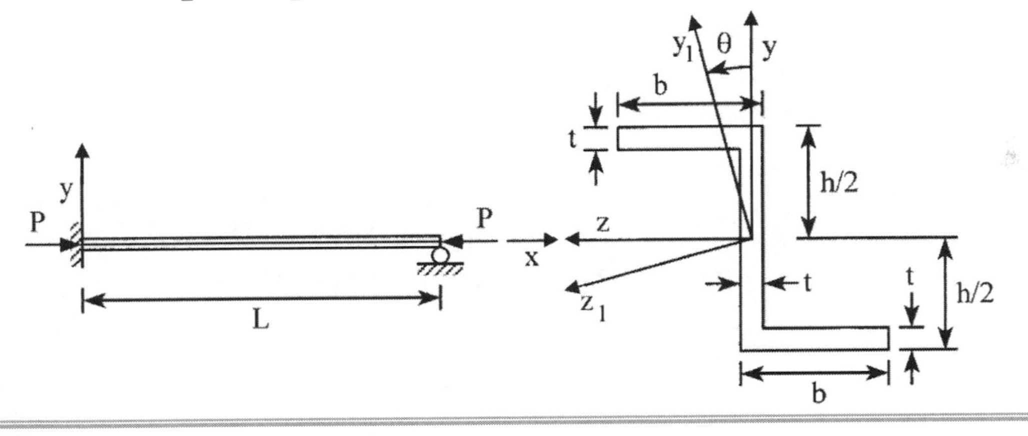

參考題解

（一）參下圖所示可得

$$I_{yz} = 2[12 \times 68 \times 54 \times 40]$$

$$= 4.147 \times 10^6 mm^4 = 4.147 \times 10^{-6} m^4$$

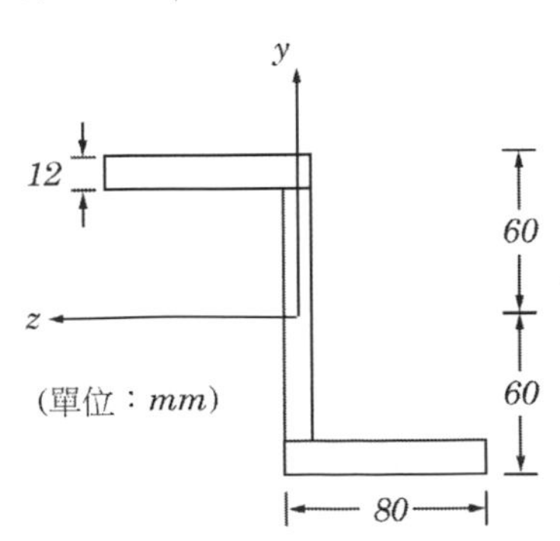

（二）主慣性矩為

$$I_P=\frac{I_y+I_z}{2}\pm\sqrt{\left(\frac{I_y-I_z}{2}\right)^2+\left(-I_{xy}\right)^2}$$

$$=\left(4.882\pm4.454\right)\times10^6\,mm^4=\begin{cases}9.336\\0.428\end{cases}\times10^6\,mm^4$$

故知

$$I_{\max}=9.336\times10^{-6}\,m^4\;;\;I_{\min}=0.428\times10^{-6}\,m^4$$

（三）等效長度 L_e 為

$$L_e=0.7L=2.8m$$

挫屈載重 P_{cr} 為

$$P_{cr}=\left(\frac{\pi}{L_e}\right)^2 EI_{\min}=107.760kN$$

二、有一斷面（300 mm × 300 mm）之箱型梁，厚度為 25 mm，A 點為鉸支承，B 點為滾支承，C 點為自由端。此梁受均布載重 q，且梁之剪力圖已繪製於梁下方。（一）求均布載重 q 之值與 A 點及 B 點之反力；（二）繪製梁之彎矩圖；（三）計算梁內剪應力 τ_{xy} 之最大值；（四）計算梁內正向應力 σ_x 之最大值。（25 分）

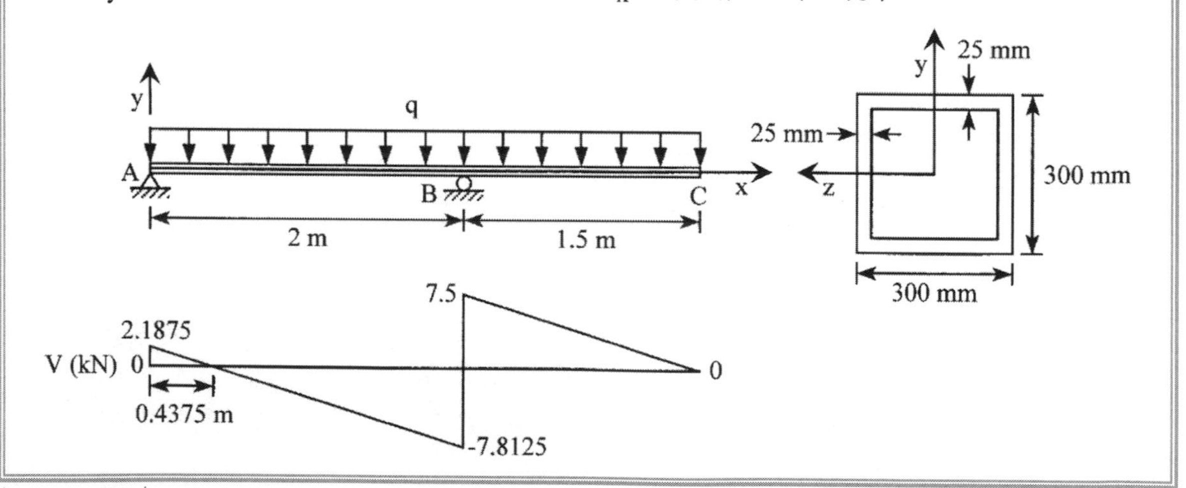

參考題解

（一）由剪力圖可知

$$q=\frac{7.5}{1.5}=5\,kN/m$$

A 點及 B 點之支承力為

$R_A = 2.1875kN(\uparrow)$ ； $R_B = 7.8125 + 7.5 = 15.3125kN(\uparrow)$

彎矩圖如下圖所示。

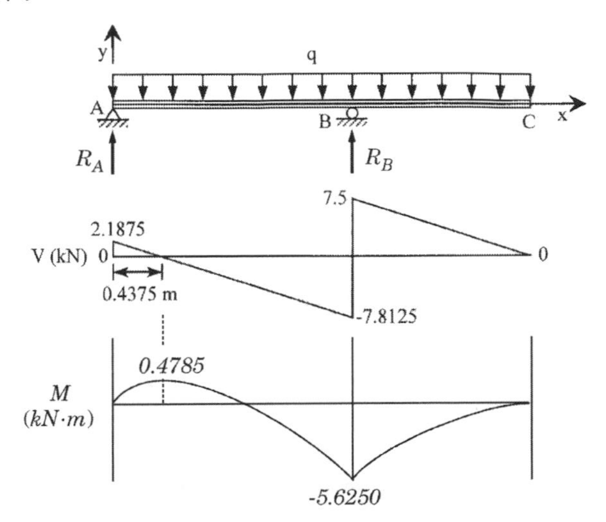

（二）斷面對 z 軸之慣性矩為

$$I_z = \frac{300(300)^3 - 250(250)^3}{12}$$

$$= 3.4948 \times 10^8 mm^4 = 3.4948 \times 10^{-4} m^4$$

參右圖所示，其中陰影面積對 z 軸之面積一次矩為

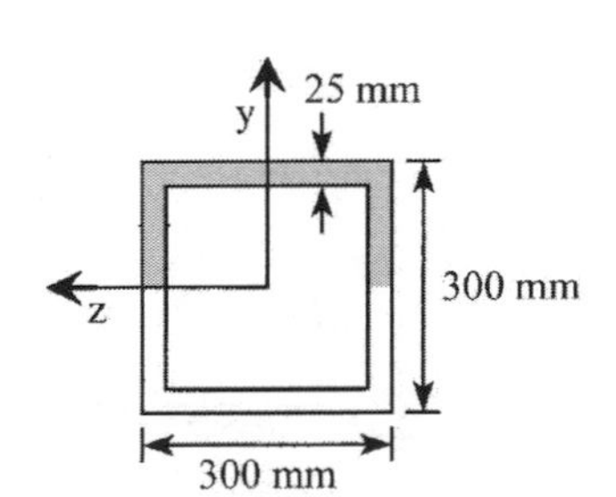

$$Q = 2(150 \times 25)(75) + (250 \times 25)(137.5)$$

$$= 1.4219 \times 10^6 mm^3 = 1.4219 \times 10^{-3} m^3$$

（三）樑內最大應力值為

$$\left(\tau_{xy}\right)_{\max} = \frac{(7.8125)Q}{I_z(2)\left(25 \times 10^{-3}\right)} = 6.3572 \times 10^2 kPa$$

$$\left(\sigma_x\right)_{\max} = \frac{(5.625)\left(150 \times 10^{-3}\right)}{I_z} = 2.4143 \times 10^3 kPa$$

三、有一薄壁矩形斷面桿件 AB 同時受到軸力 P 及扭矩 T 之作用，A 為固定端 B 為自由端，桿件長度 L = 4 m，斷面尺寸 b = 50 mm，h = 20 mm，斷面厚度 t 為常數且 t = 3 mm。如 P = 8.4 kN，且 C 點所測得之正向應變為 $\varepsilon_x = 100\times10^{-6}$ ，$\varepsilon_y = -25\times10^{-6}$，剪應變為 $\gamma_{xy} = 200\times10^{-6}$。（一）求此桿件之伸長量 δ、彈性模數 E 及柏松比 ν；（二）求此桿件之剪應力 τ_{xy}、扭矩 T 及 B 端轉動角度 ϕ。（25 分）

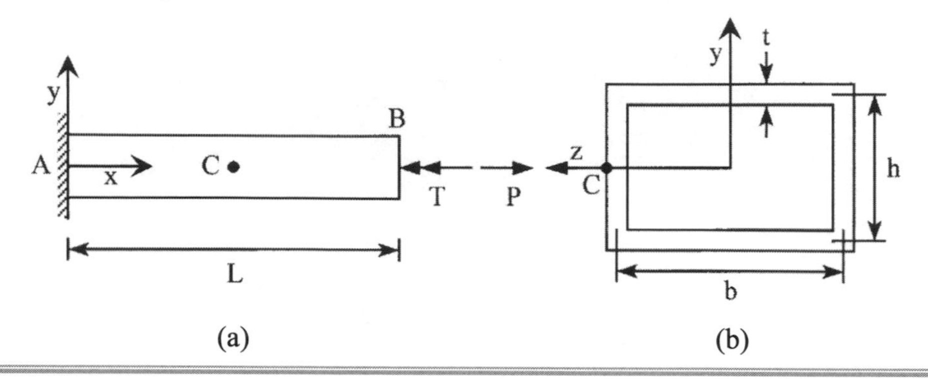

(a) (b)

參考題解

（一）參上圖(b)所示，可得斷面各幾何量為

$$A = (53\times23) - (47\times17) = 420mm^2$$

$$A_m = 50\times20 = 1000mm^2$$

$$J' = \frac{(2A_m)^2}{\oint \frac{ds}{t}} = \frac{(2000\times10^{-6})^2(3\times10^{-3})}{140\times10^{-3}} = 8.5714\times10^{-8}m^4$$

（二）C 點之應力態如右圖所示，其中

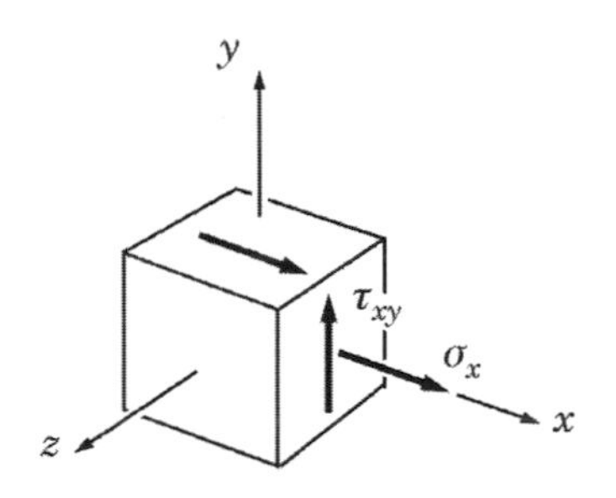

$$\sigma_x = \frac{P}{A} = 2\times10^4 kPa \;;\; \tau_{xy} = \frac{T}{2A_m t} = \frac{T}{6\times10^{-6}} kPa$$

由 Hooke's law 可得

$$\varepsilon_x = \frac{\sigma_x}{E} = 100\times10^{-6}$$

$$\varepsilon_y = -\nu\frac{\sigma_x}{E} = -25\times10^{-6}$$

$$\gamma_{xy} = \frac{\tau_{xy}}{G} = 200\times10^{-6}$$

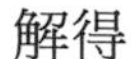

解得

$$E = 2\times10^8 kPa \;;\; \nu = 0.25$$

故有

$$G=\frac{E}{2(1+v)}=8\times10^{7}\,kPa$$

$$\tau_{xy}=G\left(200\times10^{-6}\right)=1.6\times10^{4}\,kPa$$

$$T=\left(6\times10^{-6}\right)\left(\tau_{xy}\right)=9.6\times10^{-2}\,kN\cdot m$$

（三）桿件伸長量 δ 為

$$\delta=\frac{PL}{AE}=4\times10^{-4}\,m$$

B 端轉動角度 ϕ 為

$$\phi=\frac{TL}{GJ'}=5.60\times10^{-2}\,rad$$

四、有一懸臂梁斷面彎矩勁度為 EI，此梁受到一彈簧之支撐，彈簧係數 $k=EI/L^3$。求彈簧之反力 R 及梁受集中載重 P 處之位移，並請註明反力及位移之方向。（25 分）

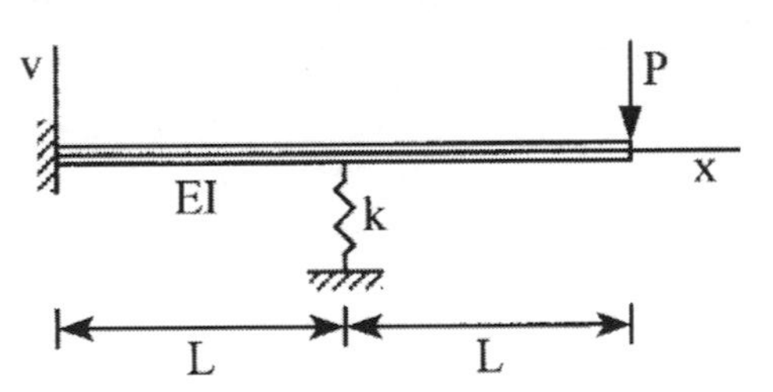

提示：

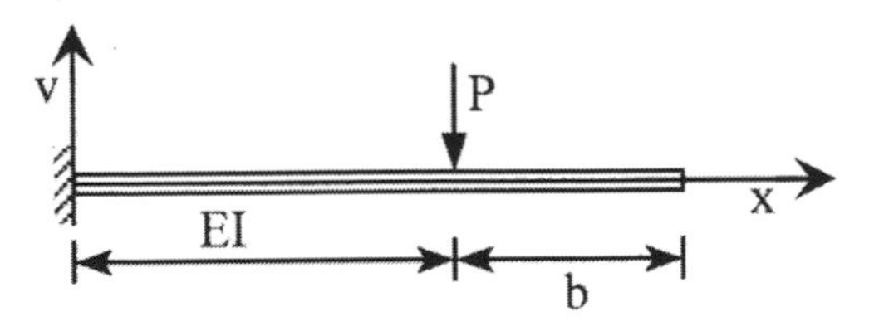

$$v(x)=-\frac{Px^2}{6EI}(3a-x)\,,\,0\le x\le a,$$

$$v(x)=-\frac{Pa^2}{6EI}(3x-a)\,,\,a\le x\le L.$$

參考題解

（一）如圖(a)及圖(b)所示，取 R 為贅餘力，可得

$$V_A=P-R\;;\;M_A=2PL-RL$$

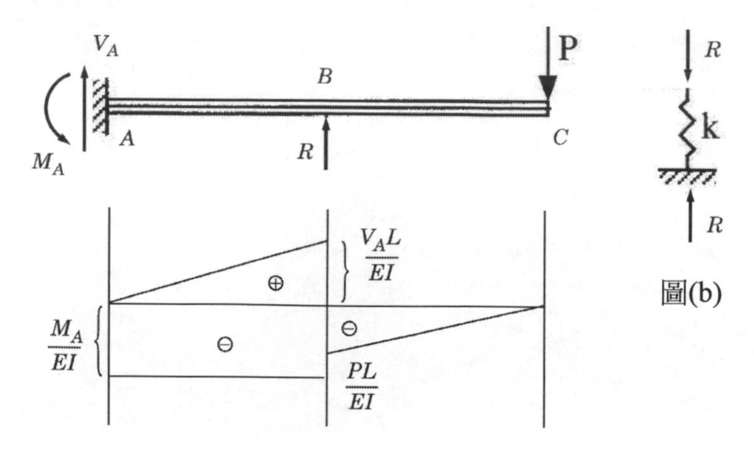

圖(a) M/EI 圖

（二）考慮樑 AB 部分，依彎矩面積法可得

$$\theta_B = \frac{V_A L^2}{2EI} - \frac{M_A L}{EI} \cdots\cdots\cdots\cdots\cdots\cdots ①$$

$$y_B = \left(\frac{V_A L^2}{2EI} \times \frac{L}{3}\right) - \left(\frac{M_A L}{EI} \times \frac{L}{2}\right) \cdots\cdots\cdots\cdots ②$$

又由圖(b)可知

$$y_B = -\frac{R}{k} = -\frac{RL^3}{EI} \cdots\cdots\cdots\cdots\cdots\cdots ③$$

聯立②式及③式，解得彈簧處之反力為

$$R = \frac{5P}{8}(\uparrow)$$

A 端支承力為

$$V_A = \frac{3P}{8}(\uparrow)\ ;\ M_A = \frac{11PL}{8}(\circlearrowleft)$$

又由①式及③式得

$$\theta_B = -\frac{19PL^2}{16EI}(\circlearrowright)\ ;\ y_B = -\frac{5PL^3}{8EI}(\downarrow)$$

（三）考慮樑 BC 部分，依彎矩面積法可得 C 點位移為

$$y_C = y_B + L\theta_B - \left(\frac{PL^2}{2EI} \times \frac{2L}{3}\right) = -\frac{103PL^3}{48EI}(\downarrow)$$

單元 5

地方特考三等

108年 特種考試地方政府公務人員考試試題／靜力學與材料力學

一、如圖 1 所示之二分之一圓弧形桿件，O 點為圓心，半徑 $R=4\text{ m}$，a 點及 c 點為鉸支承，b 點為鉸接，角度 $\theta=45°$，載重 $P=10\text{ kN}$、$F=10\text{ kN}$。分別求 a、c 點鉸支承反力的水平與垂直分量，及桿件在 e 點的彎矩、剪力與軸力。（25 分）

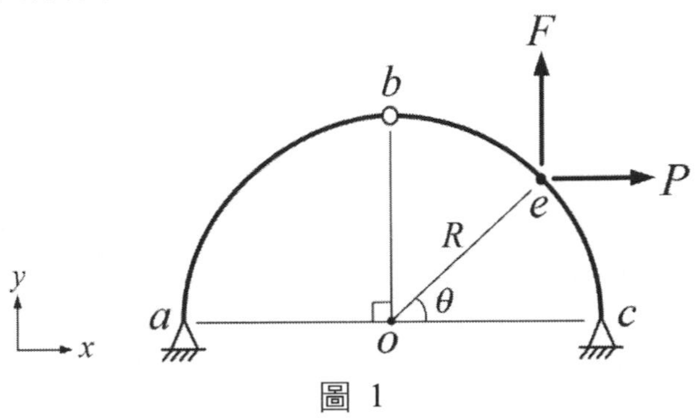

圖 1

參考題解

（一）參圖(b)所示，可得

$$\sum M_c = \frac{N_a}{\sqrt{2}}(2R) - P\left(\frac{R}{\sqrt{2}}\right) - FR\left(1-\frac{1}{\sqrt{2}}\right) = 0$$

$$\sum F_x = P - C_x - \frac{N_a}{\sqrt{2}} = 0$$

$$\sum F_y = F - C_y - \frac{N_a}{\sqrt{2}} = 0$$

解得 $N_a = 10/\sqrt{2}kN$，故 a 點支承力之分量為

$$A_x = \frac{N_a}{\sqrt{2}} = 5kN(\leftarrow) \quad ; \quad A_y = \frac{N_a}{\sqrt{2}} = 5kN(\downarrow)$$

另，c 點支承力之分量為

$$C_x = P - \frac{N_a}{\sqrt{2}} = 5kN(\leftarrow) \quad ; \quad C_y = F - \frac{N_a}{\sqrt{2}} = 5kN(\downarrow)$$

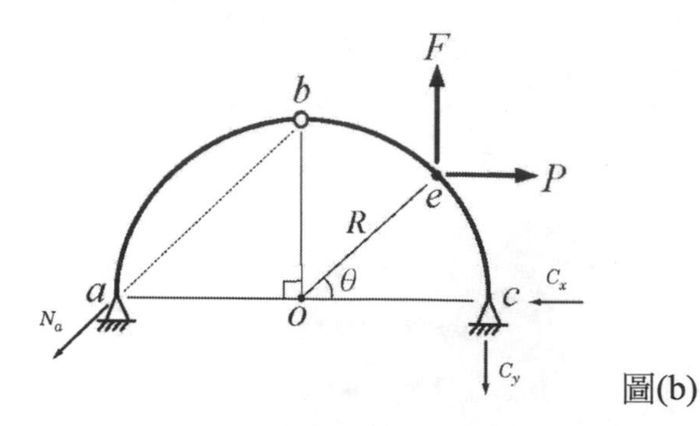

圖(b)

（二）參圖(c)所示可得 e 點內力為

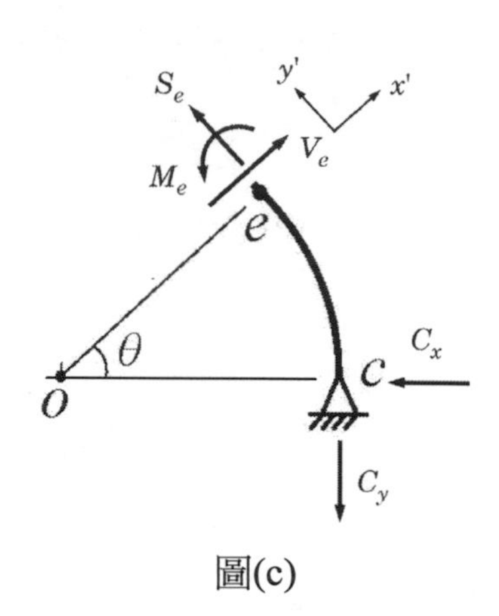

圖(c)

$$M_e = C_x\left(\frac{R}{\sqrt{2}}\right) + C_y R\left(1-\frac{1}{\sqrt{2}}\right) = 20kN\cdot m$$

$$V_e = \frac{C_x}{\sqrt{2}} + \frac{C_y}{\sqrt{2}} = 5\sqrt{2}kN$$

$$S_e = \frac{C_y}{\sqrt{2}} - \frac{C_x}{\sqrt{2}} = 0$$

二、如圖 2 所示構架，桿 ab、桿 bc 及桿 cd 為剛性桿件，a 點及 d 點為鉸支承，b 點及 c 點為鉸接，彈簧係數 k = 125 kN/m，長度ℓ = 2 m、h = 3 m。求臨界挫屈負載 P_{cr}。（25 分）

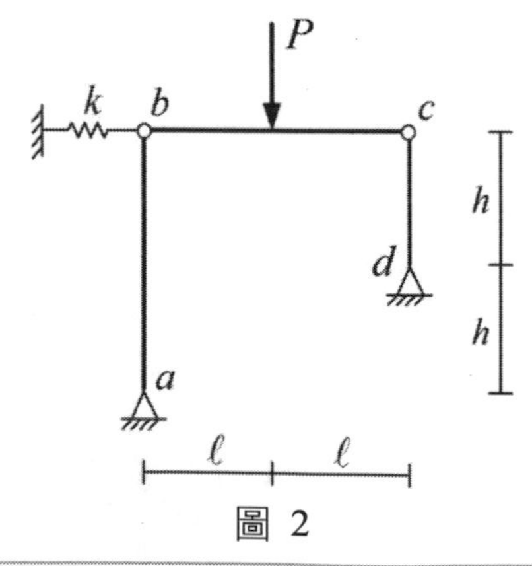

圖 2

參考題解

（一）如圖(b)所示，取θ為廣義座標，可得總位能為

$$V(\theta) = \frac{k}{2}(2h\cdot\theta)^2 + P(2h)\left(1-\frac{\theta^2}{2}\right)$$

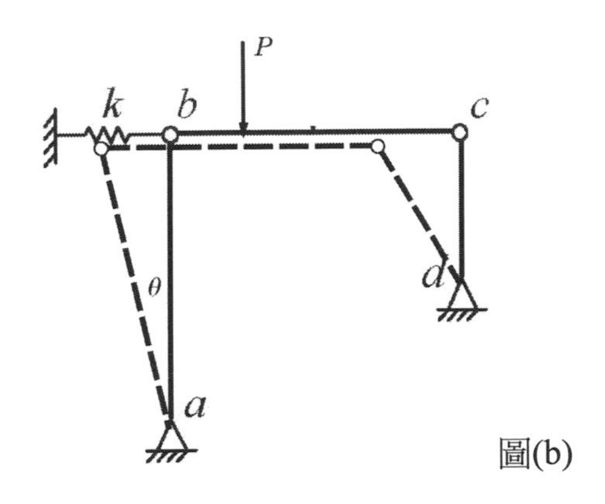

圖(b)

（二）由虛功原理，微分上式並令為零，得

$$\frac{\partial V}{\partial \theta}=\left(4kh^2-2Ph\right)\theta=0$$

當$\theta \neq 0$時，得臨界載重P_{cr}為

$$P_{cr}=\frac{4kh^2}{2h}=2kh=750kN$$

三、如圖 3 所示工型斷面之直樑，材料之彈性模數 E = 240 GPa。當工型斷面承受 M_z = 24 kN · m 彎矩及 V_y = 12.5 kN 剪力作用，求此時樑中性軸曲率半徑、a 點正向應力σ_x及 b 點剪應力τ_{xy}。（25 分）

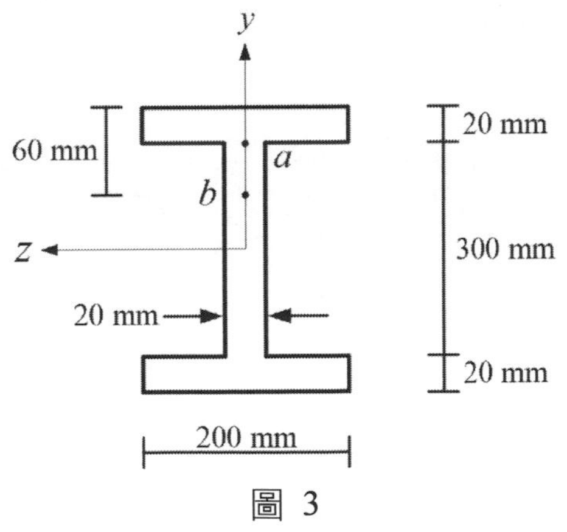

圖 3

參考題解

（一）斷面之面積慣性矩為

$$I_z=\frac{20(300)^3}{12}+2\left[\frac{200(20)^3}{12}+4000(160)^2\right]$$

$$=2.501\times10^8 mm^4=2.501\times10^{-4} m^4$$

又參圖(b)所示，陰影區域之面積一次矩為

$$Q = 4000(160) + 800(130) = 7.44\times10^5\,mm^3 = 7.44\times10^{-4}\,m^3$$

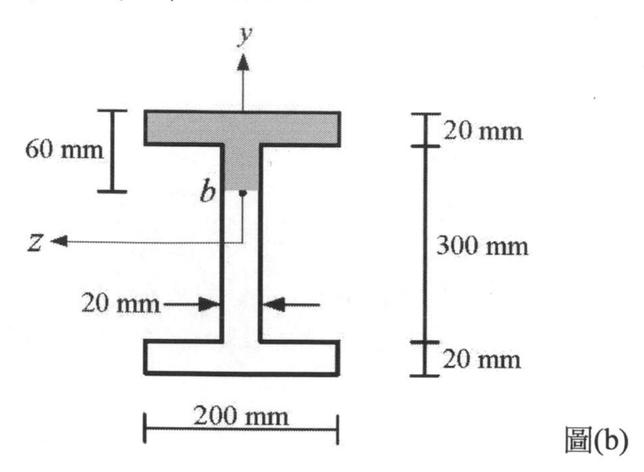

圖(b)

（二）中性軸之曲率半徑 ρ 為

$$\rho = \frac{EI_z}{M} = 2.501\times10^3\,m$$

點 a 之正向應力 σ_x 為

$$\sigma_x = \frac{M\left(150\times10^{-3}\right)}{I_z} = 1.439\times10^4\,kPa = 14.39\,MPa$$

點 b 之剪應力 τ_{xy} 為

$$\tau_{xy} = \frac{VQ}{I_z\left(20\times10^{-3}\right)} = 1.859\times10^3\,kPa = 1.859\,MPa$$

四、某點平面應力狀態如圖 4 所示，求其主應力、最大剪應力，及當 θ=60°作用在 AB 斜面的應力分量 $\sigma_{x'}$ 與 $\tau_{x'y'}$。（25 分）

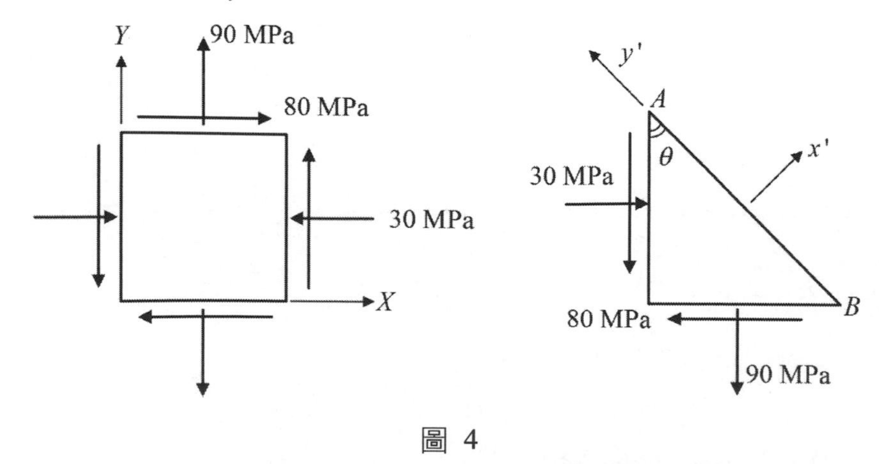

圖 4

參考題解

（一）主應力為

$$\sigma_P=\frac{-30+90}{2}\pm\sqrt{\left(\frac{-30-90}{2}\right)^2+(80)^2}$$

$$=30\pm100=\begin{cases}130\ MPa\\-70\ MPa\end{cases}$$

最大剪應力為

$$\tau_{max}=100MPa$$

（二）由平面應力轉換公式，可得 AB 斜面上之應力為

$$\sigma_{x'}=\frac{-30+90}{2}+\left(\frac{-30-90}{2}\right)\cos120^\circ+80\sin120^\circ=129.28MPa$$

$$\tau_{x'y'}=-\left(\frac{-30-90}{2}\right)\sin120^\circ+80\cos120^\circ=11.96MPa$$

108年 特種考試地方政府公務人員考試試題／營建管理與土木施工學（包括工程材料）

一、建築物基礎施工時，可能因故造成擋土壁局部出現漏洞，地下水不斷湧入地下室帶入砂土時，進而造成路面下陷。請說明上述基礎開挖問題的緊急應變處置方法？（25 分）

參考題解

擋土壁面局部出現漏洞，地下水不斷湧入地下室帶入砂土，其成因為擋土壁管湧與擋土壁破壞兩方面，其緊急應變處置方法，分述於下：

（一）共同緊急應變處置方面：

1. 立即停止開挖作業，現場人員全力針對災變進行緊急應變處置。
2. 工區四周設立禁止通行標誌，非搶救人員不得進入。
3. 基地周圍有維生管線時，應通知相關主管單位派員檢查，若有損壞現象，應關閉管線進行修補。
4. 加設與補換（原設置損壞，且有必要時繼續使用）相關監測設施，提高監測頻率，加強安全監測至復工（或基礎施工完成）為止。
5. 派遣人員巡視基地四周鄰房及道路之損壞狀況，若有沉陷或淘空現象，考慮先進行填塞灌漿，防止二次災害發生。

（二）分項緊急應變處置方面：

1. 擋土壁管湧方面：

（1）管湧處緊急止滲處理：

依滲水程度，處置如下：

①擋土壁面單純滲水：在滲水點以無收縮水泥進行表面封孔處理（滲水量大時，採封模後以無收縮水泥砂漿灌漿處理），並埋設導水管（包覆濾層）導水。

②擋土壁面滲水帶砂：以砂包圍堵滲漏點。

③破洞大且滲漏嚴重：以取現地土壤回填管湧處，防止破洞之擴大。

（2）在擋土壁外側進行低壓灌漿，並嚴密監控灌漿壓力與灌漿量。

（3）低壓灌漿無效時：緊急灌水或回填級配砂石。

2. 擋土壁破壞方面：

（1）緊急於基地發生擋土壁破壞之區域回填級配砂石。

（2）於回填區域進行掛網噴漿或鋪設大型帆布，以穩定坡面。

（3）於擋土壁破壞處施打臨時性擋土壁（鋼版樁或鋼管排樁等），並與原有未破壞之擋土壁相連接，接合處進行止水處理。

二、生產力為營建專案管理之基礎績效指標，請依據生產力相關概念與學理，逐一回答下列問題：

（一）請說明生產力之定義與其在進度規劃時之使用方式？（12 分）

（二）某定尺鋼筋組立作業，總數量為 100 公噸，依據過去調查統計，定尺鋼筋組立作業工率為 1.4 人日／公噸。若鋼筋工班有 20 人，請估算該定尺鋼筋組立作業需耗時多少日？（假設正常施作，不加班）（13 分）

參考題解

（一）生產力之定義與其在進度規劃時之使用方式：

1. 生產力定義：

$$生產力=\frac{生產價值}{投入資源}$$

2. 生產力在進度規劃時之使用方式：

依配合之下包各工班以往相近工址條件所建立生產力數據（營建工程以作業工率最常用）、工人調度之難易與契約工期等，共同決定該作業工人數與作業需時。

對於工人生產力之評估方法，以抽樣調查較為客觀，亦較為常用，依調查抽樣方式與對象區分為：

（1）工作抽樣法：

於現場抽樣觀察計算作業效率，量測有效作業時間佔實際作業時間比例。

（2）馬錶計時法：

量測完成工項每單位所需循環時間，並統計工人數，以計算實際作業工率。

（二）每一標準樓層的鋼筋組立時間：

鋼筋作業需時 ＝ 鋼筋組立數量／（工人數 × 作業工率）

$= 100 / (20 \times 1.4) = 3.57$（日）

三、混凝土為關鍵性土木營建材料之一，請依據混凝土之檢驗標準作業程序與管控等相關學理與實務，逐一回答下列與混凝土材料進場後管制作業相關問題：

（一）混凝土材料施工時之檢查項目？（12 分）

（二）新拌混凝土之檢驗時機與項目？（13 分）

參考題解

（一）混凝土材料施工時之檢查項目

混凝土材料施工時（包括施工前材料送審與施工中材料試驗）之檢查項目，詳如下表：

項目			備註
水泥等膠結材料	水泥	物理性質與化學成分	
	爐石粉	物理性質與化學成分	
	飛灰	物理性質與化學成分	
粗細粒料		篩分析	承包商自主品管（僅查核試驗紀錄）
		表面水率	承包商自主品管（僅查核試驗紀錄）
		有害物質（土塊及易碎顆粒、小於 0.075mm 材料含量）	
		健度	
		磨損率	僅粗粒料
		粒料鹼質潛在反應	1. 粗細粒料同一料源，可擇一檢測 2. 使用低鹼水泥免作
		氯離子含量	
化學摻料		物理性質與化學成分	
拌合水		氯離子含量	承包商自主品管（僅查核試驗紀錄）
		PH 值	承包商自主品管（僅查核試驗紀錄）
混凝土配比		配比試拌試驗	僅於「施工前材料送審」階段辦理

（二）新拌混凝土之檢驗時機與項目

項目	時機	備註
混凝土坍度	每 100m^3、每 450m^2 與每天至少一次。	
混凝土坍流度、流下性（漏斗法）、障礙通過性		高流動性混凝土、自充填混凝土
新拌混凝土溫度		
新拌混凝土氯離子含量	澆置作業前（第 1 車）、每 100m^3 至少一次。	
混凝土圓柱抗壓試體製作	每 100m^3、每 450m^2 與每天至少一組。	

四、請依據進度網圖與要徑法（CPM）等相關學理，逐一回答下列問題：

（一）請說明相較於箭線圖（AOA），節點圖（AON）之優點為何？（12 分）

（二）請依據下列進度網圖資料，計算專案工期與列出要徑作業。（13 分）

作業名稱	先行作業	作業需時
A	-	25
B	A	70
C	A	40
D	B	35
E	D	20
F	B,C	45
G	E,F	50

參考題解

（一）節點圖（AON）之優點：

相較於箭線圖（AOA），節點圖（AON）之優點如下：

1. 作業間關係表示方式清楚。
2. 網圖建構明確。
3. 延時條件與重複性作業訊息表示簡潔。
4. 無虛業（作業數少），網圖複雜度（CN）較低。
5. 排程檢討，網圖修正較易。

（二）專案工期與要徑作業計算：

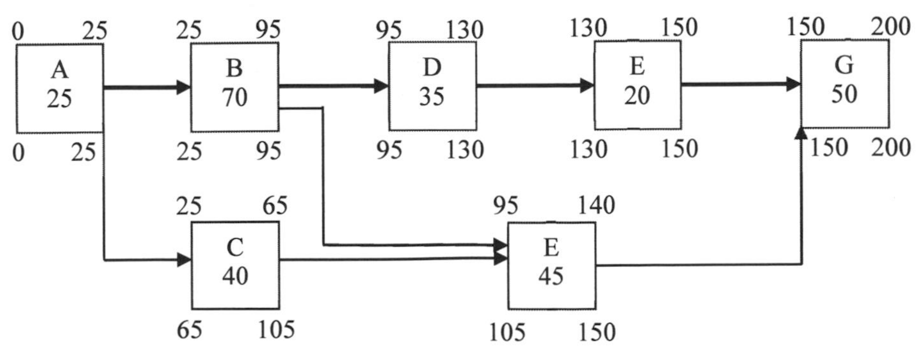

符號：ES　EF　作業名稱　作業需時　LS　LF

專案工期：200

要徑作業：A→B→C→E→G

108年 特種考試地方政府公務人員考試試題／結構學

一、如圖一所示結構，已知支承 A 之垂直反力為零，試求水平均布載重 q、支承 A 水平反力、支承 D 水平反力及垂直反力。（25 分）

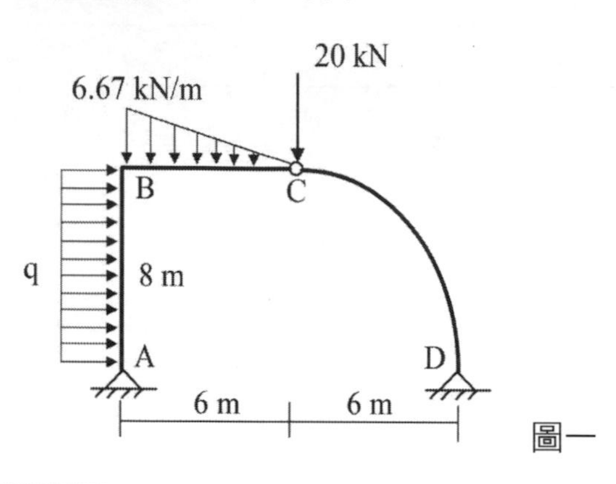

圖一

參考題解

（一）如圖(b)所示，可得

$$\sum M_D = 20(6) + \left(\frac{6.67\times 6}{2}\right)(10) - 8q(4) = 0$$

解得 $q = 10.0\,kN/m$ 。

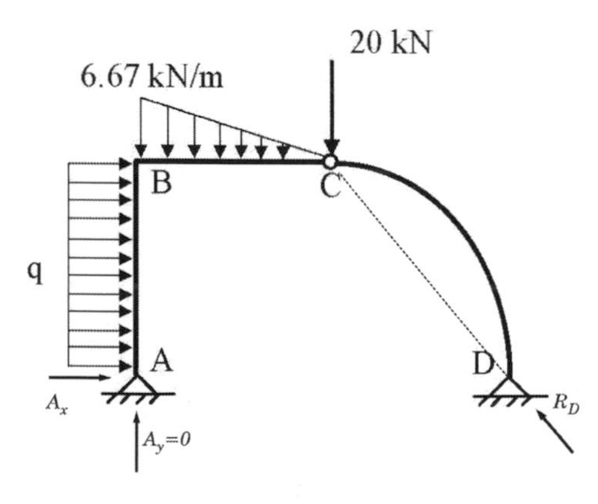

圖(b)

（二）對 A 點之隅矩平衡表為

$$\sum M_A = \frac{4R_D}{5}(12) - 20(6) - \left(\frac{6.67\times 6}{2}\right)(2) - 8q(4) = 0$$

解得 $R_D = 50.0\,kN/m$。故 D 點支承力的水平及垂直分量各為

$$D_x = \frac{3}{5}R_D = 30.0kN\,(\leftarrow) \quad ; \quad D_y = \frac{4}{5}R_D = 40.0kN\,(\uparrow)$$

（三）A 點支承力的水平分量為

$$A_x = \frac{3}{5}R_D - 8q = -50.0kN\,(\leftarrow)$$

二、如圖二所示桁架，已知桿件最大張力為 120 kN，試問外力 P 為何？又此時那支或那幾支桿件有最大壓力，其值為何？（25 分）

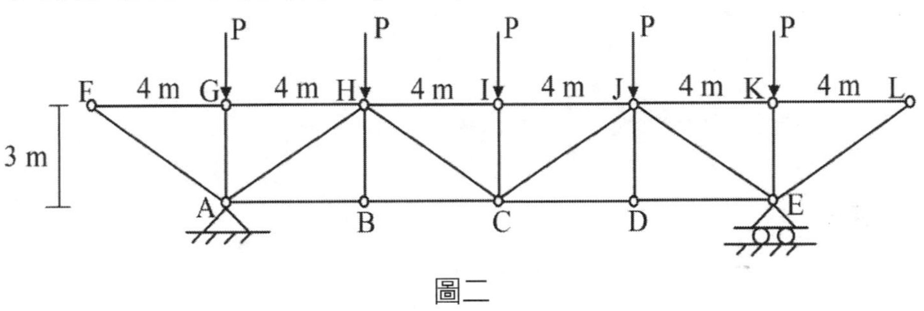

圖二

參考題解

（一）採用圖(b)所示之桿件編號，編號相同者內力相同。其中

$$S_1 = -P(\text{壓力})$$

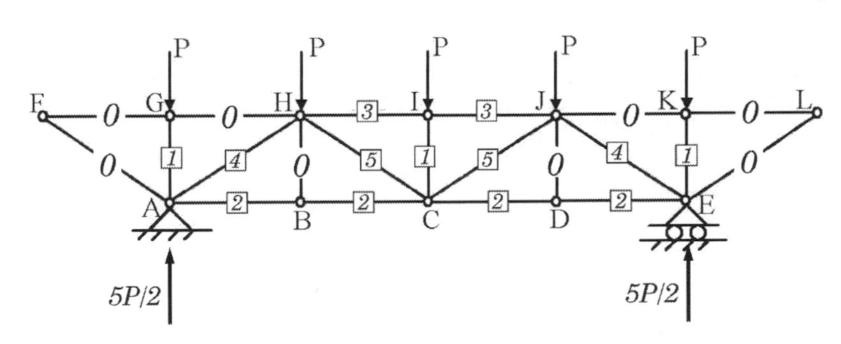

圖(b)

（二）由節點 A 可得壓力

$$S_2 = 2P(\text{拉力}) \quad ; \quad S_4 = -\frac{5}{2}P(\text{壓力})$$

由節點 H 可得

$$S_3 = -\frac{8}{3}P(\text{壓力}) \quad ; \quad S_5 = \frac{5}{6}P(\text{拉力})$$

（三）依題意可得

$$S^+_{\max} = 2P = 120kN$$

故得 $P = 60kN$。又，最大壓力桿件為 HI 及 IJ，其值為

$$S^-_{\max} = S_{HI} = S_{IJ} = -\frac{8P}{3} = -160kN$$

三、如圖三所示構架，集中力係垂直作用於桿件 BC 中點；試以傾角變位法求取各桿件之桿端彎矩，假設桿端彎矩採順時針為正。（以其他方法作答者一律不予以計分）（25 分）

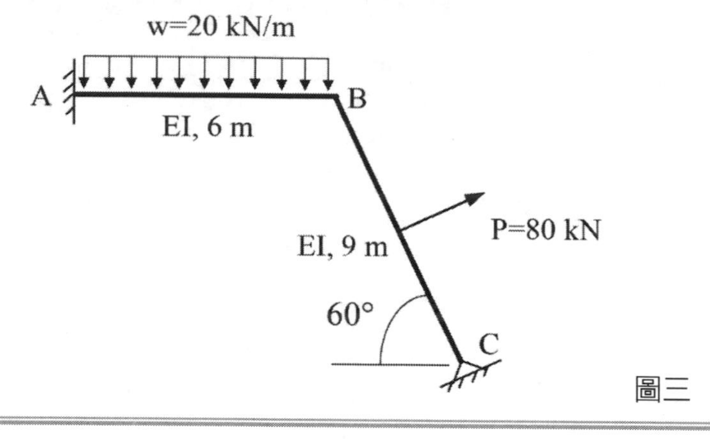

圖三

參考題解

（一）兩桿件均無側移，又桿件的固端彎矩各為

$$F_{AB} = -60kN\cdot m(\circlearrowleft) \; ; \; F_{BA} = 60kN\cdot m(\circlearrowright) \; ; \; H_{BC} = 135kN\cdot m(\circlearrowright)$$

由傾角變位法公式，各桿端彎矩為

$$M_{AB} = \frac{EI}{6}[2\theta_B] - 60 = \overline{\theta}_B - 60$$

$$M_{BA} = \frac{EI}{6}[4\theta_B] + 60 = 2\overline{\theta}_B + 60$$

$$M_{BC} = \frac{EI}{9}[3\theta_B] + 135 = \overline{\theta}_B + 135$$

上列式中之 $\overline{\theta}_B = \frac{EI}{3}\theta_B$。

（二）考慮 B 點的隅矩平衡，可得

$$3\overline{\theta}_B + 195 = 0$$

解出　$\overline{\theta}_B = -65kN\cdot m$。故各桿端彎矩為

$$M_{AB} = -125kN \cdot m(\circlearrowleft)；M_{BA} = -70kN \cdot m(\circlearrowleft)；M_{BC} = 70kN \cdot m(\circlearrowright)$$

四、已知圖四(a)梁受垂直力 P=10 kN 作用時，C 點垂直變位為 2 mm；圖四(b)軸力桿件受水平力 N=10 kN 作用時，E 點水平變位為 0.5 mm。試問當圖四(c)之結構於 H 點受垂直力 120 kN 作用時，該點之垂直變位為何？（25 分）

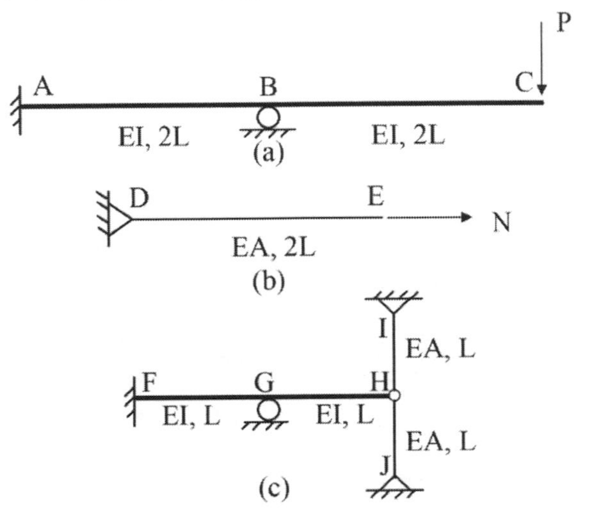

圖四

參考題解

（一）圖(a)結構之勁度 $k_1^* \propto EI/(2L)^3$，故可令

$$k_1^* = a\left[\frac{EI}{(2L)^3}\right] = \frac{P}{\Delta_C} = \frac{10}{0.002} = 5000\,kN/m$$

其中 a 為一常數。圖(c)中樑 FGH 之勁度 k_1 為

$$k_1 = a\left[\frac{EI}{L^3}\right] = 8k_1^* = 40000\,kN/m$$

（二）圖(b)結構之勁度 k_2^* 為

$$k_2^* = \frac{EA}{2L} = \frac{N}{\Delta_E} = \frac{10}{0.0005} = 20000\,kN/m$$

故而圖(c)中二力桿件之勁度 k_2 為

$$k_2 = \frac{EA}{L} = 2k_2^* = 40000\,kN/m$$

（三）在圖(c)中 H 點施力 $F = 120kN$ 時，H 點位移 Δ_H 為

$$\Delta_H = \frac{F}{k_1 + 2k_2} = \frac{120}{120000} = 0.001m(\downarrow)$$

特種考試地方政府公務人員考試試題／鋼筋混凝土學與設計

※依據與作答規範：內政部營建署「混凝土結構設計規範」（內政部 100.6.9 台內營字第 1000801914 號令；中國土木水利學會「混凝土工程設計規範」（土木 401-100）。未依上述規範作答，不予計分。

一、一鋼筋混凝土 2 m 長懸臂梁與斷面如下圖所示，自由端受一點載重，靜載重 $P_D = 4$ tf，活載重 $P_L = 6$ tf。斷面主筋配置 2-D32（d_b =3.22 cm，A_b = 8.14 cm^2）與 1-D25（d_b =2.54 cm，A_b = 5.07 cm^2），主筋 f_y = 4200 kgf/cm^2，混凝土 f_c' = 210 kgf/cm^2，不考慮梁本身自重下，按規範檢核梁彎矩設計是否合適？（25 分）

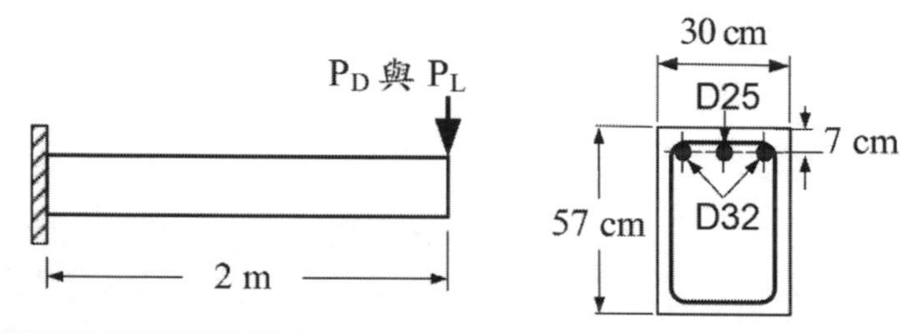

參考題解

（一）設計彎矩 M_u

1. 設計載重：

$$P_u = 1.2P_D + 1.6P_L = 1.2\times4 + 1.6\times6 = 14.4$$

2. $M_u = M_{\max} = P_u L = 14.4(2) = 28.8\ tf-m$

（二）彎矩計算強度 M_n

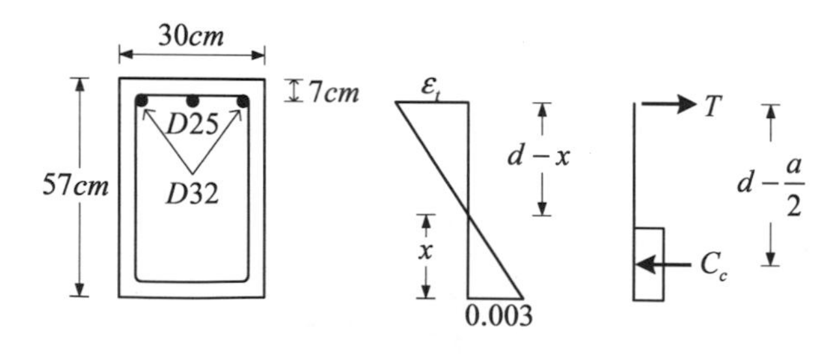

1. $d = 57 - 7 = 50\ cm$

   $A_s = 2(8.14) + 1(5.07) = 21.35\ cm^2$

2. 中性軸位置

（1）$C_c = 0.85 f_c' ba$

$$= 0.85(210)(30)(0.85x)$$
$$= 4552x$$

（2）$T = A_s f_y = 21.35(4200) = 89670\ kgf$

（3）$C_c = T \Rightarrow 4552x = 89670\ \therefore x \approx 19.7cm$

（4）$\varepsilon_t = \dfrac{d_t - x}{x}(0.003) = \dfrac{50-19.7}{19.7}(0.003) = 0.00461 > \varepsilon_y \ (ok)$，且為過渡斷面

3. M_n 與 ϕM_n

（1）$M_n = C_c\left(d - \dfrac{a}{2}\right) = 4552(19.7)\left(50 - \dfrac{0.85\times 19.7}{2}\right)$

$= 3732921\ kgf - cm \approx 37.33\ tf - m$

（2）$\phi = 0.65 + (\varepsilon_t - 0.002)\dfrac{0.25}{0.003} = 0.65 + (0.00461 - 0.002)\dfrac{0.25}{0.003} = 0.8675$

（3）$\phi M_n = 0.8675(37.33) \approx 32.38\ tf - m$

（三）$\phi M_n \ge M_u \Rightarrow 32.38 \ge 28.8\ (OK)$ 彎矩設計合適

二、梁斷面配置如下圖，其需要剪力 $V_u = 14.4$ tf，選用 2 股 D10（d_b =0.95 cm，A_b = 0.71 cm^2）垂直肋筋為剪力鋼筋，剪力鋼筋 f_{yt} = 2800 kgf/cm^2，混凝土 fc' = 210 kgf/cm^2，則按規範設計剪力筋配置。（25 分）

參考公式：$V_c = 0.53\sqrt{f_c'}\,bd$

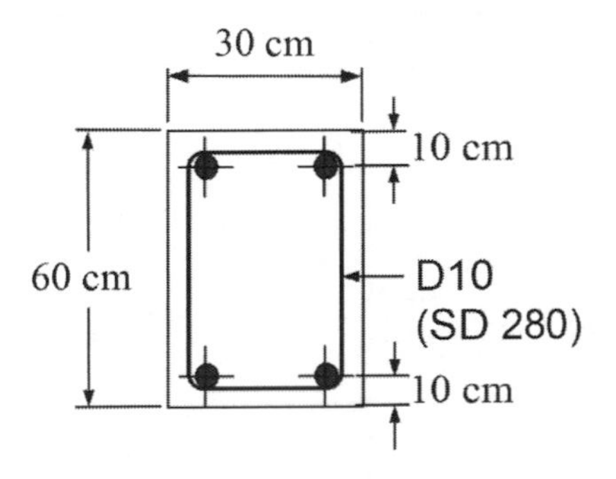

參考題解

（一）強度需求

1. 設計剪力：$V_u = 14.4\ tf$

2. 設計間距 s

（1）剪力計算強度需求：$V_u = \phi V_n \Rightarrow 14.4 = 0.75 V_n \quad \therefore V_n = 19.2 tf$

（2）混凝土剪力強度：$V_c = 0.53\sqrt{f_c'}\,b_w d = 0.53\sqrt{210}(30\times 50) = 11521\ kgf$

（3）剪力筋強度需求：$V_n = V_c + V_s \Rightarrow 19.2\times 10^3 = 11521 + V_s \quad \therefore V_s = 7679\ kgf$

（4）間距 s：$V_s = \dfrac{dA_v f_y}{s} \Rightarrow 7679 = \dfrac{(50)(2\times 0.71)(2800)}{s} \quad \therefore s = 25.9\ cm$

（二）最大間距規定：$V_s \le 1.06\sqrt{f_c'}\, b_w d \Rightarrow s \le \left(\dfrac{d}{2}\text{，}60cm\right)$

$$\Rightarrow s \le \left(\frac{50}{2}\text{cm}，60cm\right) \Rightarrow s \le (25cm，60cm)_{\min} \therefore s = 25cm$$

（三）最少鋼筋量間距規定：$s \le s_{\max}$

（四）綜合（一）（二）（三），$s = 25\ cm$，由最大間距規定控制

三、一 35 cm 寬 × 60 cm 深單筋矩形斷面懸臂梁，自由端受一單點荷重，懸臂長度為 3 m，拉力筋面積為 10.13 cm²，鋼筋有效深度為 50 cm，$f_c' = 210\ \text{kgf/cm}^2$，$f_y = 2800\ \text{kgf/cm}^2$。當荷重加載使固定端拉力筋應力達 0.6 f_y，求此時梁自由端點所受荷重及即時撓度？（25 分）

參考公式：$E_c = 15000\sqrt{f_c'}$；$f_r = 2\sqrt{f_c'}$

參考題解

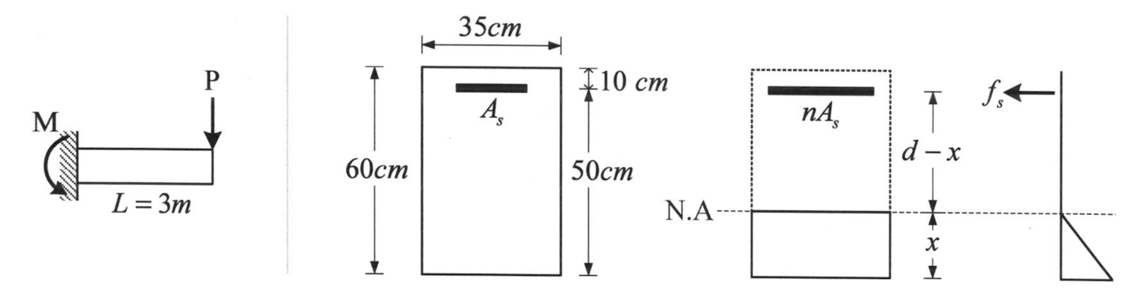

$$n = \frac{E_s}{E_c} = \frac{2.04 \times 10^6}{15000\sqrt{210}} = 9.38 \Rightarrow 取 n = 9$$

（一）自由端所受荷重

1. 計算 I_{cr}

（1）$d = 50\ cm$

（2）$A_s = 10.13\ cm^2 \Rightarrow nA_s = 9(10.13) = 91.17\ cm^2$

（3）中性軸位置：

$$\frac{1}{2}bx^2 = nA_s(d-x) \Rightarrow \frac{1}{2}(35)x^2 = (91.17)(50-x) \Rightarrow 17.5x^2 + 91.17x - 4558.5 = 0$$

$$\therefore x = 13.7，-18.95\ (負不合)$$

（4）$I_{cr}=\frac{1}{3}bx^3+nA_s(d-x)^2=\frac{1}{3}(35)(13.7)^3+(91.17)(50-13.7)^2=150133\ cm^4$

2. 固定端所受彎矩

$$f_s=n\frac{My}{I_{cr}}\Rightarrow 0.6\times 2800=9\cdot\frac{M(36.3)}{150133}\quad\therefore M=772034\ kgf-cm\approx 7.72\ tf-m$$

3. 自由端所受荷重：$M=PL\Rightarrow 7.72=P\times 3\ \therefore P=2.57\ tf$

（二）梁自由端即時撓度

1. M_{cr}與I_g

$$I_g=\frac{1}{12}\times 35\times 60^3=630000\ cm^4$$

$$M_{cr}=\frac{bh^2}{6}\times 2\sqrt{f_c'}=\frac{35\times 60^2}{6}\times 2\sqrt{210}=608638\ kgf-cm\approx 6.09\ tf-m$$

2. 計算I_e

（1）$M_a=M=11.58tf-m\Rightarrow\frac{M_{cr}}{M_a}=\frac{6.09}{7.72}=0.789$

（2）$I_e=\left(\frac{M_{cr}}{M_a}\right)^3I_g+\left[1-\left(\frac{M_{cr}}{M_a}\right)^3\right]I_{cr}$

$$=(0.789)^3(630000)+\left[1-(0.789)^3\right](150133)=385829\ cm^4\ <I_g$$

3. $\Delta_i=\frac{1}{3}\frac{PL^3}{E_cI_e}=\frac{1}{3}\frac{(2.57\times 10^3)(300)^3}{(15000\sqrt{210})(385829)}\cong 0.276\ cm$

四、已知一柱淨高 7 m，50 × 50 cm 斷面，配筋方式為靠斷面兩邊設置，如下圖斷面示意圖，其中從鋼筋中心起算之保護層厚 d' = 7 cm。柱主筋採用 D32（d_b = 3.22 cm，A_b = 8.14 cm^2），鋼筋 f_y = 4200 kgf/cm^2，混凝土 f_c' = 280 kgf/cm^2。柱設計軸力 P_u = 180 tf，柱兩端設計彎矩 M_{u1} = M_{u2} = 40 tf-m，柱屬於一無側向位移構件且受單彎曲形式。鋼筋採用續接器作續接，混凝土粗粒料標稱最大粒徑為 2 cm。利用下列參考公式與設計圖設計柱主筋，求每邊至少需幾根 D32 鋼筋，其中應説明柱主筋間淨距是否符合要求？（25 分）

參考公式：

$$34-12\frac{M_1}{M_2}\;;\;\delta_{ns}=\frac{c_m}{1-\frac{P_u}{\phi_k P_c}}\;;\;c_m=0.6+0.4\frac{M_1}{M_2}\;;\;P_c=\frac{\pi^2 E_c I_e}{(k\ell_u)^2}\;;\;k=0.9\;;\;I_e=0.35\,I_g$$

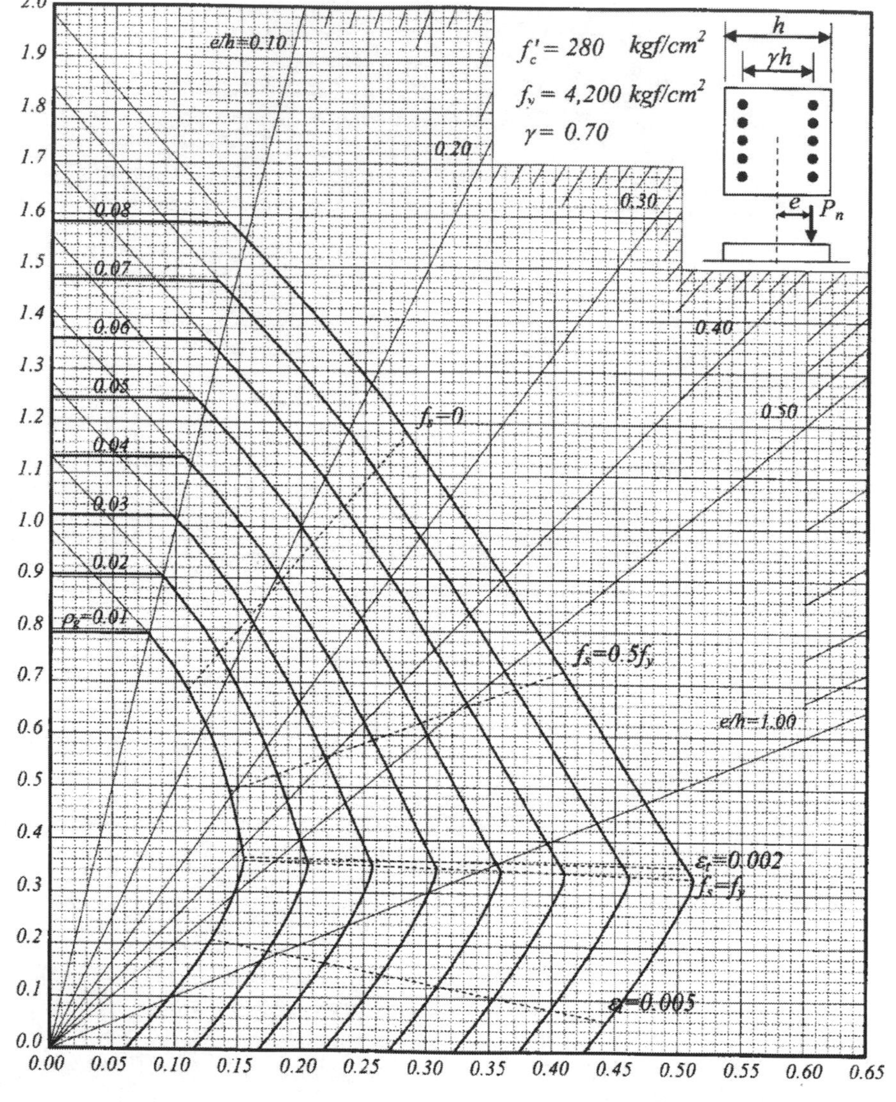

參考題解

（一）確認是否需考慮長細效應

1. 桿件細長比：$\dfrac{k\ell_u}{r}=\dfrac{0.9(700)}{0.3\times 50}=42$

2. 計算$34-12\left(\dfrac{M_1}{M_2}\right)$

M_1=40 $tf-m$ ， $M_2=40\ tf-m$

$\dfrac{M_1}{M_2}=\dfrac{40}{40}=1\Rightarrow 34-12\left(\dfrac{M_1}{M_2}\right)=34-12(1)=22$

$42>22\Rightarrow$ 需考慮長細效應 $\Rightarrow$ 採彎矩放大法設計

（二）以彎矩放大法計算M_u

1. $C_m=0.6+0.4\left(\dfrac{M_1}{M_2}\right)=0.6+0.4(1)=1$

2. 挫曲載重：$P_c=\dfrac{\pi^2 EI}{(k\ell_u)^2}$

$E_cI_e=0.35E_cI_g=0.35\left(15000\sqrt{280}\right)\left(\dfrac{1}{12}\times 50\times 50^3\right)\approx 4.575\times 10^{10}\ kgf-cm^2$

$P_c=\dfrac{\pi^2 E_cI_e}{(k\ell_u)^2}=\dfrac{\pi^2\left(4.575\times 10^{10}\right)}{(0.9\times 700)^2}=1137653\ kgf\approx 1137.7\ tf$

3. $\delta_{ns}=\dfrac{C_m}{1-\dfrac{P_u}{\phi_k P_c}}=\dfrac{1}{1-\dfrac{180}{0.75(1137.7)}}\approx 1.267$

$M_c=\delta_{ns}M_2=1.267(40)=50.68\ tf-m$

（三）計算查表所需的參數K_n、R_n

1. $\gamma=\dfrac{50-2\times 7}{50}=0.72$，須由$\gamma=0.7$與$\gamma=0.8$的圖表內插$\gamma=0.72$的值，但因為題目未給$\gamma=0.8$的圖表，故直接以$\gamma=0.7$的圖表進行設計（會比較保守）

2. $e=\dfrac{M_u}{P_u}=\dfrac{50.68\times 10^2}{180}=28.2cm$

$\dfrac{e}{h}=\dfrac{28.2}{50}=0.564\ \Rightarrow$ 假設$\phi=0.65$

3. $K_n=\dfrac{P_u}{\phi f_c' A_g}=\dfrac{180\times 10^3}{0.65(280)(50\times 50)}=0.396$

$$R_n=\frac{P_u e}{\phi f_c' A_g h}=\frac{50.86\times10^5}{0.65(280)(50\times50)50}=0.223$$

（四）查表計算所需 ρ_g ，並設計鋼筋量

1. 查圖表，可得 $\rho_g\approx0.025$

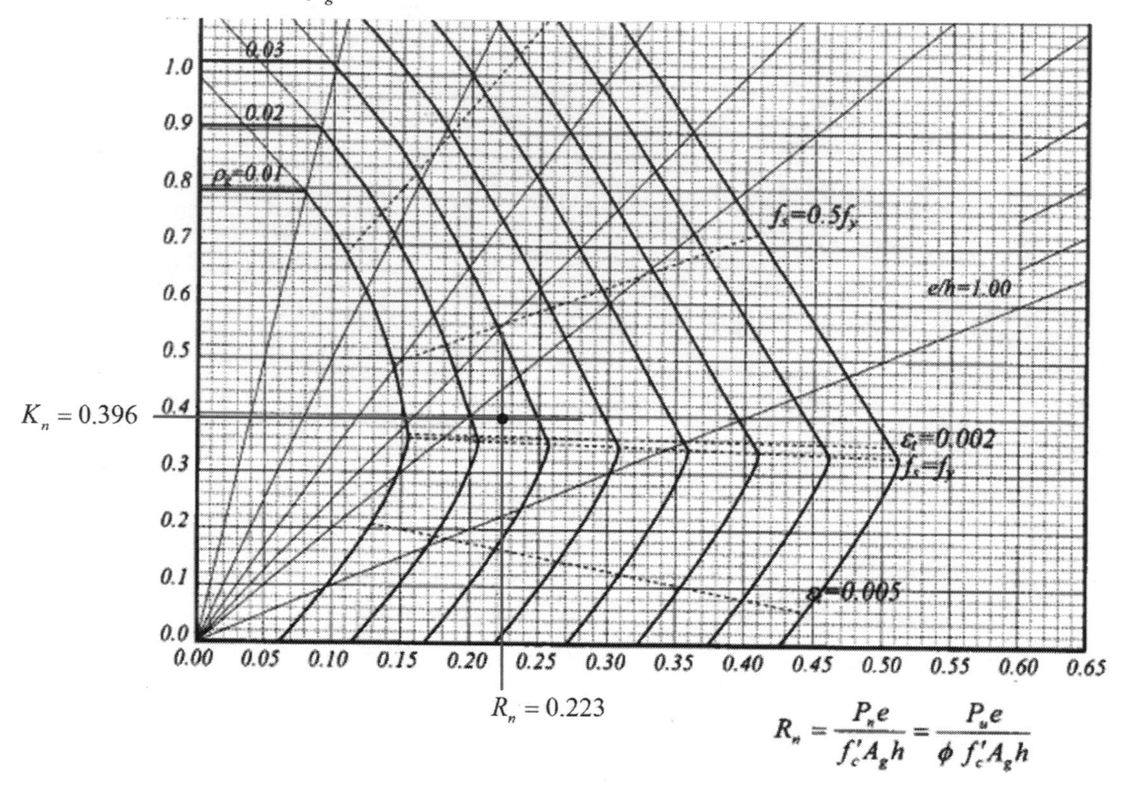

2. $A_{st}=\rho_g A_g=0.025\times(50\times50)=62.5\ cm^2$

$\frac{A_{st}}{a_b}=\frac{62.5}{8.14}=7.67\Rightarrow$ 取 8 根 $D32$ ，每邊各 4 隻

3. 間距檢核

$$s_{net}\ge\begin{cases}4cm\\1.5d_b\\\frac{4}{3}\text{粗骨材}\end{cases}\Rightarrow\frac{50-7\times2-3\times3.22}{3}\ge\begin{cases}4cm\\1.5(3.22)\\\frac{4}{3}(2)\end{cases}\therefore8.78cm\ge\begin{cases}4cm\\4.83\ cm\quad(\text{OK})\\2.67\ cm\end{cases}$$

108年 特種考試地方政府公務人員考試試題／平面測量與施工測量

一、在測量的實務工作中，必須注意測量數據的偵錯、剔錯、有效位數及度量衡單位，舉例來說，量測一段距離七次，其觀測值如下：

369.42 m, 369.44 m, 369.40 m, 269.99 m, 369.46 m, 369.41 m, 369.43 m

則該段距離之最或是值（most probable value）及最或是值的中誤差（standard deviation）分別為多少？（20分）

參考題解

七次距離觀測量中的 $269.99m$ 與其他觀測量之間有極大差距是為明顯錯誤觀測量，直接予以剔除。故用剩餘六個觀測量計算如下：

$$L=\frac{369.42+369.44+369.40+369.46+369.41+369.43}{6}=369.43m$$

改正數計算如下：

$$v_1=369.43-369.42=0.01m \qquad v_2=369.43-369.44=-0.01m$$

$$v_3=369.43-369.40=0.03m \qquad v_4=369.43-369.46=-0.03m$$

$$v_5=369.43-369.41=0.02m \qquad v_6=369.43-369.43=0.00m$$

$$[vv]=0.01^2+(-0.01)^2+0.03^2+(-0.03)^2+0.02^2+0.00^2=0.0024m^2$$

單位權中誤差 $\sigma_0=\pm\sqrt{\frac{0.0024}{6-1}}=\pm0.02m$

因各觀測量改正數絕對值皆小於 $2|\sigma_0|=0.04m$，故再無錯誤觀測量。

最或是值的中誤差 $\sigma_L=\pm\sqrt{\frac{0.0024}{6\times(6-1)}}=\pm0.009m\approx\pm0.01m$

二、土木工程常計算土方量、面積、坡度、坡向等各式數據，要注意其計算使用的測量觀測值的誤差會影響計算成果的數據精度，例如在 1/5000 的地形圖上量測一筆長方形土地的長寬分別為圖上的 6.00 cm ± 0.2 mm、4.00 cm ± 0.3 mm，則這一筆土地的實地面積為多少公頃？實地面積的中誤差為多少平方公尺？（20分）

參考題解

土地的實地面積 A 計算如下：

$$A = 長 \times 寬 = 6.00cm \times 4.00cm = 24.00cm^2 = 24.00 \times 5000^2 \times \frac{1}{10000} \times \frac{1}{10000} 公頃 = 6.00公頃$$

$$\frac{\partial A}{\partial 長} = 寬 = 4.00cm（圖上）= 4.00 \times 5000 \times \frac{1}{100} m = 200.0m（實地）$$

$$\frac{\partial A}{\partial 寬} = 長 = 6.00cm（圖上）= 6.00 \times 5000 \times \frac{1}{100} m = 300.0m（實地）$$

實地面積的中誤差 σ 計算如下：

$$\sigma = \pm\sqrt{200.0^2 \times 0.0002^2 + 300.0^2 \times 0.0003^2} = \pm 0.1m^2$$

三、在一條南北向的道路路面鋪設工地上，有 A、B 兩點（如下圖），其三維地面坐標分別為 A(X_A = 173500.852 m, Y_A = 2534329.459 m, Z_A=32.468 m)、B(X_B = 173488.904 m, Y_B = 2534382.168 m, Z_B = 32.963 m)，已知 A 點必須下挖 0.23 m，且此路面橫坡度 2%（朝東下坡）、縱坡度 1%（朝北上坡），則 B 點必須挖（或填）多少公尺？（20 分）

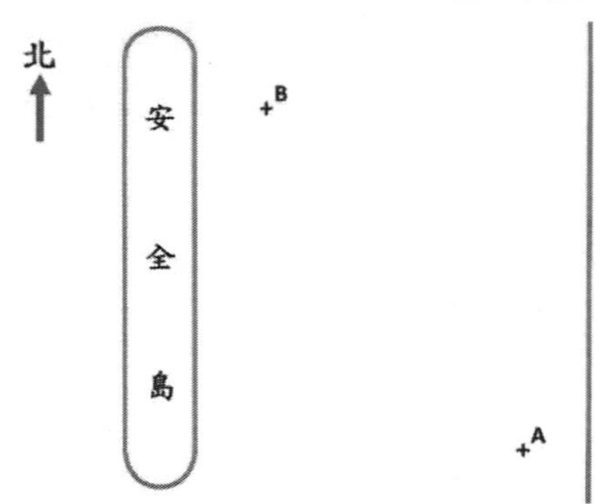

參考題解

A 點設計高為 $32.468 - 0.23 = 32.238m$

A 點朝北以坡度 +1% 向上推升水平距離 $2534382.168 - 2534329.459 = 52.709m$ 至 C 點，則 C 點設計高程為 $32.238 + 52.709 \times 1\% = 32.765m$

C 點朝西以坡度 +2% 向上推升水平距離 $173500.852 - 173488.904 = 11.948m$ 至 B 點，則 B 點設計高程為 $32.765 + 11.948 \times 2\% = 33.004m$

則 B 點應填方 $33.004 - 32.963 = 0.041m$

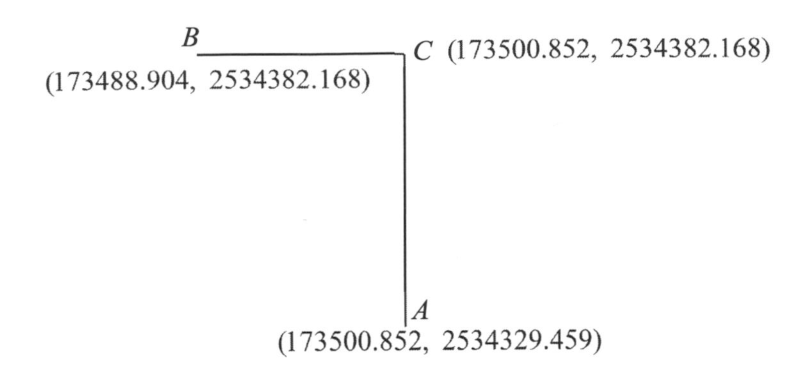

四、如下圖所示，A、D、C 及 J、K 都是圓弧曲線道路之主點，A 是曲線起點（Beginning of Curve, B.C.），C 為曲線終點（End of Curve, E.C.），B 為圓弧曲線在 A、C 兩點的切線之交點（Intersection Point, I.P.），R 為圓弧曲率半徑（Radius of Curve），$\overline{BD}$ 為外距（External Distance），$\overset{\frown}{ADC}$ 為曲線長度，D 為曲線中點，J、K 分別為曲線 $\overset{\frown}{AJD}$、$\overset{\frown}{DKC}$ 的中點。已定其曲線之起終點 A、C，兩者之里程分別為 A = 44K + 931 m，C = 45K + 163.71 m，I = 26°40′，R = 500 m，請計算曲線長度 $\overset{\frown}{AJD}$、弦長 $\overline{AD}$、偏角∠DAB、外距 $\overline{BD}$。（20 分）

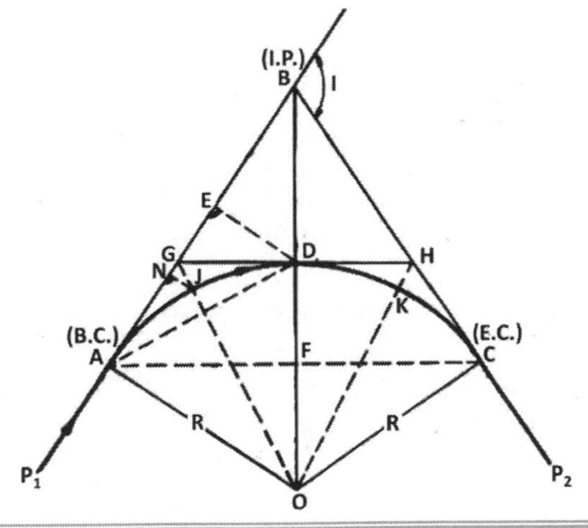

參考題解

曲線長度 $\overset{\frown}{ADC} = 45K + 163.71 - 44K + 931 = 232.71m$

因 D 為曲線中點，故曲線長度 $\overset{\frown}{AJD} = \frac{1}{2}\overset{\frown}{ADC} = \frac{232.71}{2} = 116.355m$

弦長 $\overline{AD} = 2 \times R \times \sin\frac{I}{4} = 2 \times 500 \times \sin\frac{26°40'}{4} = 116.093m$

偏角 $\angle DAB=\frac{1}{2}\angle BAC=\frac{1}{2}\times\frac{I}{2}=\frac{I}{4}=\frac{26°40'}{4}=6°40'$

外距 $\overline{BD}=R\times(\sec\frac{I}{2}-1)=500\times(\sec\frac{26°40'}{2}-1)=13.851m$

五、已知兩個平面控制點 A(X_A=167447.491 m, Y_A= 2535529.417 m)、B(X_B= 173600.168 m, Y_B = 2540838.005 m)，今將全站儀架設於 B 點，觀測 A、C 兩點的水平角正鏡讀數分別為 A $_{正}$ = 60°13′25″、C $_{正}$ = 251°47′24″，倒鏡讀數分別為 A $_{倒}$ = 240°13′13″、C $_{倒}$= 71°47′11″，則方向 $\overrightarrow{CB}$ 的方位角為多少？（20 分）

參考題解

$\angle ABC=191°33'59''$（如下表計算）

測站	測點	鏡位	讀　數	正倒鏡平均值	角度值
B	A	正	60°13′25″	60°13′19″	191°33′59″
		倒	240°13′13″		
	C	正	251°47′24″	251°47′18″	
		倒	71°47′11″		

B 至 A 方向之方位角為：

$$\phi_{BA}=\tan^{-1}\frac{167447.491-173600.168}{2535529.417-2540838.005}+180°=229°12'43''$$

B 至 C 方向之方位角為：

$$\phi_{BC}=\phi_{BA}+\angle ABC=229°12'43''+191°33'59''-360°=60°46'42''$$

則 C 至 B 方向之方位角為：

$$\phi_{CB}=\phi_{BC}+180°=60°46'42''+180°=240°46'42''$$

108年 特種考試地方政府公務人員考試試題／土壤力學與基礎工程

一、試說明下列名詞之意涵：（每小題 4 分，共 20 分）
　（一）有效應力（effective stress）
　（二）土壤液化（liquefaction）
　（三）相對密度（relative density）
　（四）過壓密比（overconsolidation ratio）
　（五）滲透係數（hydraulic conductivity）

參考題解

（一）有效應力（effective stress）

土壤中之有效應力等於垂直向總應力減去孔隙水壓力，即

$$\sigma' = \sigma_v - u_w = \sigma_v - (u_{ss} + u_s + u_e)$$

（二）土壤液化（liquefaction）

指飽和砂土受到地震力或震動力作用，砂土顆粒因而產生緊密化的趨勢，但因作用力係瞬間發生，顆粒間的孔隙水來不及排除，此時外來的地震力或震動力將由孔隙水來承受，因而激發超額孔隙水壓，使砂土有效應力降低，當砂土的有效應力變為零時，土壤抗剪強度亦變為零（$\tau = \sigma'\tan\varphi' = 0 \times \tan\varphi' = 0$），此時的砂土呈連續性變形、類似流砂（Quick Sand）現象，砂土顆粒完全浮在水中，宛如液體，稱之液化。

（三）相對密度（relative density）

通常以相對密度（Relative Density, D_r）（或另稱密度指數 Density Index）表示粒狀土壤緊密程度：

$$D_r(\%) = \frac{e_{max} - e}{e_{max} - e_{min}} = \frac{\gamma_{d,max}(\gamma_d - \gamma_{d,min})}{\gamma_d(\gamma_{d,max} - \gamma_{d,min})}$$

e_{max}：土壤最疏鬆狀態下之孔隙比，此孔隙比為最大值

e_{min}：土壤最緊密狀態下之孔隙比，此孔隙比為最小值

e：待評估土壤之孔隙比

（四）過壓密比（overconsolidation ratio）

過壓密比 $OCR = \sigma'_c/\sigma'_v$

σ'_v：目前所受的有效應力

σ'_c：稱預壓密應力，也是土層曾經受過的最大應力

OCR > 1.0 過壓密土壤

OCR = 1.0 正常壓密土壤

OCR < 1.0 壓密中土壤

（五）滲透係數（hydraulic conductivity）

滲透係數又稱水力傳導係數。在均質均向條件下，滲透係數定義為單位水力坡度的單位流量，表示流體通過孔隙骨架的難易程度，表達式為：$\kappa = k\rho g/\eta$，式中 k 為孔隙介質的滲透率，它只與固體骨架的性質有關，κ 為滲透係數；η 為動力粘滯性係數；ρ 為流體密度；g為重力加速度

二、欲了解某工址土壤可壓密程度，茲以取樣器取得 500 ml 之土樣，稱其重量為 900 克，經烘乾後之重量為 850 克。土樣之飽和度為 27%，試問土粒之比重為何？另將此土樣置於夯實模內，其在最疏鬆狀態時之體積為 640 ml，相對密度為 70%，試求其在最緊密狀態時之體積為何？（20 分）

參考題解

（一）$V = V_v + V_s = 500\text{cm}^3$

$W_m = W_s + W_w = 900\text{g}$

$W_s = 850\text{g} \Rightarrow W_w = 900 - 850 = 50\text{g} \Rightarrow V_w = 50/1 = 50\text{cm}^3$

飽和度$S = V_w/V_v = 27\% \Rightarrow V_v = V_w/27\% = 50/0.27 = 185.185\text{cm}^3$

$\Rightarrow V_s = 500 - V_v = 500 - 185.185 = 314.815\text{cm}^3$

$\Rightarrow \gamma_s = W_s/V_s = 850/314.815 = 2.70\text{g/cm}^3$

$\Rightarrow G_s = \gamma_s/\gamma_w = 2.70/1 = 2.70$ ....Ans.

（二）$e = V_v/V_s = 185.185/314.815 = 0.5882$

$e_{max} = V_{v,max}/V_s = (640 - 314.815)/314.815 = 1.0329$

$$D_r(\%) = 70\% = \frac{e_{max} - e}{e_{max} - e_{min}} \times 100\%$$

$$\Rightarrow \frac{e_{max} - e}{e_{max} - e_{min}} = \frac{1.0329 - 0.5882}{1.0329 - e_{min}} = 0.7 \Rightarrow e_{min} = 0.3976$$

$\Rightarrow e_{min} = V_{v,min}/V_s = (V - 314.815)/314.815 = 0.3976$

$\Rightarrow$ 最緊密狀態 $V = 439.985\text{cm}^3 = 439.985\text{ml}$......................Ans.

三、在以下的流網中，土壤之滲透係數與單位重分別為 5.2×10^{-6} m/s 和 19.8 kN/m^3。請求出(1)在下游端之滲流量，(2)在壩趾處 A 點（圓點處）之孔隙水壓，(3)臨界水力坡降。（20 分）

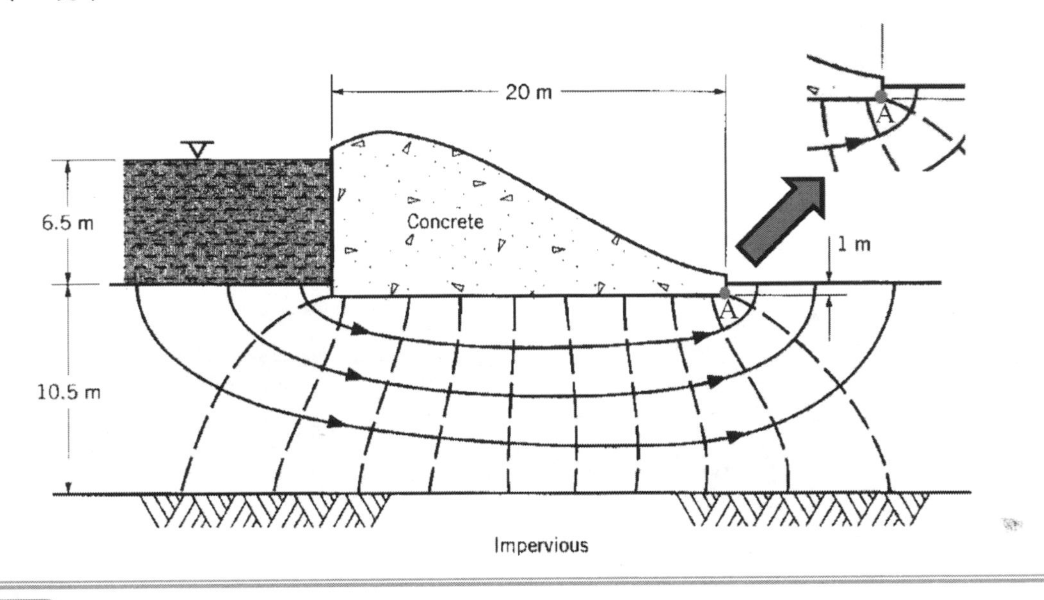

參考題解

（一）流線網圖之流槽數 $N_f = 4$，等勢能間格數 $N_q = 11$

$$\Delta h_{total} = 6.5m$$

$$q = k \times \frac{N_f}{N_q} \times \Delta h_{total} = 5.2 \times 10^{-6} \times \frac{4}{11} \times 6.5 = 1.23 \times 10^{-5} \ \ m^3/sec/m$$

$$= 1.06m^3/day/m \ldots\ldots\ldots\ldots\ldots\ldots\ldots \text{Ans.}$$

（二）壩趾處 A 點（圓點處）之孔隙水壓

$$u_w = u_s + u_{ss} = \left(1 + 6.5 \times \frac{1}{11}\right) \times 9.81 = 15.61kN/m^2 \ldots\ldots\ldots \text{Ans.}$$

$$或 u_w = u_s + u_{ss} = \left(1 + 6.5 - 6.5 \times \frac{10}{11}\right) \times 9.81 = 15.61kN/m^2$$

（三）臨界水力坡降

$$i_{cr} = \frac{\gamma'}{\gamma_w} = \frac{19.8 - 9.81}{9.81} = 1.018 \ldots\ldots\ldots\ldots\ldots\ldots\ldots\ldots \text{Ans.}$$

四、一個橋墩的基礎預計將建置在一砂土層中，此砂土層 15 公尺厚，地下常水位在地表下 3 公尺。砂土之單位重為 18.8 kN/m³，飽和單位重為 20.8 kN/m³，以及有效摩擦角為 34 度。若此橋墩之基礎形式為矩形淺基礎，長、寬及厚度分別為 4、2 與 1 公尺，基礎底部埋設在地表下 1 公尺處，則此淺基礎之容許承載力為何？（20 分）

參考題解

砂土$c = 0$

矩形基礎$q_u = \left(1 + 0.3\frac{B}{L}\right) cN_c + qN_q + \left(0.5 - 0.1\frac{B}{L}\right)\gamma BN_\gamma$

$B = 2m$、$L = 4m$、$D_f = 1m$

地下水在地表下 3m，恰位於基礎版下 2m（=1B=2m）⇒不進行地下水修正

另查相關書籍$\varphi' = 34°s$

$Nc = 42.16$， $Nq = 29.44$，$N\gamma = 41.06$（題目未給，非常不合理）

$$q_n = \left(1 + 0.3\frac{B}{L}\right) cN_c + q\left(N_q - 1\right) + \left(0.5 - 0.1\frac{B}{L}\right)\gamma BN_\gamma$$

$$= 0 + 18.8 \times 1 \times (29.44 - 1) + \left(0.5 - 0.1\frac{2}{4}\right) \times 18.8 \times 2 \times 41.06$$

$$= 534.67 + 694.74 = 1229.41kPa$$

$\Rightarrow q_a = q_n/FS = 1229.41/3 = 409.8kPa$

$\Rightarrow$ 容許承載力$Q_a = q_a \times B \times L = 409.8 \times 2 \times 4 = 3278.4kN$........Ans.

五、在實驗室以一過壓密黏土做傳統三軸壓密排水試驗，在壓密完成，施予軸差應力的過程中，試體維持在 100 kPas 之有效圍壓（Effective Confining Pressure）。試驗結果發現其應力應變為線性關係，故此黏土為一等向性完全彈性材料（Isotropic Perfectly Elastic Material）。在剪切一開始，試體受到一個 $\Delta\varepsilon_a = 0.9\%$的軸應變增量後，所量測到的軸差應力增量為 90 kPa，以及體積應變增量為 $\Delta\varepsilon_v = 0.3\%$。

（一）請畫出此試體所經歷之應力路徑。（10 分）

（二）在這個狀態下，請求出此黏土之剪力模數（Shear Modulus），楊式模數（Young's Modulus），統體模數（Bulk Modulus），與波松比（Poisson's Ratio）。（10 分）

參考題解

（一）$p-q$應力路徑

	$p'=\dfrac{\sigma_v'+\sigma_h'}{2}$	$q'=\dfrac{\sigma_v'-\sigma_h'}{2}$
圍壓階段	$p'=\dfrac{100+100}{2}=100$	$q'=\dfrac{100-100}{2}=0$
軸差應力階段	$p'=\dfrac{190+100}{2}=145$	$q'=\dfrac{190-100}{2}=45$

$\sigma_1'=\sigma_3'K_p'+2c'\sqrt{K_p'}$　　$\Rightarrow$　　$190=100K_p'+0$

$\Rightarrow K_p'=\dfrac{190}{100}=\tan^2\left(45°+\dfrac{\varphi'}{2}\right)\Rightarrow\varphi'=18.08°$

$\tan\alpha=\sin\varphi'\Rightarrow K_f$線 $\alpha=\tan^{-1}\sin\varphi'=17.24°$

畫出此試體所經歷之應力路徑如下：

有效應力之應力路徑：$0\rightarrow A\rightarrow B$ ………………… Ans.

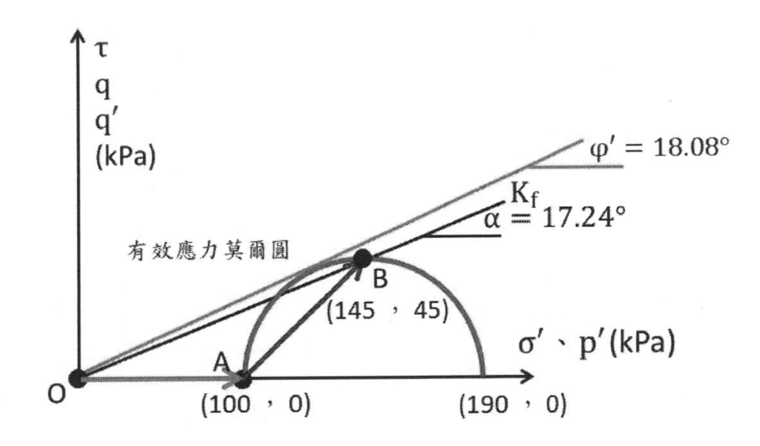

（二）

$\Delta\varepsilon_1=\Delta\varepsilon_a=0.9\%=\dfrac{1}{E}[\Delta\sigma_1-\nu(\Delta\sigma_2+\Delta\sigma_3)]$

其中$\Delta\sigma_1=90\text{kPa}$，$\Delta\sigma_2=\Delta\sigma_3=0$

$\Rightarrow 0.9\%=\dfrac{1}{E}[90-\nu(0+0)]$

$\Rightarrow E=90/0.9\%=1\times10^4\text{kN/m}^2$…………………… Ans.

體積尸田應變增量為$\Delta\varepsilon_v=0.3\%$

使用近似解：$\Delta\varepsilon_v=0.3\%=\Delta\varepsilon_1+\Delta\varepsilon_2+\Delta\varepsilon_3$，其中$\Delta\varepsilon_2=\Delta\varepsilon_3$

$\Rightarrow 0.3\%=0.9\%+2\Delta\varepsilon_2$

$\Rightarrow \Delta\varepsilon_2 = \Delta\varepsilon_3 = -0.3\%$

$\Rightarrow$ 波松比 $\nu = |\Delta\varepsilon_2/\Delta\varepsilon_1| = 0.3/0.9 = \frac{1}{3}$................................Ans.

$\Rightarrow$ 剪力模數 $G = \frac{E}{2(1+\nu)} = \frac{1\times10^4}{2(1+1/3)} = 3.75\times10^3 kN/m^2$......Ans.

$\Rightarrow$ 統體模數 $K = \frac{E}{3(1-2\nu)} = \frac{1\times10^4}{3(1-2\times1/3)} = 1\times10^4 kN/m^2$...Ans.

單元 6

地方特考四等

108年 特種考試地方政府公務人員考試試題／靜力學概要與材料力學概要

一、如圖一所示，ABC 桿於 C 端受到垂直向下之作用力 8.4 kN（平行 z 軸）；而 BD 及 BE 為兩繩索，其 D 端及 E 端固定於牆壁上（xz 平面）。假設 ABC 桿以及繩索的自重均可忽略，試求：

（一）繩索 BD 及 BE 所受之拉力。（15 分）

（二）A 端球窩支承之反力。（10 分）

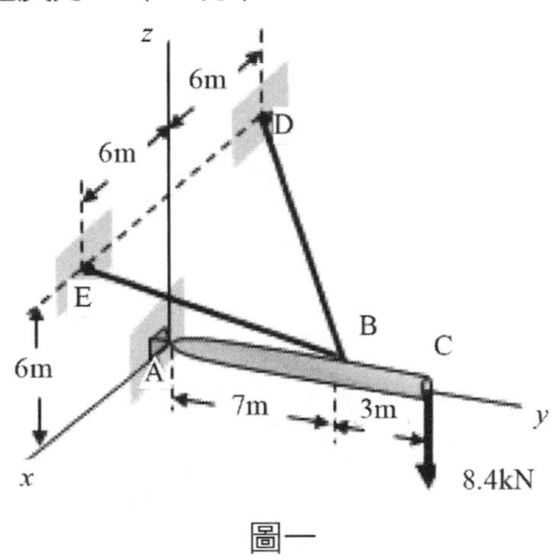

圖一

參考題解

（一）如圖(a)所示，各力表為

$$\vec{R}_A = \begin{bmatrix} A_x & A_y & A_z \end{bmatrix} \quad ; \quad \vec{P} = P\begin{bmatrix} 0 & 0 & -1 \end{bmatrix} = 8.4\begin{bmatrix} 0 & 0 & -1 \end{bmatrix} kN$$

$$\vec{T}_D = T_D \frac{\begin{bmatrix} -6 & -7 & 6 \end{bmatrix}}{11} \quad ; \quad \vec{T}_E = T_E \frac{\begin{bmatrix} 6 & -7 & 6 \end{bmatrix}}{11}$$

（二）對 A 點之隅矩平衡方程式為

$$\sum \overrightarrow{M}_A = \overrightarrow{AB} \times \left(\vec{T}_D + \vec{T}_E \right) + \overrightarrow{AC} \times \vec{P} = \vec{0}$$

展開上式得

$$x\text{向：}\frac{7}{11}\left(6T_D + 6T_E\right) - 10P = 0$$

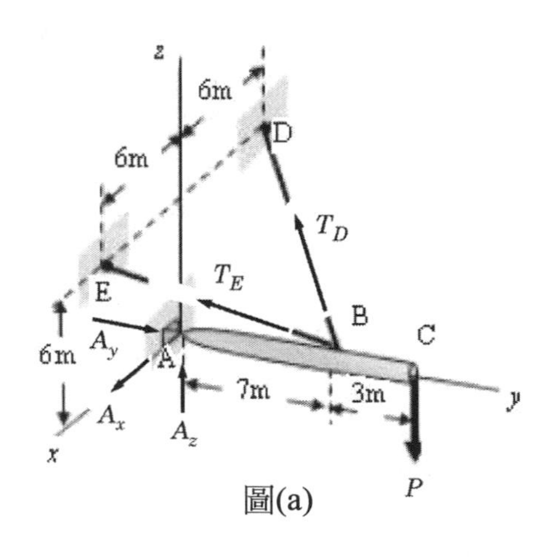

圖(a)

z 向：$\frac{7}{11}(6T_D - 6T_E) = 0$

聯立二式解出

$T_D = T_E = 11kN$

（三）圖(a)之力平衡方程式為

$$\sum\vec{F} = \vec{R}_A + \vec{T}_D + \vec{T}_E + \vec{P} = \vec{0}$$

展開上式得

x 向：$A_x + \frac{6}{11}T_E - \frac{6}{11}T_D = 0$

y 向：$A_y - \frac{7}{11}T_E - \frac{7}{11}T_D = 0$

z 向：$A_z + \frac{6}{11}T_D + \frac{6}{11}T_E - P = 0$

解得

$A_x = 0$ ； $A_y = 14kN$ ； $A_z = -3.6kN$

二、如圖二所示之桁架，試求：

（一）支承 A 及 G 之反力。（5 分）

（二）桿件 BC、BD、CD 及 CE 之軸力。（請同時標示張力或壓力）（25 分）

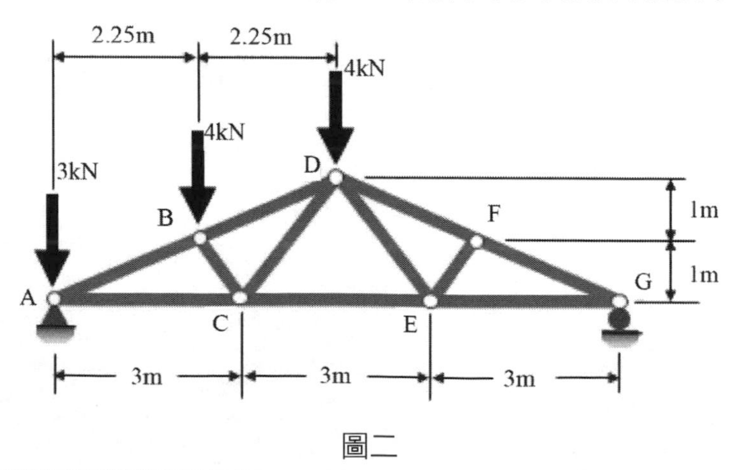

圖二

參考題解

（一）如下圖所示，A 點與 G 點之支承力為

$$A_x = 0 \quad ; \quad A_y = \frac{3(9)+4(6.75+4.5)}{9} = 8kN(\uparrow)$$

$$R_G = \frac{4(2.25+4.5)}{9} = 3kN(\uparrow)$$

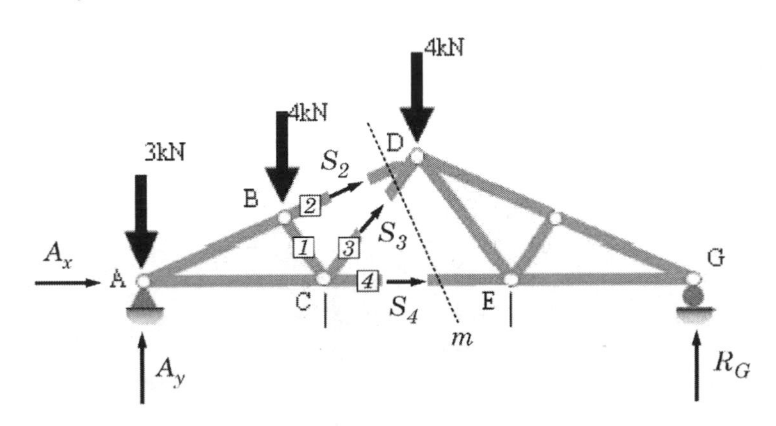

（二）取 m 切面之左側，可得

$$\Sigma M_A = -4(2.25) + \frac{4S_3}{5}(3) = 0$$

$$\Sigma M_C = -(A_y - 3)(3) + 4(0.75) - \frac{4S_2}{\sqrt{97}}(3) = 0$$

$$\Sigma M_D = -(A_y - 3)(4.5) + 4(2.25) + S_4(2) = 0$$

解得

$S_3 = S_{CD} = 3.75kN$（張力）　；　$S_2 = S_{BD} = -9.849kN$（壓力）

$S_4 = S_{CE} = 6.75kN$（張力）

（三）再由節點 C 可得

$$\Sigma F_y = \frac{4S_1}{5} + \frac{4S_3}{5} = 0$$

解得

$S_1 = S_{BC} = -3.75kN$（壓力）

三、鋁桿 ABC（$E=70$ GPa），AB 段及 BC 段之直徑分別為 20 mm 及 60 mm，如圖三所示。已知 $P=4$ kN，且 A 點之垂直位移為零。試求：

（一）作用力 Q 之大小。（10 分）

（二）B 點之垂直位移。（10 分）

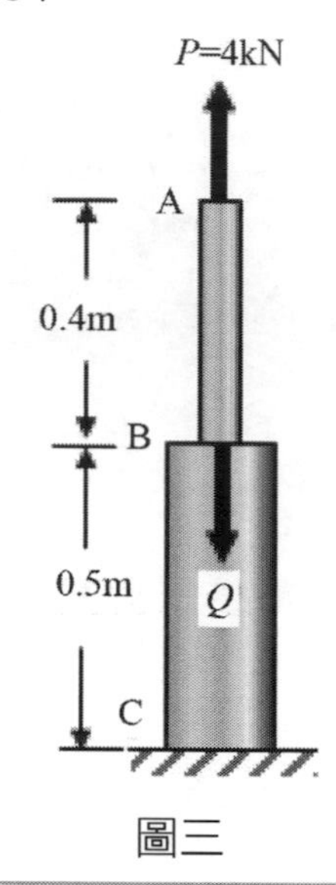

圖三

參考題解

（一）兩段桿件之斷面積分別為

$$A_1=\frac{\pi\left(0.02\right)^2}{4}=3.142\times10^{-4}m^2 \quad ; \quad A_2=\frac{\pi\left(0.06\right)^2}{4}=2.827\times10^{-3}m^2$$

（二）點 A 之位移 Δ_A 為

$$\Delta_A=\frac{P(0.4)}{A_1E}+\frac{(P-Q)(0.5)}{A_2E}=0$$

由上式解得

$$Q=32.80\ kN$$

（三）BC 段桿件之長度變化為

$$\delta_{BC}=\frac{(P-Q)(0.5)}{A_2E}=-7.276\times10^{-5}m(\text{縮短})$$

故點 B 之位移 Δ_B 為

$$\Delta_B=7.276\times10^{-5}m(\downarrow)$$

四、考慮如圖四所示之簡支梁，其中 $T = 15$ kN-m。試求：

（一）簡支承 A 及 C 之反力。（5 分）

（二）梁之剪力圖及彎矩圖。（圖上須標出各轉折點之剪力值、彎矩值）（20 分）

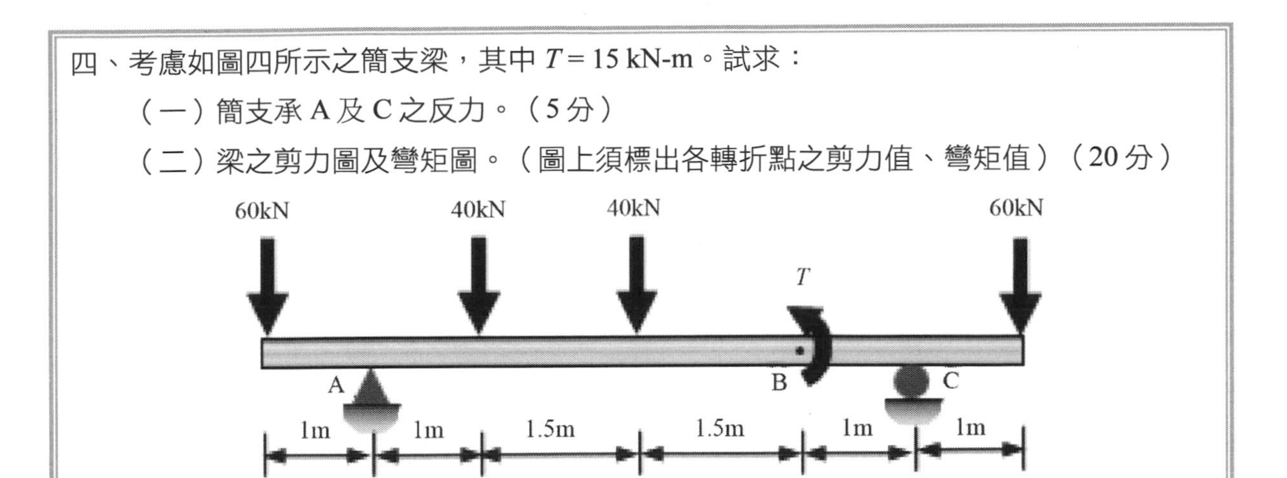

圖四

參考題解

（一）如下圖所示，A 點及 C 點的支承力為

$$R_A = \frac{60(6)+40(4+2.5)+15-60(1)}{5} = 115kN(\uparrow)$$

$$R_C = \frac{60(6)+40(1+2.5)-15-60(1)}{5} = 85kN(\uparrow)$$

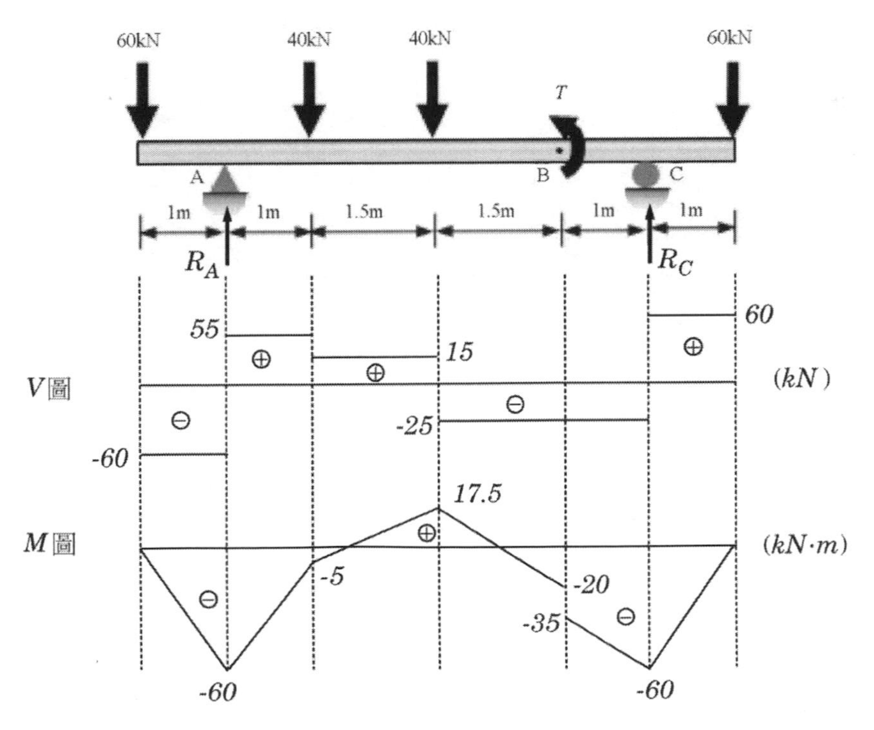

（二）剪力圖及彎矩圖如上圖中所示。

108年 特種考試地方政府公務人員考試試題／營建管理概要與土木施工學概要（包括工程材料）

一、公共工程之進度常使用分工結構（WBS）與要徑法（CPM）來進行規劃與排程工作，請依據你對於工程進度管理之知識回答以下問題：

（一）試說明應用分工結構（WBS）將工程專案解構至排程所需之詳細作業項目清單，所依據的基本方法與原則為何？（13 分）

（二）試依據先行圖排程法之計算原理，回答以下問題：如下圖，前置作業 A 之最早開始時間（ES_a）為 10、作業需時（Duration）為 5；A→B 之關係為「完成→開始」（FS），具有延時 2（Lag = 2），關係浮時為 5；後續作業 B 之作業需時為 7、最晚結束時間（LF_b）為 29；作業 A 之作業總浮時（TTF_a）為 5、自由浮時（FF_a）為 0。請列出計算式，求取：作業 A 之最早結束時間（EF_a）與最晚結束時間（LF_a），以及作業 B 之最晚開始時間（LS_b）：（12 分）

符號說明

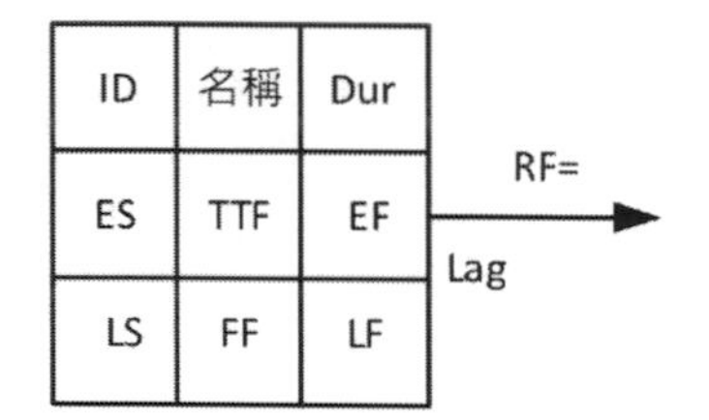

ES：最早開始時間　　TTF：作業總浮時
LS：最晚開始時間　　FF：自由浮時
EF：最早結束時間　　RF：關係浮時
LF：最晚結束時間　　Lag：延時

網圖計算

1	A	5
10	5	EF_a
10	0	LF_a

RF=5
Lag =2
→

2	B	7
ES_b	TTF_b	EF_b
LS_b	FF_b	29

參考題解

（一）WBS 將專案解構至排程所需詳細作業項目清單依據的基本方法與原則：

1. 基本方法：

依進行方式區分為由上而下與由下而上兩類，工程專案以由上而下方式較常用，並以樹狀之階層（層級）結構進行分解。分解方式依專案特性，又區分如下：

（1）依專案實施程序。

（2）依專案標的物理結構。

（3）依專案作業項目之目標。

（4）依專案作業項目之分佈區域。

（5）依專案組織之功能或部門。

2. 原則：

（1）優先採用樹狀之層級結構。

（2）細分至各管理階層適用層級（通常高階至較粗略或概要層級、低階至較詳細層級）。

（3）一個作業項目使用一個資源。

（4）各作業項目相互關係不可過細。

（5）作業項目必須考量資源配合。

（二）作業時間計算：

EFa＝ESa＋Da＝10＋5＝15

LSb＝LFb－Db＝29－7＝22

LFa＝LSb－Lag＝22－2＝20

RF＝LSb－EFa－Lag＝22－15－2＝5（O.K.）

二、混凝土為土木、建築工程最常見的工程材料，請依據你對混凝土材料之知識回答以下問題：

（一）請說明「水灰比」之定義及其在混凝土配比設計之重要性。（10 分）

（二）請說明水灰比與混凝土之強度、工作度及耐久性之關係為何？（15 分）

參考題解

（一）水灰比定義與在配比設計重要性

1. 定義：

$$水灰比=\frac{水質量}{水泥質量}$$

2. 在配比設計重要性：

水灰比是強度與耐久性重要指標，分述於下：

（1）強度：

混凝土配比要求強度（f 'cr）係考慮工程設計強度（f 'c）高低與品管狀況，作適度提升，據以計算水灰比，並與耐久性共同決定配比設計採用水灰比（取小值）。

（2）耐久性：

對於各種暴露環境（凍融、硫酸鹽侵蝕與氯離子侵蝕等），有最小水灰比限制，並與強度共同決定配比設計採用水灰比（取小值）。

（二）水灰比與混凝土之強度、工作度及耐久性之關係

1. 強度：

（1）依 Abrams 水灰比理論：「相同材料與試驗條件下，工作性良好之混凝土，其強度由每袋水泥之用水量決定之。」，因此混凝土在工作性良好之條件下，強度與水灰比成反比。

（2）過低水灰比，若搗實能量不足或自生收縮產生（水灰比小於 0.42），強度反而隨水灰比減少而降低。

2. 工作度：

水灰比增加，混凝土之初始降伏值與粘滯係數降低（即稠度減少，流動性增加），工作度提升，但同時易產生粒料分離與泌水現象。

3. 耐久性：

水灰比降低，對於各種暴露環境（凍融、硫酸鹽侵蝕與氯離子侵蝕等）之抵抗，均會提高。因此規範對於各種暴露環境有最小水灰比限制，並與強度共同決定配比設計採用水灰比（取小值）。

三、依據公共工程採購之規定，工程採購決標之方式，可分為同質性工程之最低標（LT）決標，及異質性工程之最有利標（MAT）決標與評分及格最低標（PQLT）決標等三種，請依據你對於公共工程採購之知識回答以下問題：

（一）請說明工程採購之流程步驟。（13 分）

（二）試列表說明最低標（LT）決標、最有利標（MAT）決標及評分及格最低標（PQLT）決標之適用工程類型。（12 分）

參考題解

（一）工程採購之流程步驟

以流程圖說明於下：

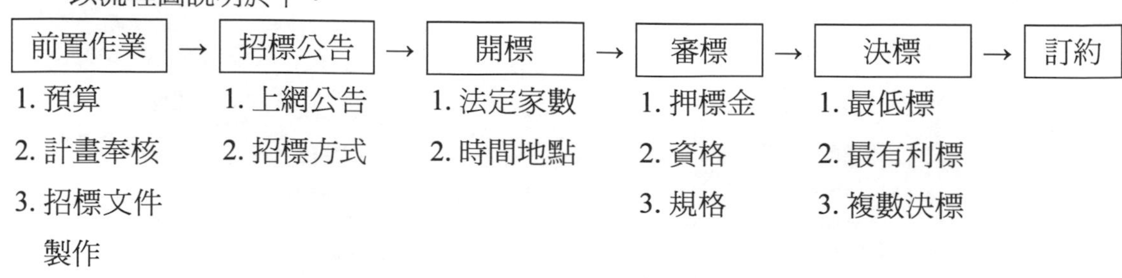

其中招標方式依「採購法」之規定，分為下列數種：

1. 公開招標：

以公告方式邀請不特定廠商投標。

2. 選擇性招標：
   以公告方式預先依一定資格條件辦理廠商資格審查，再邀請其投標（至少應建立六家以上合格廠商名單）。
3. 限制性招標：
   不經公告程序，邀請兩家以上廠商比價或僅邀請一家廠商議價；或經公告程序之公開評選。
4. 公開取得廠商報價單或企劃書：
   同公開招標，僅適用 100 萬元以下之採購。

（二）最低標決標、最有利標決標及評分及格最低標決標之適用工程類型

決標方式		最低標決標	最有利標決標	評分及格 最低標決標
適用工程類型	說明	1. 同質性工程。 2. 依工程性質，倘先行設計後再行招標並無困難者，應將設計與施工分別辦理。 3. 已完成細部設計之工程，其施工標應以最低標決標為原則。	機關基於工程施工方法或技術之特殊性、政策需求之考量，以最低價決標或評分最低價決標之決標方式無法滿足其需求者，得採異質最有利標決標。	機關基於技術、品質、進度、廠商經驗、節省公帑之考量，避免廠商低價搶標致影響工程品質，有採評分方式決定合格廠商之必要者，得採異質最低標決標。
	參考適用工程	1. 公路工程。 2. 鐵路工程。 3. 橋梁工程。 4. 隧道工程。 5. 捷運系統工程。 6. 機場工程。 7. 港灣工程。 8. 水庫工程。 9. 水力發電工程。 10. 自來水工程。 11. 河川整治工程。 12. 下水道工程。 13. 污水處理廠工程。 14. 焚化廠工程。 15. 掩埋場工程。	前項案例以外，特殊之異質工程採購，因工程施工方法、技術之特殊性、具有時效且為核心目的之政策需求等因素，確有採用最有利標決標之具體事實及理由者。	左列參考工程類型中，具特殊性者，例如： 1. 公路橋梁、隧道工程。 2. 捷運系統工程。 3. 污水處理廠、抽水站工程。 4. 醫院工程。 5. 巨蛋、國際機場航廈及其他特殊建築工程。 6. 水庫堰壩工程、水再生利用設施、海水淡化廠及相關水工構造物工程。

決標方式		最低標決標	最有利標決標	評分及格 最低標決標
		16. 土方資源場工程。 17. 山坡地開發。 18. 建築工程、裝修工程。 19. 工業區開發工程。 20. 油料設備工程。 21. 管線遷移工程。 22. 其他設計內容簡單或有設計準則可循之工程。		7. 水力發電工程。 8. 管線遷移工程。 9. 其他符合異質採購認定標準之工程。

四、模板施工為土木、建築工程常見工法之一，請依據你對模板工程之知識回答以下問題：

（一）請舉三種常見之模板工法，並列表說明其適用之工程類型。（12分）

（二）請列出一般建築模板工程施工之重要檢查項目。（13分）

參考題解

（一）常見之模板工法：

工法名稱	清水模工法	鋼模工法	鋼承板工法 （快速模工法）
適用工程類型	建築工程之混凝土鑄面不施作水泥砂漿粉刷（以版構材最常用）。	1. 預鑄混凝土構材。 2. 場鑄混凝土構材鑄面平整度要求高或轉用次數高之工程。	1. 鋼構建築工程之RC版。 2. 鋼橋工程之RC橋面版。

（二）建築模板施工之重要檢查項目：

依「結構混凝土施工規範」之規定檢查項目，如下：

1. 模板及有關材料之規格。
2. 模板配置之位置、高程及尺寸。
3. 模板支撐及穩固情況。
4. 模板組合緊密度或防止漏漿之措施。
5. 混凝土澆置面高度標記。
6. 模板面處理情形。
7. 模板內雜物之清除。

108年 特種考試地方政府公務人員考試試題／結構學概要與鋼筋混凝土學概要

※ 注意：本科目第三、四題均須依據「混凝土工程設計規範與解說」（土木 401-100）作答，但不須考慮耐震設計規範。

一、圖示梁結構，A 點為固定支承，D 點為滾支承，梁中 C 點為鉸接點。承載外力如圖所示，CD 段為三角形分布外力，B 點為集中外力 P。若已知 A 點之支承彎矩為 $M_A = 340$ kN-m，作用方向如圖示，試求 B 點集中外力 P 之值，並繪製在前述所有外力作用下，全梁之剪力圖與彎矩圖。（25 分）

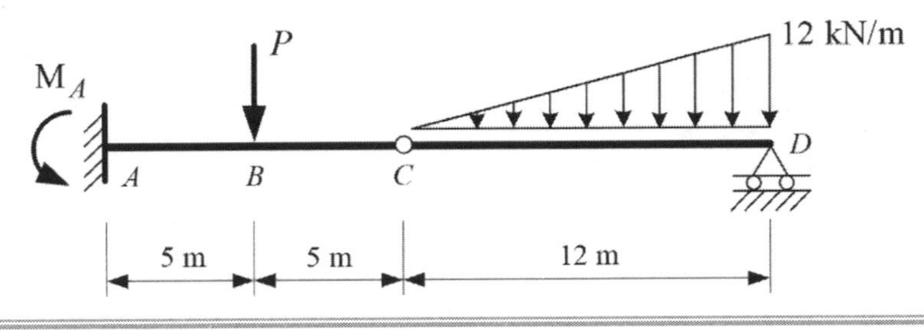

參考題解

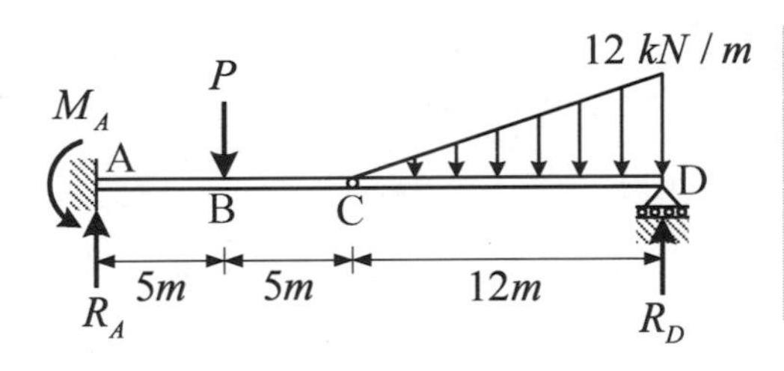

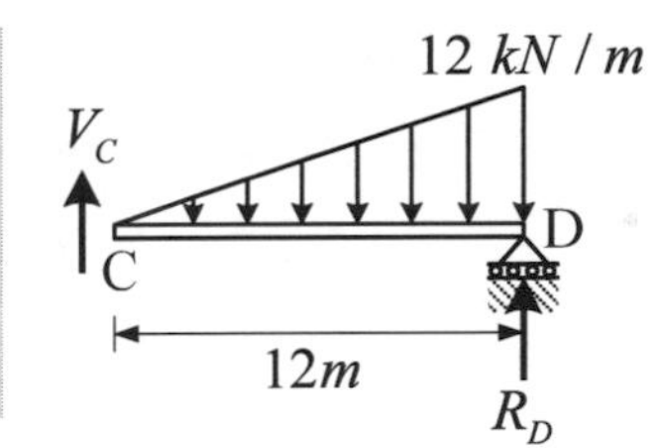

（一）切開 C 點，取出 CD 段

1. 對 C 點取力矩平衡：$\sum M_C = 0$，$R_D \times 12 = \left(\frac{1}{2}\times 12\times 12\right)\times(8)$ $\therefore R_D = 48\ kN$

2. $\sum F_y = 0$，$V_C + R_D = \left(\frac{1}{2}\times 12\times 12\right)$ $\therefore V_C = 24\ kN$

（二）整體平衡

1. $\sum M_A = 0$，$P\times 5 + \left(\frac{1}{2}\times 12\times 12\right)\times 18 = \cancel{R_D}^{48}\times 22 + \cancel{M_A}^{340}$ $\therefore P = 20\ kN$

2. $\sum F_y = 0$，$R_A + R_D = \left(\frac{1}{2}\times 12\times 12\right) + P$ $\therefore R_A = 44\ kN$

（三）剪力彎矩圖如下圖所示

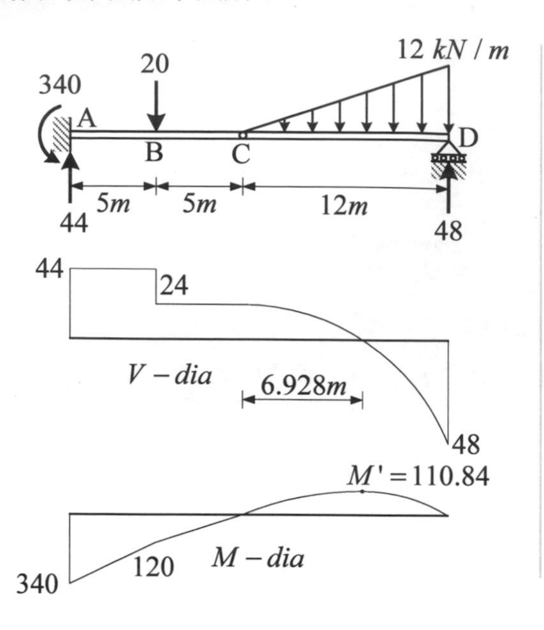

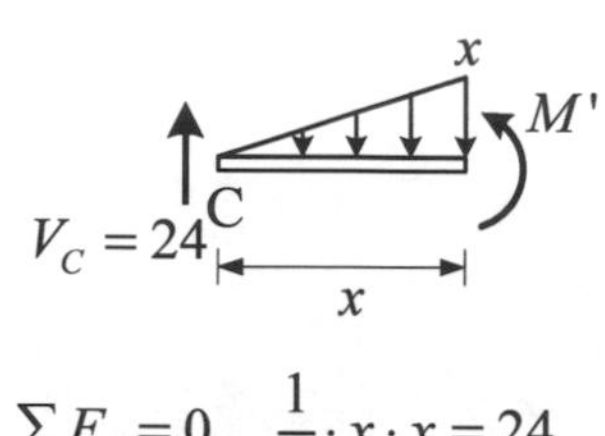

$\Sigma F_y = 0$，$\frac{1}{2} \cdot x \cdot x = 24$

$\therefore x = 6.928m$

$\Sigma M_C = 0$，$\left(\frac{1}{2} \cdot x \cdot x\right) \times \frac{2}{3} x = M'$

$\therefore M' = \frac{1}{3} x^3 = 110.84 \ kN-m$

二、如下圖所示之桁架結構，包含支承節點之所有節點均為鉸接點，所有桿件之楊氏係數 E 與斷面積 A 之乘積 EA 均為相同。外力作用於節點 e 及 f 如圖所示，試求所有支承反力及桿件內力，請繪製該桁架結構，並標示支承處反力，桿件內力標示於桿件旁，拉力為正(+)，壓力為負(−)，最後並計算外力作用下 b 點之水平位移。（25 分）

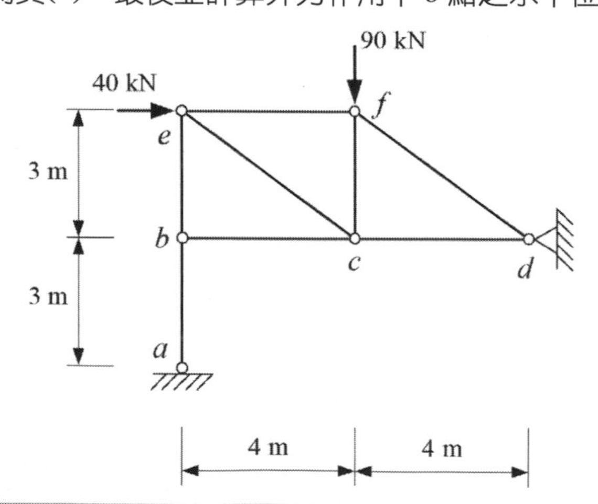

參考題解

（一）桿件內力與支承反力如下圖左所示。

（二）施加一單位水平力向右（如下圖右），計算各桿內力後（n 圖），以單位力法求解 b 點水平變位。

$$\Delta_b = \sum n\frac{NL}{EA} = (-1)\left(\frac{40\times4}{EA}\right) = -\frac{160}{EA}\ (\leftarrow)$$

B 點水平變位大小為 $\frac{160}{EA}$，方向向左

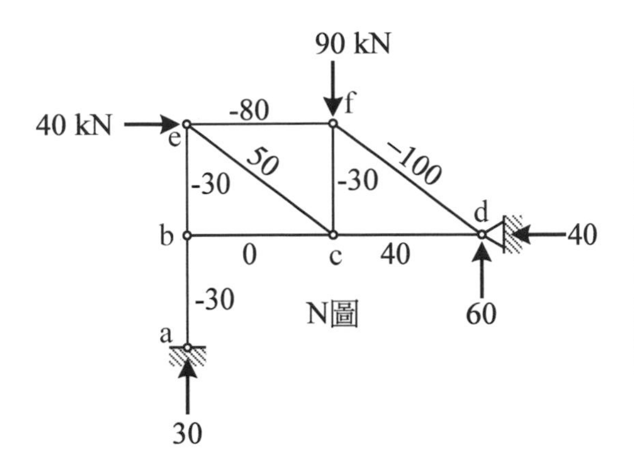

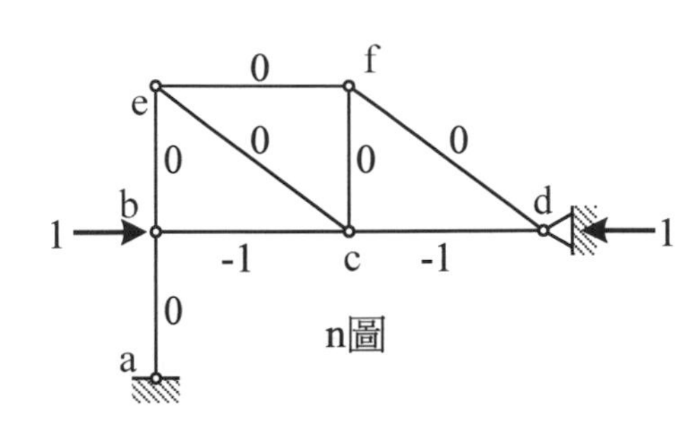

三、有一 T 型梁斷面如圖示，有效翼寬 b_E = 90 cm、梁寬 b_w = 45 cm、版厚 t = 10 cm、有效梁深 d = 56 cm，混凝土 f_c' = 210 kgf/cm^2，鋼筋 f_y = 4200 kgf/cm^2，拉力筋 A_s = 6-D25（直徑 d_b = 2.54 cm），E = 2.04 × 10^6 kgf/cm^2，求梁斷面之設計強度 M_{ds}(tf·m)。（25 分）

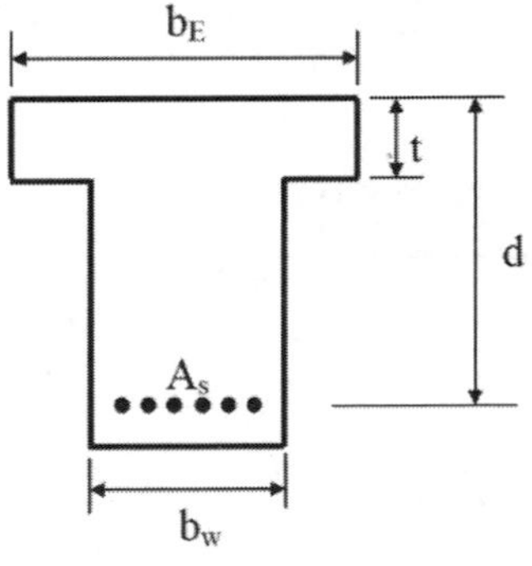

參考題解

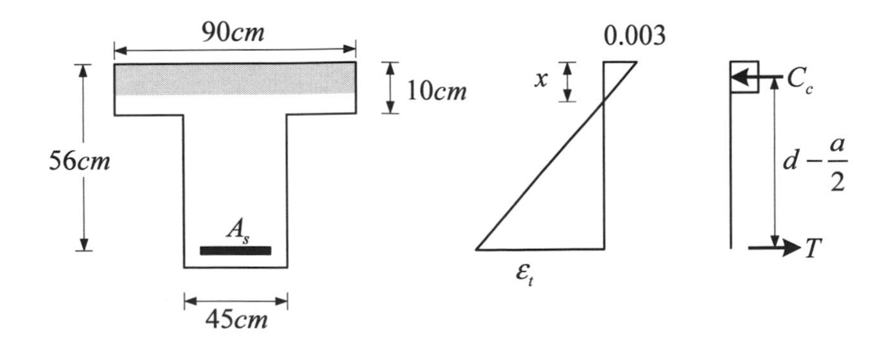

（一）混凝土與鋼筋受力（假設平衡時中性軸位置為 x ，此時 $a < t_f$ ，且拉力筋降伏）

1. 混凝土翼版：$C_c = 0.85 f_c' b_E a = 0.85(210)(90)(0.85x) \approx 13655x$

2. 拉力筋：$T = A_s f_y = (6\times 5.07)4200 = 127764\ kgf$

（二）中性軸位置

1. $C_c = T \Rightarrow 13655x = 127764 \Rightarrow x \approx 9.36\ cm \quad (a = 0.85x = 8 < t = 10\ \therefore OK)$

$\varepsilon_t = \dfrac{d-x}{x}(0.003) = \dfrac{56-9.36}{9.36}(0.003) = 0.0149 > \varepsilon_y \Rightarrow OK$ ，且為拉力控制斷面

2. $C_c = 13655x = 13655(9.36) = 127811\ kgf \approx 127.8\ tf$

（三）計算 M_n

$$M_n = C_c\left(d - \frac{a}{2}\right) = 127.8\left(56 - \frac{0.85\times 9.36}{2}\right) = 6648\ tf-cm = 66.48\ tf-m$$

（四）計算 ϕM_n ： $M_{ds} = \phi M_n = 0.9(66.48) = 59.83\ tf-m$

四、有一混凝土矩形懸臂梁，長度 L = 300 cm，斷面 b_w = 35 cm、d = 57 cm，承受均佈活載重 W_L = 2.5 tf/m、均佈靜載重（含梁自重）W_D = 1.5 tf/m，以及軸向拉力 T = 1.8 tf，混凝土 f_c' = 210 kgf/cm²，使用 D10（直徑 d_b = 0.95 cm）垂直肋筋，f_{yt} = 2800 kgf/cm²，試計算在臨界斷面處之最小肋筋間距 S(cm)。（25 分）

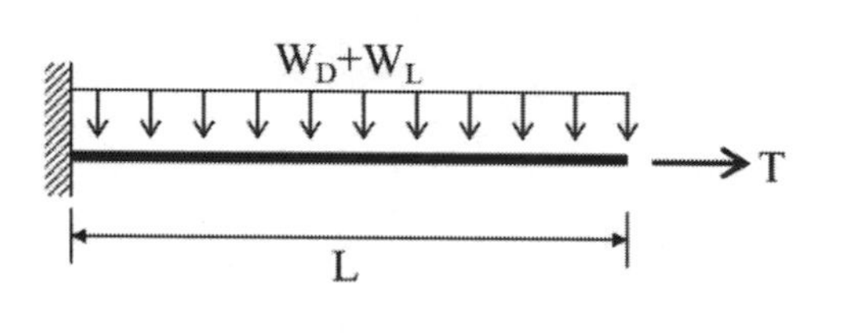

$$\phi_v = 0.75 \quad , \quad V_s = \frac{A_v f_{yt} d}{S} \quad , \quad V_c = 0.53\sqrt{f_c'}\cdot b_w d$$

$$V_{s,min} = 0.2\sqrt{f_c'}\cdot b_w d \geq 3.5\cdot b_w d \quad , \quad V_{s,max} = 2.12\sqrt{f_c'}\cdot b_w d$$

參考題解

（一）強度需求

1. 設計載重：$w_u = 1.2w_D + 1.6w_L = 1.2(1.5) + 1.6(2.5) = 5.8\ tf/m$

2. 臨界斷面設計剪力：$V_{ud} = w_u(L-d) = 5.8(3-0.57) = 14.094\ tf$

3. 設計間距 s：

（1）剪力計算強度需求：$V_u = \phi V_n \Rightarrow 14.094 = 0.75V_n \quad \therefore V_n = 18.792tf$

（2）混凝土剪力強度：受軸拉力 $\Rightarrow V_c = 0$（簡易計算式）

（3）剪力筋強度需求：$V_n = V_c + V_s \Rightarrow 18.792\times10^3 = 0 + V_s \quad \therefore V_s = 18792\ kgf$

（4）間距 s：$V_s = \dfrac{dA_v f_y}{s} \Rightarrow 18792 = \dfrac{(57)(2\times0.71)(2800)}{s} \quad \therefore s = 12\ cm$

（二）最大間距規定

1. $1.06\sqrt{f_c'}\,b_w d = 1.06\sqrt{210}\times35\times57 = 30644\ kgf$

2. $V_s \le 1.06\sqrt{f_c'}\,b_w d \Rightarrow s \le \left(\dfrac{d}{2}\ ,\ 60cm\right)$

$$\Rightarrow s \le \left(\frac{57}{2}\text{cm}\ ,\ 60cm\right) \Rightarrow s \le (28.5cm\ ,\ 60cm)_{\min} \ \therefore s = 28.5cm$$

（三）最少鋼筋量間距規定：$s \le s_{\max}$

$$s \le \left\{\frac{A_v f_{yt}}{0.2\sqrt{f_c'}b_w}\ ,\ \frac{A_v f_{yt}}{3.5b_w}\right\}_{\min} \Rightarrow s \le \left\{\frac{(2\times0.71)(2800)}{0.2\sqrt{210}(35)}\ ,\ \frac{(2\times0.71)(2800)}{3.5(35)}\right\}_{\min}$$

$$\Rightarrow s \le \{39.2cm\ ,\ 32.5cm\}_{\min} \quad \therefore s = 32.5\ cm$$

（四）綜合（一）（二）（三），$s = 12\ cm$，由剪力強度控制

108年 特種考試地方政府公務人員考試試題／測量學概要

一、（一）臺灣於 101 年公告的新坐標系統簡稱 TWD97[2010]，其中 2010 表示什麼？為什麼要標示這項資訊？（5 分）

（二）TWD97[2010]與 87 年公告的 TWD97 大地基準的異同處。（10 分）

（三）臺灣於 103 年公告混合法大地起伏模型（TWHYGEO2014），其中，為何稱為混合法？（5 分）

（四）臺灣高程系統 TWVD2001 屬於那種高程系統？其可用那個資訊與 GPS 測得的高程建立函數關係？（5 分）

參考題解

（一）[2010]年是指採用 IGS（International GNSS Service）國際觀測站之 ITRF05 參考框架，並以 2010.0 時刻坐標值為台灣衛星大地控制網的計算依據。標示[2010]資訊是引入時間概念，未來可以定期檢測衛星大地控制網，研究建立台灣地區地殼變動速率及修正模式，期可作為爾後維護國家測量基準與坐標系統之參據。

（二）相異處有

<table>
<tr><th colspan="2">坐標系統</th><th>TWD97</th><th>TWD97[2010]</th></tr>
<tr><td rowspan="5">相異處</td><td>1. 參考坐標框架</td><td>ITRF94</td><td>ITRF05</td></tr>
<tr><td>2. 參考時間點</td><td>1997.0</td><td>2010.0</td></tr>
<tr><td>3. 衛星追蹤站數量</td><td>8</td><td>18</td></tr>
<tr><td>4. 一等衛星控制點數量</td><td>105</td><td>219</td></tr>
<tr><td>5. 公告成果</td><td>105 個一等衛星控制點坐標。</td><td>含衛星追蹤站、一等衛星控制點（GPS 連續站）、一等衛星控制點、二等衛星控制點及三等衛星控制點共計 3,013 點。上述點位雖然分屬不同等級，但因採整體平差可獲得一致性高精度之坐標成果。</td></tr>
<tr><td rowspan="2">相同處</td><td>1. 參考橢球體</td><td colspan="2">GRS80</td></tr>
<tr><td>2. 地圖投影方式</td><td colspan="2">橫麥卡托（Transverse Mercator）投影經差 2 度分帶</td></tr>
</table>

（三）大地起伏模型分為重力法大地起伏模型及混合法大地起伏模型。

重力法大地起伏模型是利用：1.地球重力場模式、2.台灣大地參考系統、3.台灣數值地形模型及 4.各種重力測量成果等資料予以建立的台灣大地起伏模型。混合法大地起伏模型則是以重力法大地起伏模型為基礎而建置，由於重力法大地起伏模型與大地水準面之間存在一系統性的偏移量，亦即某個點位透過重力法大地起伏模型內插所得出的值為 $N_{gravity}$，另該點若利用 GPS 測得之橢球高 h 減去正高 H 所得出的為大地起伏值 N_{gps}，這二個值存在一偏移量。為解決 $N_{gravity}$ 與 N_{gps} 之差異，需蒐集分布均勻且具有 N_{gps} 之點位，將高精度的 N_{gps} 修正至重力法大地起伏模型，而得一混合法大地起伏模型。實際作法是將所有 N_{gps} 減去對應相同位置上的 $N_{gravity}$，再組成一修正面，接著將此修正面加入重力法大地起伏模型，得到修正後的大地起伏模型，稱之為混合法大地起伏模型（hybrid geoid model），可作為橢球高系統與正高系統轉換之用。

（四）TWVD2001 屬於正高系統（以 H 表示），GPS 測得的高程屬於幾何高系統（以 h 表示），二系統可用大地起伏 N 建立之函數關係為：$h = H + N$。

二、如圖所示，AC 與 BD 近似垂直，P 點位於 AC、BD 的交點附近，欲測定 P 點，則：（每小題 15 分，共 30 分）

（一）如果只有皮尺作為量距工具，且不考慮量距的誤差，並已於 A 點對 P 量距，若欲在 B 點或 C 點再對 P 點量距，則何者對 P 的定位效果較佳？為什麼？

（二）如果只有經緯儀作為測角工具，且不考慮測角的誤差，並已於 A 點對 P 測一方向角，若欲在 B 點或 C 點再對 P 測方向角，則何者對 P 的定位效果較佳？為什麼？

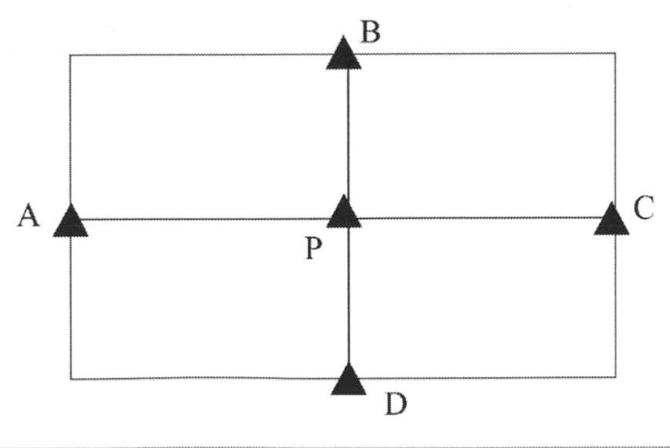

參考題解

（一）量距誤差會造成未知點的縱向偏移，故因量距誤差所產生的點位誤差範圍為環形，如圖一(*a*)之二虛線圓弧之間。故若分別在 A、B 二點對 P 點量距時，AP 和 BP 二段距離各別誤差範圍的交集部分即為 P 點的定位誤差範圍，如圖一(*b*)；若分別在 A、C 二點對P點量距時，AP和CP二段距離各別誤差範圍的交集部分即為P點的定位誤差範圍，如圖一(*c*)。因圖一(*b*)之定位誤差範圍較圖一(*c*)小且均勻，故在B點再對P點量距的定位效果較佳。

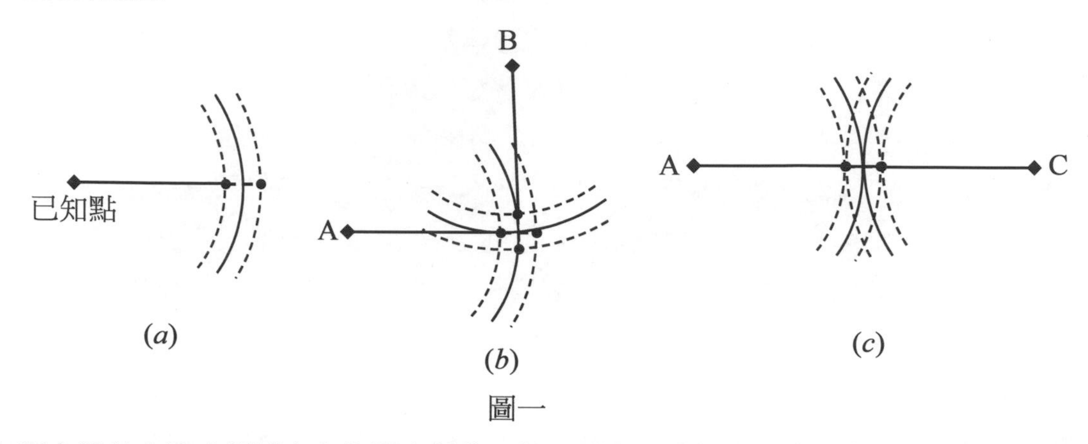

圖一

（二）測角誤差會造成觀測方向的橫向偏移，故因測角誤差所產生的點位誤差範圍為二射線範圍內，如圖二(*a*)之二虛線射線之間。故若分別在A、B二點對P點測量方向角時，二個方向角各別誤差範圍的交集部分即為P點的定位誤差範圍，如圖二(*b*)；若分別在A、C二點對P點測量方向角時，二個方向角各別誤差範圍的交集部分即為P點的定位誤差範圍，如圖二(*c*)。因圖二(*b*)之定位誤差範圍較圖二(*c*)小且均勻，故在B點再對P點策方向角的定位效果較佳。

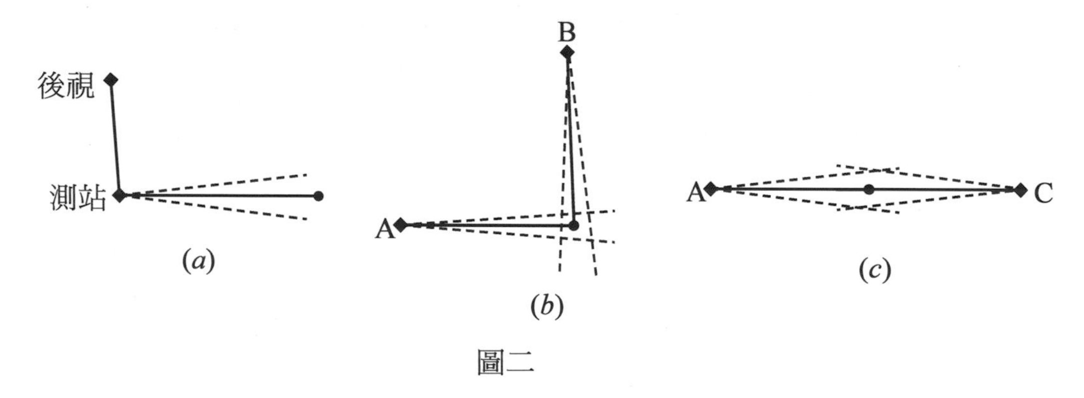

圖二

三、在全球定位系統（GPS）觀測作業中：（每小題10分，共20分）

（一）造成大氣層折射延遲誤差的主要因素是什麼？如何改善？

（二）造成虛擬距離（pseudo range）誤差的主要因素是什麼？如何改善？

參考題解

誤差種類	誤差產生原因	改善之道
電離層折射誤差	電離層範圍內充滿了離子化的粒子和電子且呈不穩定狀態，對無線電訊號會造成極大的折射影響，因此衛星訊號的傳播時間會形成延遲現象。	1. 以雙頻觀測量之差分線性組合成無電離層效應之觀測量，可有效的消除大部份電離層誤差。 2. 採高精度之後處理精密衛星軌道星曆。 3. 利用電離層數學模式修正之。 4. 盡量於晚上觀測。
對流層折射誤差	對流層是一個中性的大氣範圍，雖會對無線電訊號產生折射的現象，造成訊號傳播時間的延遲，此影響與訊號之頻率無關，因此無法藉由雙頻觀測量的線性組合來消除此折射影響。對流層折射對觀測量的影響分為乾分量和濕分量兩部分，乾分量主要與大氣的溫度和壓力有關，濕分量主要與訊號傳播路徑上的大氣溼度與高度有關。	1. 利用對流層數學模式改正之。 2. 避免採用高度角低於 15 度的衛星觀測量。 3. 視為待定參數，於平差處理時一併求解。 4. 利用差分計算減弱其影響。
虛擬距離	衛星訊號的傳播速度等於光速 C，當確定衛星訊號的傳播時間 T 後，衛星到接收儀的空間距離為：$\rho = C \cdot T$。然因 ρ 仍存在各項誤差影響，造成 ρ 與衛星到接收儀的真正空間幾何距離之間有偏差量存在，故稱為虛擬距離。	應對虛擬進行下列誤差的修正： 1. 衛星時錶誤差。 2. 接收儀時錶誤差。 3. 電離層折射誤差。 4. 對流層折射誤差。

四、若 A 點的（縱, 橫坐標）無誤差，並表示為(N_A, E_A)，B 點的（縱, 橫坐標）坐標表示為$(N_B \pm \sigma_{N_B}, E_B \pm \sigma_E)$，其中 σ_{N_B} 與 σ_{E_B} 分別為 B 坐標的中誤差，假設兩者不相關。若 A 到 B 的距離表示為 $S_{AB} = \sqrt{(N_B - N_A)^2 + (E_B - E_A)^2}$，則請列式推導表示 S_{AB} 的中誤差 $\sigma_{S_{AB}}$。（25 分）

參考題解

$\Delta N = N_B - N_A$

$$\frac{\partial \Delta N}{\partial N_B}=1$$

$$\sigma_{\Delta N}=\pm\sqrt{(\frac{\partial \Delta N}{\partial N_B})^2\cdot\sigma_{N_B}^2}=\pm\sigma_{N_B}$$

$$\Delta E=E_B-E_A$$

$$\frac{\partial \Delta E}{\partial E_B}=1$$

$$\sigma_{\Delta E}=\pm\sqrt{(\frac{\partial \Delta E}{\partial E_B})^2\cdot\sigma_{E_B}^2}=\pm\sigma_{E_B}$$

$$S_{AB}=\sqrt{(N_B-N_A)^2+(E_B-E_A)^2}=(\Delta N^2+\Delta E^2)^{1/2}$$

$$\frac{\partial S_{AB}}{\partial \Delta N}=\frac{\Delta N}{S_{AB}}$$

$$\frac{\partial S_{AB}}{\partial \Delta E}=\frac{\Delta E}{S_{AB}}$$

$$\sigma_{S_{AB}}=\pm\sqrt{(\frac{\partial S_{AB}}{\partial \Delta N})^2\cdot\sigma_{\Delta N}^2+(\frac{\partial S_{AB}}{\partial \Delta E})^2\cdot\sigma_{\Delta E}^2}=\pm\sqrt{(\frac{\Delta N}{S_{AB}})^2\cdot\sigma_{N_B}^2+(\frac{\Delta E}{S_{AB}})^2\cdot\sigma_{E_B}^2}$$

$$=\pm\sqrt{(\frac{N_B-N_A}{S_{AB}})^2\cdot\sigma_{N_B}^2+(\frac{E_B-E_A}{S_{AB}})^2\cdot\sigma_{E_B}^2}$$

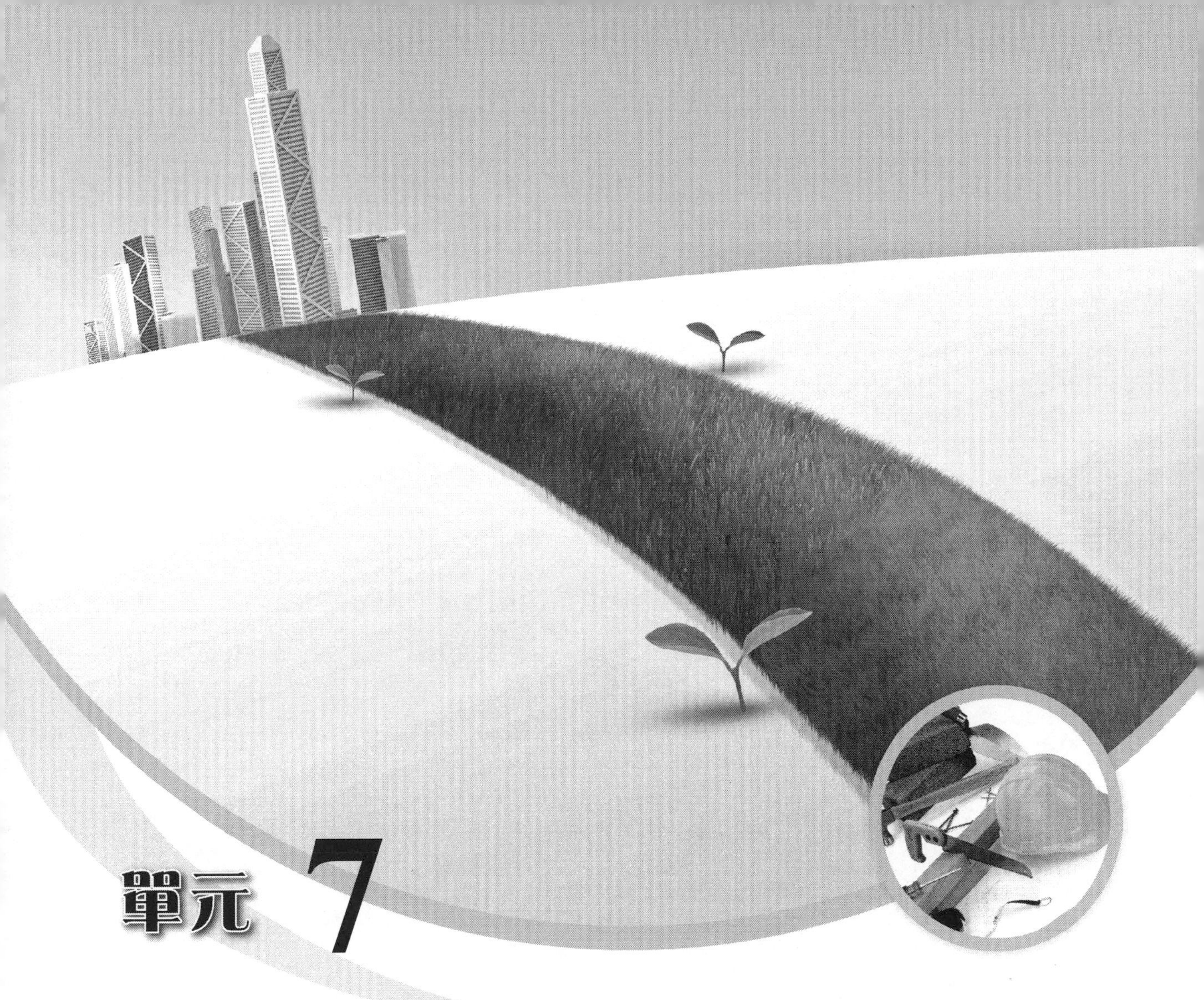

單元 7

鐵路特考員級

108年 特種考試交通事業鐵路人員考試試題／工程力學概要

一、圖一塗滿面積為一邊長為 10 cm 的正方形扣除半徑為 10 cm 的 1/4 圓形，試求：

（一）此塗滿面積的形心。（以圖示 x-y 座標為基準）（10 分）

（二）此塗滿面積對於通過形心而且平行於 x 軸的慣性矩。（15 分）

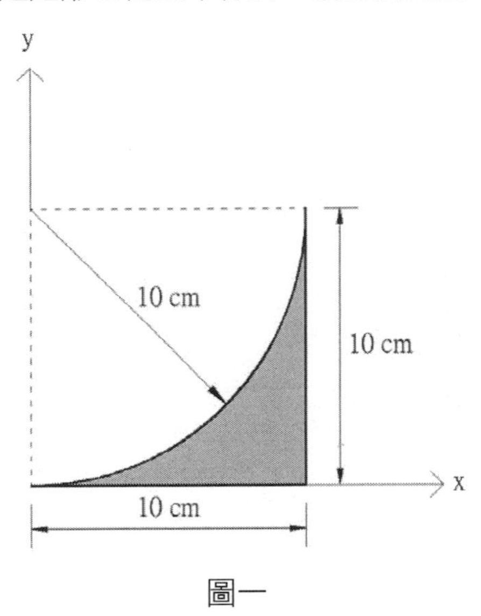

圖一

參考題解

（一）如圖(a)所示，矩形面積 A_1，形心座標 (d_{x1}, d_{y1}) 及對 x' 軸之慣性矩 (I_1) 分別為

$$A_1 = 100cm^2 \text{；} d_{x1} = d_{y1} = 5cm$$

$$I_1 = \frac{r^4}{12} + A_1\left(\frac{r}{2}\right)^2 = 3333.333cm^4$$

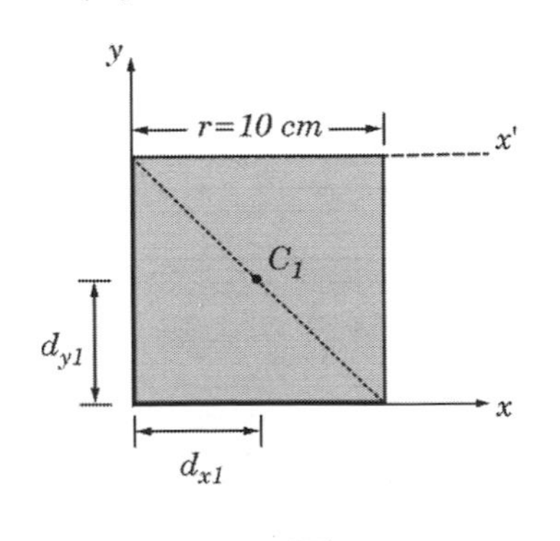

圖(a)

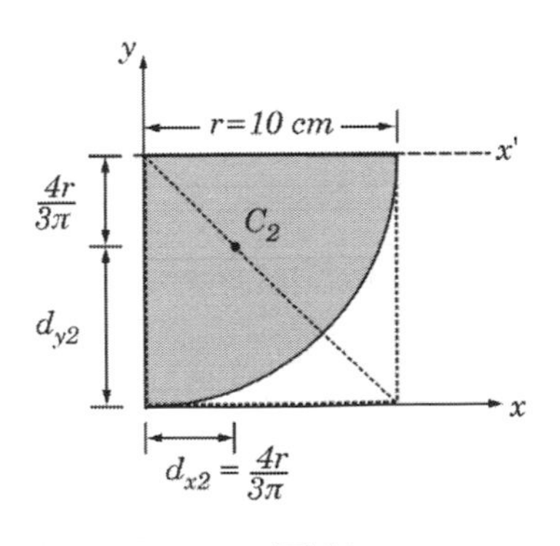

圖(b)

（二）如圖(b)所示，扇形面積 A_2 ，形心座標$\left(d_{x2},d_{y2}\right)$及對 x' 軸之慣性矩$\left(I_2\right)$分別為

$$A_2=\frac{\pi r^2}{4}=78.540cm^2 \text{ ; } d_{x2}=\frac{4r}{3\pi}=4.244cm \text{ ; } d_{y2}=5.756cm$$

$$I_2=\frac{\pi r^4}{16}=1963.495cm^4$$

（三）如圖(c)所示，面積之形心座標$\left(d_x,d_y\right)$為

$$d_x=\frac{A_1\left(d_{x1}\right)-A_2\left(d_{x2}\right)}{A_1-A_2}=7.77cm \text{ ; } d_y=\frac{A_1\left(d_{y1}\right)-A_2\left(d_{y2}\right)}{A_1-A_2}=2.23cm$$

其對 x' 軸之慣性矩為

$$I_{x'}=I_1-I_2=1369.838cm^4$$

故對形心軸 x_C 之慣性矩為

$$I_{xC}=I_{x'}-\left(A_1-A_2\right)\left(10-d_y\right)^2=75.42cm^4$$

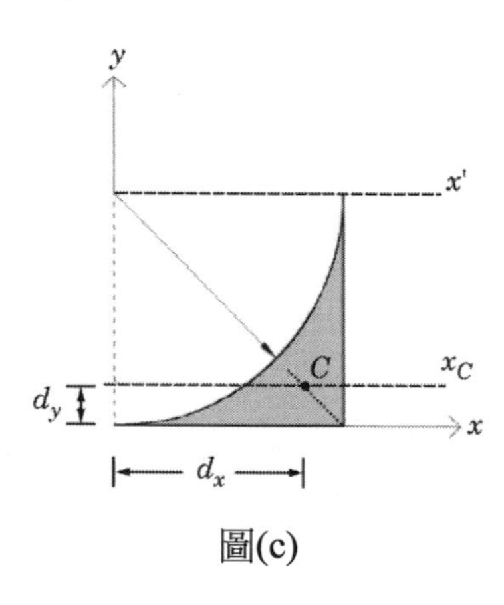

圖(c)

二、圖二所示桁架在 A 點受到水平方向的 P 力，試求各桿的桿力。請將桁架圖形繪在試卷上，並將各桿桿力標於對應的桿件旁，註明張力或壓力。（25 分）

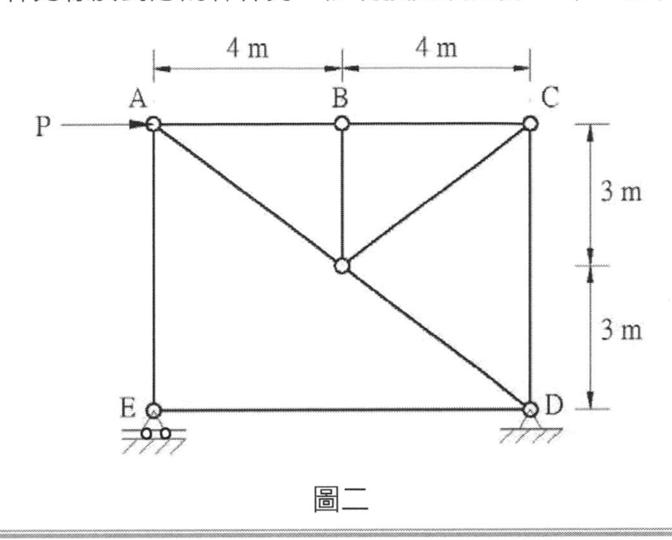

圖二

參考題解

（一）支承力及零力桿件如圖(a)所示，考慮 E 點之節點平衡可得

$$S_1 = \frac{3P}{4}$$

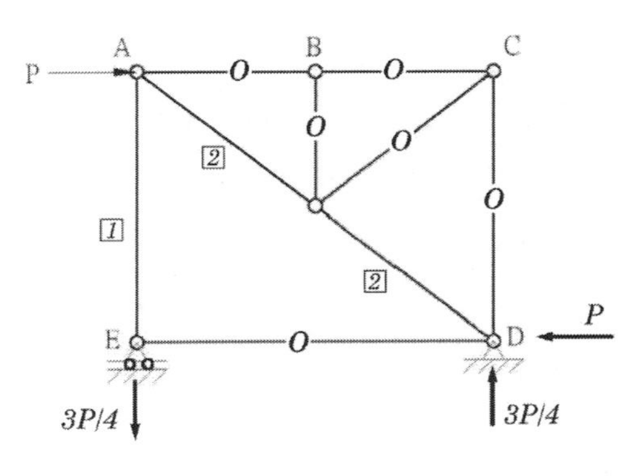

圖(a)　　圖(b)

再考慮 A 點之節點平衡，如圖(b)所示，可得

$$S_2 = -\left(\frac{5}{3}\right)S_1 = -\frac{5P}{4}$$

（二）最後可得各桿內力如圖(c)所示，正值表拉力，負值表壓力。

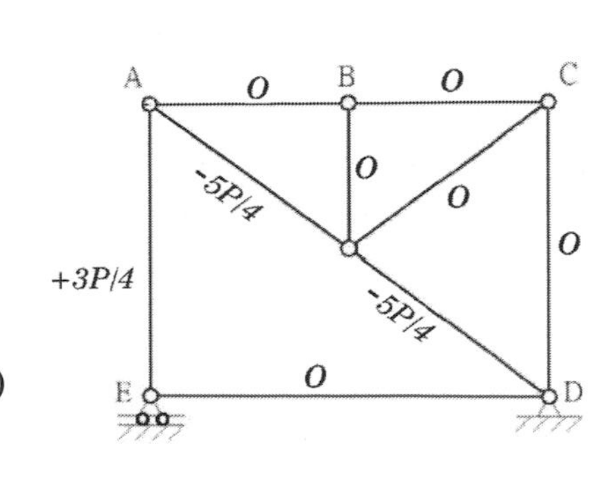

圖(c)

三、圖三所示 AB 桿件和 BCD 桿件採用相同的材質，在 B 點鉸接。已知 AB 桿件為均勻桿件，斷面積為 A；BCD 桿件為均勻桿件，慣性矩為 I。在圖示的載重下，欲使 D 點的變位量大小與 B 點的變位量大小相等，試求 I 與 A 的比值。不考慮 BCD 桿件的軸向變形。（25 分）

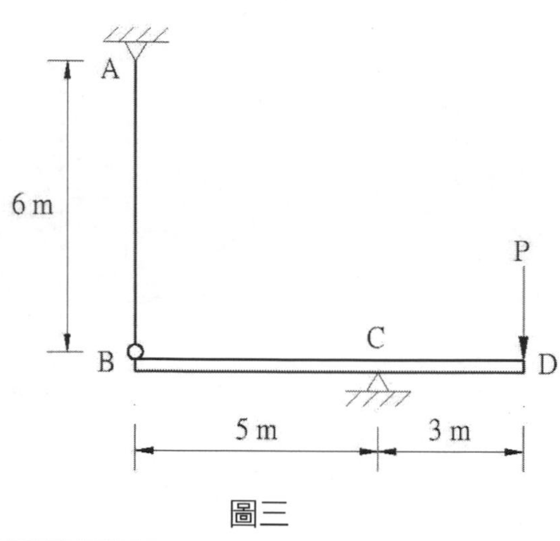

圖三

參考題解

（一）如圖(a)所示，AB 桿之內力為 $S = 3P/5$(壓力)。各段桿件之 M/EI 圖及 S/AE 圖如圖(a)中所示，其中各面積分別為

$$A_1 = \frac{15P}{2EI}\ ;\ A_2 = \frac{9P}{2EI}\ ;\ A_3 = \frac{18P}{5AE}$$

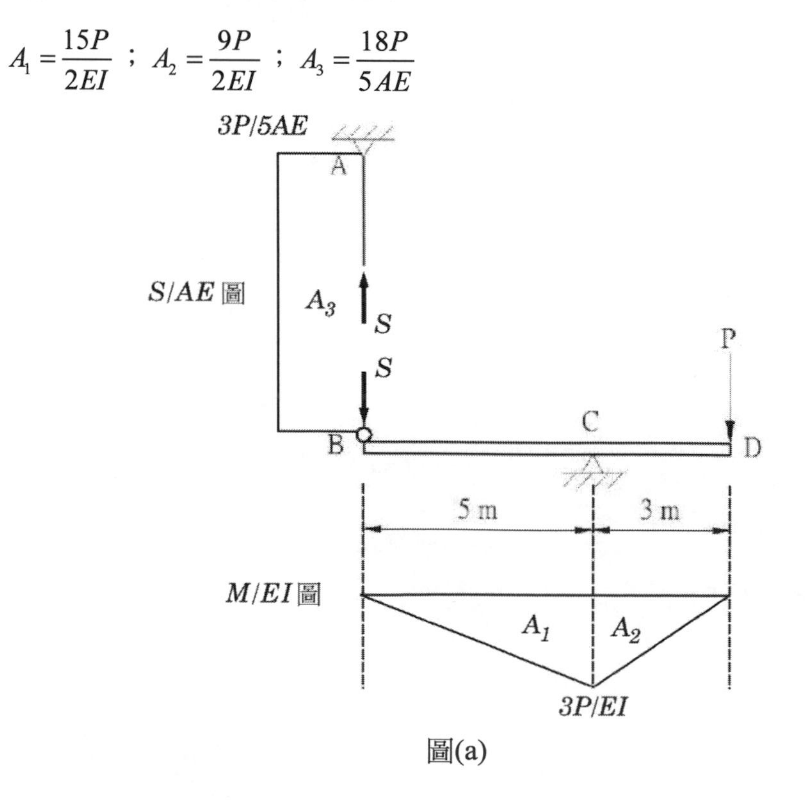

圖(a)

（二）如圖(b)所示，在 D 點施加一單位力，並繪出內力圖。其中

$$y_1 = y_2 = 2\ ;\ y_3 = \frac{3}{5}$$

依單位力法可得 D 點位移 Δ_D 為

$$\Delta_D = A_1 y_1 + A_2 y_2 + A_3 y_3 = \frac{24P}{EI} + \frac{54P}{25AE}(\downarrow)$$

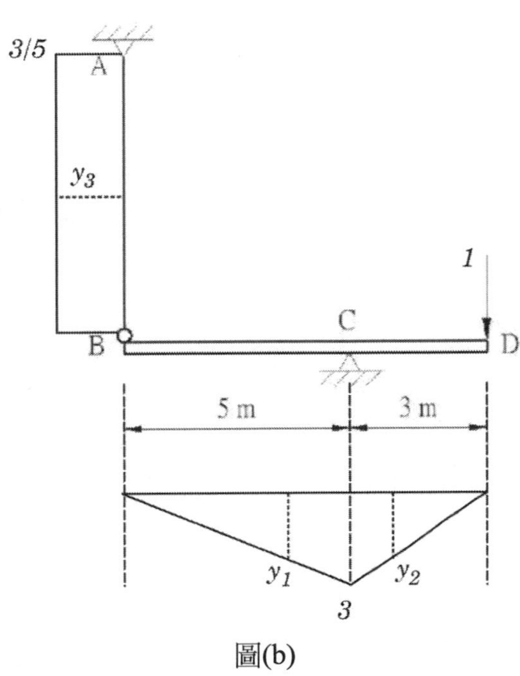

圖(b)

（三）再由 AB 桿之內力 $S = 3P/5$(壓力) 可得 B 點位移 Δ_B 為

$$\Delta_B = \frac{S(6)}{AE} = \frac{18P}{5AE}(\uparrow)$$

依題意有下列關係

$$\frac{24P}{EI} + \frac{54P}{25AE} = \frac{18P}{5AE}$$

由上列可解得 $\frac{I}{A} = \frac{50}{3}$。

四、圖四所示剛架，BC 桿件為完全剛性，已知 AB 桿件及 CD 桿件的斷面相同，並使用相同的材料，EI = 常數。此剛架在水平方向施加一 Q 力使 BC 桿件在水平方向移動。欲使 AB 桿件及 CD 桿件挫屈的安全係數為 2.5，試求所能施加的 P 力。（25 分）

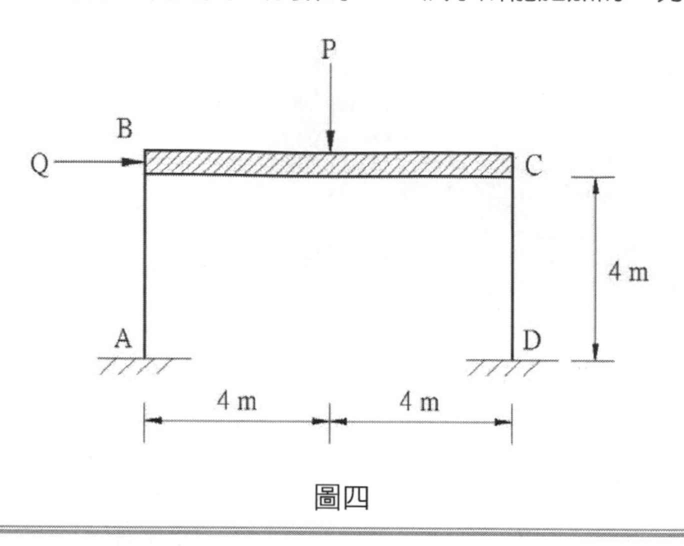

圖四

參考題解

（一）如圖(a)所示之單一柱體的挫屈載重為

$$F_{cr} = \left(\frac{\pi}{L}\right)^2 EI$$

（二）考慮安全係數後，圖四結構之挫屈構形如圖(b)所示，故有

$$P = 2\left(\frac{2F_{cr}}{5}\right) = \frac{4}{5}\left(\frac{\pi}{4}\right)^2 EI = 0.493EI$$

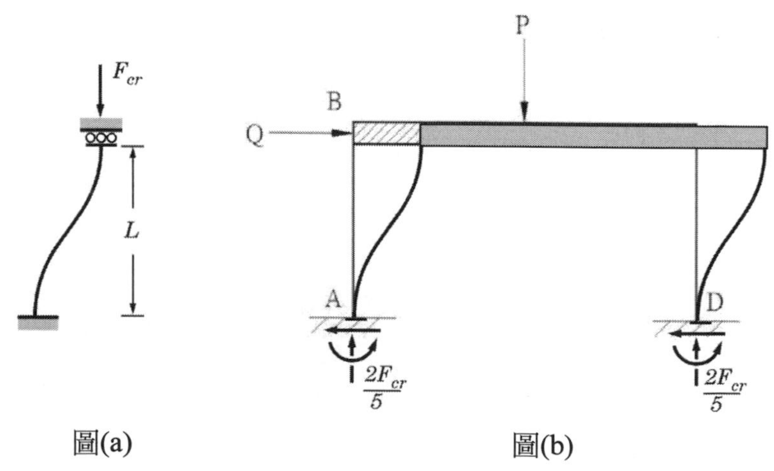

圖(a)　　圖(b)

108年 特種考試交通事業鐵路人員考試試題／測量學概要

一、在水準測量技術中：

（一）何謂水準儀之「視準軸誤差」？（5分）

（二）在室外如何檢查水準儀來求得視準軸誤差的傾角 i。（15分）

（三）施測中可自動避免（或消除）視準軸誤差的測量方法。（5分）

參考題解

（一）水準儀視準軸誤差是指視準軸未與水準軸平行。

（二）如下圖，水準儀求得視準軸誤差的傾角 i 之檢查程序如下：

1. 水準儀架設在相距 D 公尺之 A、B 兩樁中央 S_1 處，分別讀得 A、B 兩樁之讀數 b_1、f_1，設 A、B 兩樁之正確讀數分別為 b_1'、f_1'，誤差量皆為 $\varepsilon/2$，則 A、B 兩樁之正確高程差為：

$$\Delta h_1 = b_1' - f_1' = (b_1 - \frac{\varepsilon}{2}) - (f_1 - \frac{\varepsilon}{2}) = b_1 - f_1$$

2. 水準儀架設在 B 樁後 d 公尺之 S_2 處，分別讀得 A、B 兩樁之讀數 b_2、f_2，設 A、B 兩樁之正確讀數分別為 b_2'、f_2'，誤差量分別為 $\varepsilon+\Delta$ 和 Δ，則 A、B 兩樁之正確高程差為：

$$\Delta h_2 = b_2' - f_2' = [b_2 - (\varepsilon + \Delta)] - (f_2 - \Delta) = (b_2 - f_2) - \varepsilon$$

3. 因 $\Delta h_1 = \Delta h_2$，故得 $\varepsilon = (b_2 - f_2) - (b_1 - f_1)$，若 $\varepsilon = 0$，則視準軸無誤差，傾角 $i = 0$；

若 $\varepsilon \neq 0$，則傾角 $i = \rho'' \times \frac{\varepsilon}{D}$。

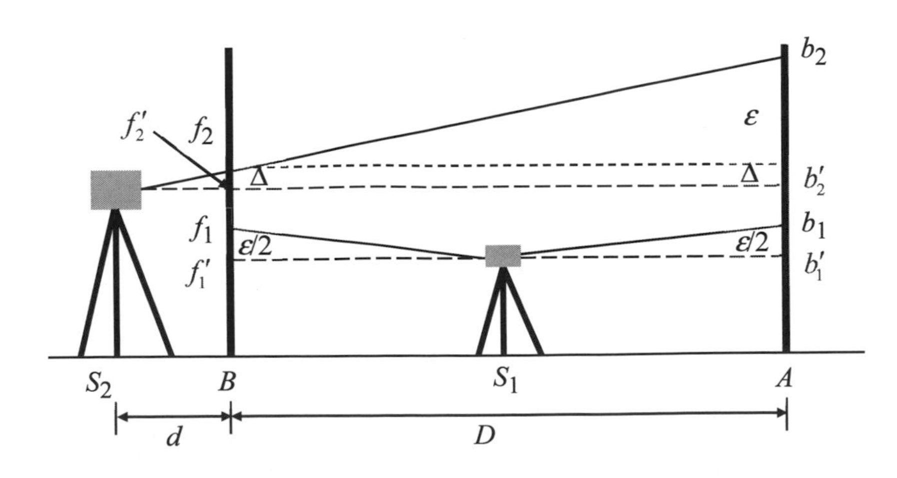

（三）實施水準測量時保持前後距離相等，便可以自動避免（或消除）視準軸誤差。

二、測量坐標計算中，角度一般常使用方位角（Azimuth）為之：

（一）何謂方位角（Azimuth）？為何使用方位角？（5分）

（二）已知地面 A、B 二點坐標為（X_A, Y_A）、（X_B, Y_B），請說明求得 A 點至 B 點方位角的化算方法。（20分）

參考題解

（一）所謂方位角，是指從基準方向起算順時針量測到直線的水平角。在平面上，地面點的位置可以用平面直角坐標系的二個坐標值（X、Y 坐標或 N、E 坐標）予以確定。然要確定地面二點間在平面坐標系上的相對位置(坐標差值)，不僅需要測量二點間的距離，還要確定二點間的的直線方向，而直線方向的確定是利用方位角。測量中常用的基準方向有真子午線方向、磁子午線方向和坐標縱軸正方向三種，依據不同的基準方向，也會有真方位角、磁方位角和坐標方位角三種。

（二）如圖，本題是以數學坐標系統概念命題，其有向角是從 +X 起算逆時針增加，故先計算

$$\theta = \tan^{-1}\frac{X_B - X_A}{Y_B - Y_A} = \tan^{-1}\frac{\Delta X}{\Delta Y}$$

再依據坐標差值 ΔX 、 ΔY 判斷象限，如下表，計算方位角。

象限	ΔX	ΔY	方位角
I	+	+	$\phi_{AB} = \theta$
II	−	+	$\phi_{AB} = 180° + \theta$（$\theta$ 為負值）
III	−	−	$\phi_{AB} = 180° + \theta$（$\theta$ 為正值）
IV	+	−	$\phi_{AB} = 360° + \theta$（$\theta$ 為負值）

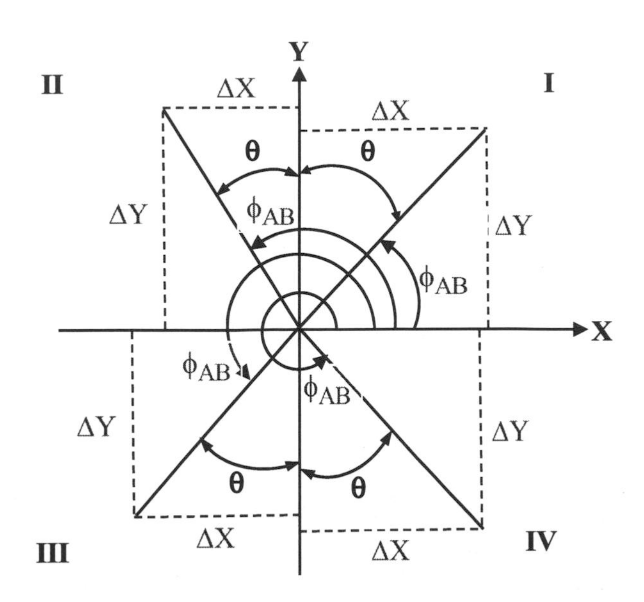

三、三角高程測量技術中，是在 A 點設置全站儀，觀測 B 點之垂直角及距離並藉以推求其高程值：

（一）繪圖說明三角高程測量施測方法及計算之基本原理。（10 分）

（二）當 A、B 二點無法實施距離量測時，可採取何種測量方式來實施三角高程測量，說明其觀測方式及計算方法。（10 分）

（三）當二點距離為 1000m 時，二差（地球曲率與大氣折光）因素對測定的高程值會有多大的影響？（5 分）

參考題解

（一）如下圖，設 A 點高程值為 H_A，分別量得儀器高 i 及稜鏡高 t 後，觀測 B 點覘標的垂直角 α 及斜距 L，當兩點距離過長時，必須考慮地球曲率及大氣折光的改正，則高程差 Δh_{AB} 及 B 點高程值計算如下：

$$\Delta h_{AB} = L\times\sin\alpha + i - t + \frac{(1-k)(L\times\cos\alpha)^2}{2R}$$

$$H_B = H_A + \Delta h_{AB}$$

式中的 k 為大氣折射係數，一般取值為 0.13；R 為地球半徑，一般取值為 $6371km$。

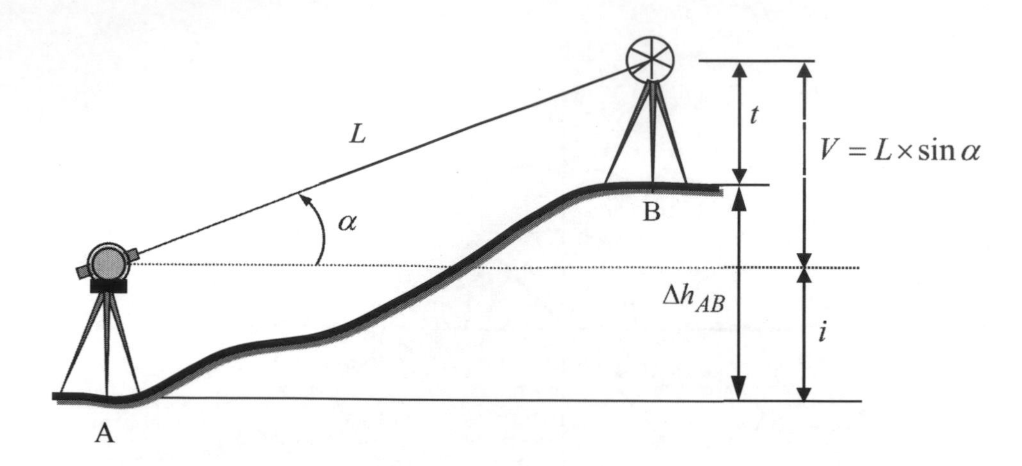

（二）如下圖，於 A 點整置經緯儀，先量得儀器高為 i，對 B 點測得垂直角 α。另在鄰近找一可通視之 P 點，觀測水平角 θ_1、θ_2 和水平距 L，則 A、B 二點間的水平距離為：

$$S = L \times \frac{\sin\theta_2}{\sin(180° - \theta_1 - \theta_2)}$$

A、B 二點間的 Δh_{AB} 及 B 點高程值計算如下：：

$$\Delta h_{AB} = S \times \tan\alpha + i + \frac{(1-k)S^2}{2R}$$

$$H_B = H_A + \Delta h_{AB}$$

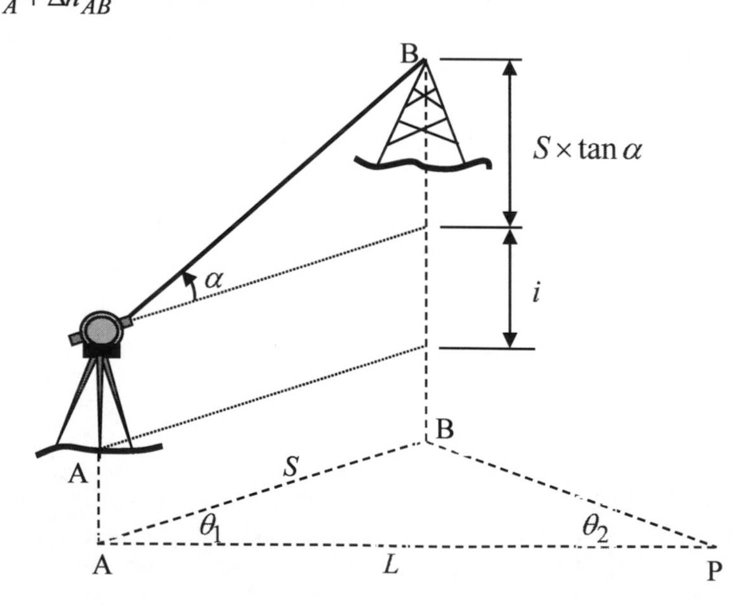

（三）當二點距離為 1000m 時，二差因素對測定的高程值的影響為：

$$\frac{(1-0.13)\times 1000^2}{2\times 6371000} = 0.068m$$

四、在使用 GPS 衛星定位中：
（一）何謂 GPS 之「絕對定位」與「相對定位」方法？（10 分）
（二）差分式 GPS（DGPS）與即時動態 GPS（RTK GPS）定位方法、原理及定位精度之異同。（15 分）

參考題解

（一）絕對定位：單獨一個測站進行衛星訊號接收及測站坐標計算，亦稱為單點定位。
相對定位：由兩個以上的測站同時進行衛星訊號接收並聯合解算測站之間的坐標差。

（二）DGPS 與 RTK GPS 之定位方法、原理及定位精度如下表。

測法	差分式 GPS（DGPS）	即時動態 GPS（RTK GPS）
定位方法	在已知坐標的點位上（稱為基站）安置接收儀接收衛星資料，其餘不限數量的接收儀在一定服務範圍內移動（稱為移動站），移動站除了自行接收衛星訊號外，也需透過適當設備接收來自基站的改正資料。	測量時將至少一部接收儀固定安置在已知坐標的點位上（稱為基站）接收衛星資料，其餘不限數量的接收儀在一定範圍內的測點上移動（稱為移動站），基站和移動站皆需配備無線電數據機，移動站除了自行接收衛星訊號外，也需透過無線電數據機接收來自基站的衛星觀測資料。
定位原理	基站根據其已知坐標計算出服務區範圍內的改正值，例如空間距離改正數或位置改正值，再利用無線電廣播系統將改正值發送給移動站，移動站利用接收到的改正值對其單點定位結果進行改正。	觀測過程中，移動站可結合了基站的載波相位觀測資料和本身的載波相位觀測資料，當場進行即時相對定位計算處理，於現場便能獲得移動站的定位成果。
定位精度	公寸級精度	公分級精度

根據上表得知二者之異同處說明如下：

相同之處：

1. 二者皆須以已知坐標點作為基站。
2. 二者皆由基站透過無線電設備以 OTF（On The Fly）方式傳送資料。
3. 二者的移動站皆須有額外的接收設備。
4. 二者皆是一個基站對不限數量的移動站。
5. 二者皆可當場得知定位成果。

相異之處：

1. 二者從基站傳送給移動站的資料內容不同。RTK GPS 的基站是傳送其載波相位觀測量；DGPS 的基站是傳送移動站定位的改正值。
2. 二者設備不同。RTK GPS 的基站和移動站之間必須配備無線電數據機，隨測量結束一併收回；DGPS 僅需移動站端有接收改正值的設備，基站為業者設置的固定永久站，隨時發送資料。
3. 二者的定位原理不同，如上表所述。
4. 二者的定位精度不同，如上表所述。
5. 二者的應用領域不同，DGPS 主要應用於導航定位領域，RTK GPS 主要應用於精度要求較高的測繪領域。
6. 定位方法不同。RTK GPS 的定位方法是唯一的的方式；DGPS 的定位方法隨著基站數量及分布不同有單基站差分定位（SRDGPS）、區域差分定位（LADGPS）、廣域差分定位（WADGPS）與廣域增強差分定位（WAAS）等方式。
7. 必要的接收衛星數量不同。DGPS 至少要接收 4 顆衛星，RTK GPS 至少要接收 5 顆衛星。

108年 特種考試交通事業鐵路人員考試試題／結構學概要與鋼筋混凝土學概要

一、簡支梁如圖 1 所示，$P_u = 9$ tf，全長 L=3 m，a=1 m，b=2 m，求此梁最大彎矩 M= ? tf-m。（25 分）

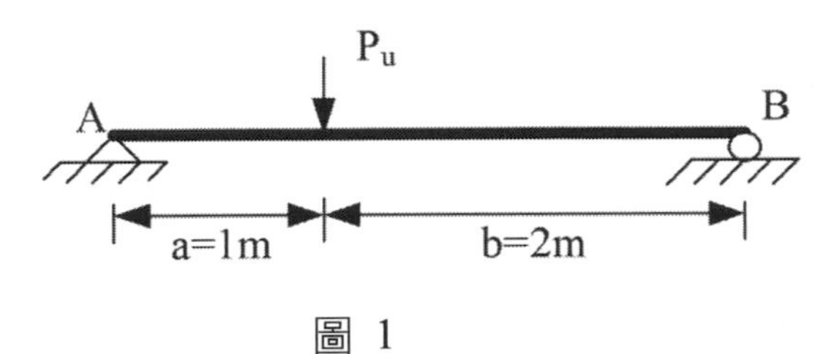

圖 1

參考題解

從彎矩圖可得知，最大彎矩 $M = 6tf - m$

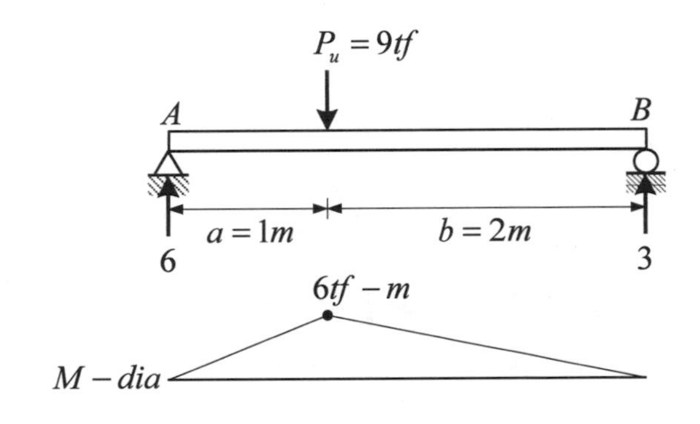

二、一支懸臂梁如圖 2 所示，A 點是固定端，B 點是自由端，$W_u = 10$ tf/m，全長 L = 2 m，$E = 2.04 \times 10^6$ kgf/cm^2，I = 27648 cm^4，若 $\delta_B = (W_u L^4) \div (8EI)$，求此梁最大彈性垂直向下位移量 δ_B = ? cm。（25 分）

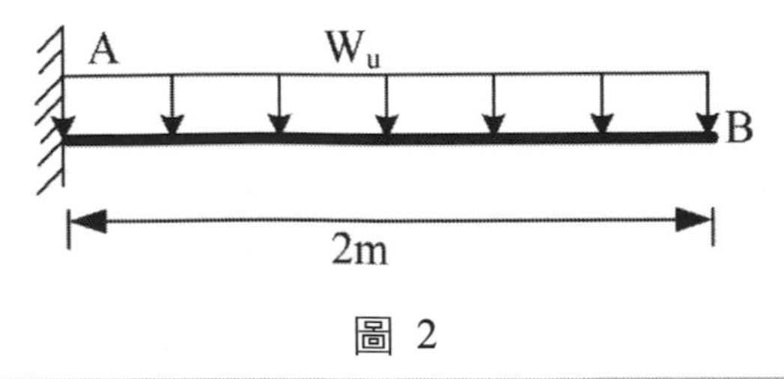

圖 2

參考題解

計算單位：kgf、cm

$W_u = 10tf/m = 100\ kgf/cm$

最大彈性垂直向下位移在自由端（即B點）

$$\delta_B = \frac{1}{8}\frac{w_u L^4}{EI} = \frac{1}{8}\frac{(100)(200)^4}{(2.04\times10^6)(27648)} = 0.355\ cm$$

※第三、四題依據內政部108.2.25台內營字第1080802216號令修正之「混凝土結構設計規範」作答，否則不計分。

三、強躓設計法：其基本要求為「設計強躓≥設計載重」，或（強躓折減因數）（計算強躓）≥（載重因數）（使用載重），節錄規範如下：$\phi P_n \geq P_u$，$\phi M_n \geq M_u$，$\phi V_n \geq V_u$，$\phi T_n \geq T_u$。強躓折減因數 ϕ 應為下列規定值：

(1)拉力控制斷面：符合第3.4.4節規定者0.90，

(2)剪力與扭力0.75。

設計載重之組合如下：

(1)U = 1.4(D + F)，

(2)U = 1.2(D + F + T) + 1.6(L + H) + 0.5(L_r 或 S 或 R)，

(3)U = 1.2D + 1.6 (L_r 或 S 或 R) + (1.0 L 或 0.8 W)。

若拉力控制斷面符合第3.4.4節規定的 M_n=10 tf-m，使用載重的靜載重所造成的彎矩為2 tf-m，使用載重的活載重所造成的彎矩為5 tf-m，試列出公式並計算是否滿足強躓設計法的基本要求？（25分）

參考題解

（一）$\phi M_n = 0.9\times10 = 9\ tf-m$

（二）$M_D = 2tf-m$ 、 $M_L = 5tf-m \Rightarrow M_u = 1.2M_D + 1.6M_L = 1.2\times2 + 1.6\times5 = 10.4\ tf-m$

（三）$\phi M_n \geq M_u \Rightarrow 9 \geq 10.4$ (NG)，不滿足強度設計法的基本要求

四、一支矩形斷面單層鋼筋混凝土梁（圖3），寬b = 25公分，構材最外受壓纖維至縱向受拉鋼筋斷面重心之距離 d = 60 公分，三支抗拉鋼筋的總斷面積為 15 cm^2， f_c'=210 kgf/cm^2，f_y = 4200 kgf/cm^2，E_s = 2.04 × 10^6 kgf/cm^2。限用規範3.3.6混凝土壓應力之分布假設為矩形，以0.85 f_c' 分布於壓力區內，此壓力區以一與中性軸平行並距最大壓縮應變纖維 a = β_1c 之直線為界，β_1 = 0.85，c為最外受壓纖維至中性軸之距離，若假設拉力筋已達降伏應力 f_y，且混凝土最外受壓纖維 $\varepsilon_c < \varepsilon_u = 0.003$，若不考慮箍筋、鋼筋保

護層厚躦及鋼筋量與鋼筋間距等其他限制規定，試算該梁所能承受之最大計算彎矩強躦 M_n = ? kgf-m。（25 分）

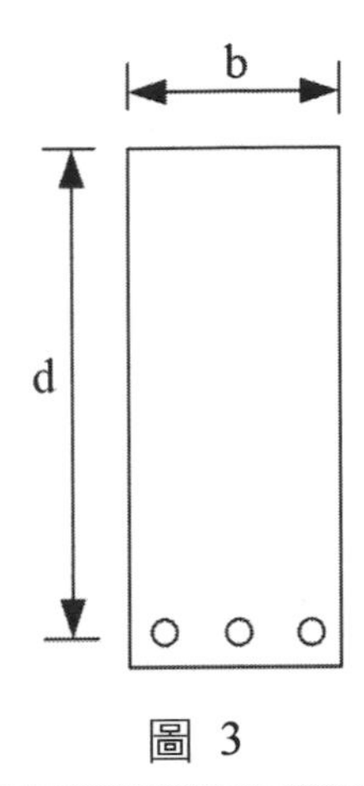

圖 3

參考題解

假設拉力鋼筋降伏

（一）$d = 60\ cm$；$A_s = 15\ cm^2$

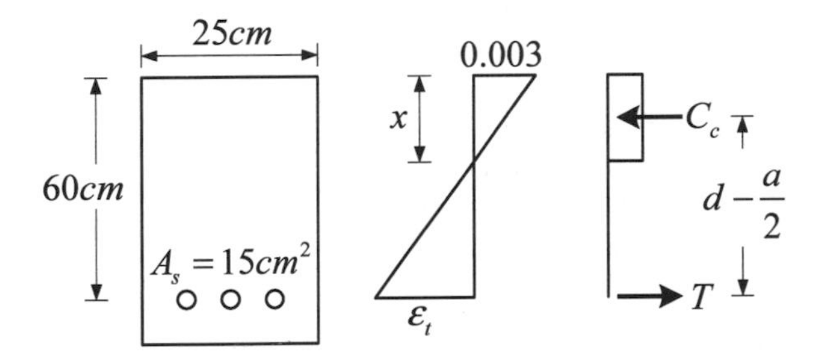

（二）中性軸位置：假設 $\varepsilon_s > \varepsilon_y$

1. $C_c = 0.85 f_c' ba = 0.85(210)(25 \times 0.85x) \approx 3973x$
2. $T = A_s f_y = 15 \times 4200 = 63000\ kgf$
3. $C_c = T \Rightarrow 3793x = 63000 \quad \therefore x = 16.6\ cm$
4. $\varepsilon_t = \dfrac{d-x}{x}(0.003) = \dfrac{60-16.6}{16.6}(0.003) = 0.00784 > \varepsilon_y\ (OK)$

（三）計算 M_n

$$M_n = C_c\left(d - \frac{a}{2}\right) = 3793(16.6)\left(60 - \frac{0.85 \times 16.6}{2}\right) = 3333618\ kgf-cm \approx 33.34\ tf-m$$

108 年 特種考試交通事業鐵路人員考試試題／土木施工學概要

一、請回答下列問題：（每小題 10 分，共 30 分）

（一）何謂自充填混凝土（Self-Compacting Concrete, SCC）？請詳述之。

（二）試說明混凝土施工程序與澆置速率應如何配合，以避免影響模板工程之安全性。

（三）監測系統常用的傾斜儀（inclinometer）之觀測方法為何？

參考題解

（一）自充填混凝土

指澆置過程不需加以振動搗實，可藉由本身之充填能力而填滿鋼筋間隙與模板角偶之混凝土（免搗實可自行填滿模板之混凝土），材料組成中除使用高性能減水劑（強塑劑）外，另摻用大量惰性與半惰性礦物摻料與採高細骨材率配比，增加其工作性（充填性）。混凝土具有高流動性、高充填性、高品質與耐久性等特性，常用於需高充填性免搗實需求之場合。

其優點如下：

1. 免搗實振動施工，節省勞務。
2. 避免工人擅自加水，品管易落實。
3. 泵送作業損耗小，效率提升。
4. 減少蜂窩等瑕疵與所衍生額外支出。

（二）避免影響模板工程之安全性，混凝土施工程序與澆置速率配合原則：

1. 保持施工載重平衡，避免上浮。
2. 長方形建物版或多跨（孔）橋面版，應分別由兩邊起以跳島方式進行澆置。
3. 垂直構造物應保持各部分之高度相同且同一區劃內。
4. 有窗戶之 RC 牆在同一澆置劃分內，應先澆置至窗台高度，並在混凝土初凝後，再進行澆置至窗頂。
5. 梁或版與其支承由牆或柱同次澆置混凝土，應俟牆或柱中混凝土無塑性，且至少澆置 2 小時以後方可澆置梁或版之混凝土。
6. 空心梁或空心樓板之澆置，應沿空心梁之垂直方向進行，並不使產生偏心荷重。
7. 大高度柱牆構材（淨高 3 m 以上），宜分段澆置，避免模板側壓力過大。
8. 高流動性混凝土（如自充填混凝土等）模板側壓力大，除注意模板之襯板與支撐之牢固程度外，混凝土澆置速率不可過快。

（三）傾斜儀之觀測方法

傾度管完成安裝於預定觀測之土層垂直鑽孔或壁體中（土層以填砂或水泥砂漿固定）後，觀測方法如下：

1. 傾斜儀之導輪（上下兩對）對準傾斜管十字凹槽（雙向凹槽），滑入管內。
2. 傾斜儀從傾度管底部逐次提升到頂部，在預定位置（通常依需求間隔 0.5m 或 1m）停頓，並由讀數器讀出各深度的傾度值並記錄。
3. 計算測點間位移量與管頂總位移量：
   測點間位移量（δ）＝導輪間距離（L）×傾角正弦值（$\sin\theta$）
   管頂總位移量＝管頂與管底相對位移量（$\Sigma\delta$）＋管底位移量（δ_0）
4. 比對不同時間之傾度值與位移量，可觀測周圍土層的滑動位移或壁體傾斜程度，提供營建工程設計、施工或營運各階段所需資訊與預警。

二、工程施工過程，經常將歷次材料試驗結果依序標示在一時間座標上，以統計原理設置上下管制界限，形成所謂的管制圖。（每小題 10 分，共 20 分）
（一）請問當管制圖呈現那些趨勢時，則判定是有異常原因出現，應予檢討？
（二）這些異常的可能原因為何？

參考題解

（一）管制圖判定是有異常原因出現準則

1. 管制界限之外：一點落在管制界限之外，判定異常。
2. 在上下管制界限之內，有可能發生異常之情形（七點判定異常）：
   （1）在中心線一側出現較多。
   （2）連續偏中心線一側。
   （3）逐漸上升或下降。
   （4）週期性變化。
   （5）集中在中心線附近。
   （6）集中在管制線附近。

（二）異常的可能原因

影響品質變化之因素，以其發生機率及影響程度可分為隨機原因（亦稱機遇原因）與異常原因（亦稱可究原因）兩大類。

管制圖在於偵測是否有「異常原因」存在，提供品管判斷之依據，其發生機會不多，發生時對品質影響嚴重，必須立即追究原因並作改正。

異常的可能原因如下：

1. 材料錯用或料源變動。
2. 配方錯誤。
3. 機械精度不足。
4. 人為操作不當。
5. 取樣或試驗方法缺不對。

三、請回答下列問題：

（一）鐵路地下化之車站站體常需進行基礎開挖，開挖之地下水處理常用降低地下水工法及止水工法，上述兩工法相關的搭配工法有那些？（15分）

（二）處理地下水的目的為何？（10分）

參考題解

（一）地下水處理常用工法

1. 降低地下水工法：

（1）集水井排水法：

又稱集水坑排水法，於基地開挖底面周圍適當位置設置集水井（坑），利用邊溝、高程差等方法將開挖底面之地下水或湧水，以自流方式集中於集水井（坑）中，再以抽水泵抽水排出。屬於重力排水，簡單迅速。

（2）深井排水法：

於基地適當位置鑽井，設置具濾孔之鋼套管，以沉水泵置入預定水位面下（約1m）抽水排出。亦屬重力排水，適用於滲透係數高之砂土層，通常本法井孔之孔徑、間距與深度皆較大。

（3）點井排水法：

於基地開挖周圍間隔設置簡易井，埋設濾砂層與端部具過濾器之抽水管，抽水管連結至地表集水管且構成系統，以抽水泵抽水排出。本法屬真空強制排水，除砂土層外，亦適用於滲透係數較低之沉泥與粘土層，通常本法井孔之孔徑與深度較小，間距較密，多採用離心泵抽水。

（4）電氣滲透法：

於土層中設置正負電極，通電產生磁場效應，使水由陽極往陰極移動，並於陰極排水。本法亦屬強制排水，適用於滲透係數低之粘土層。

2. 止水工法：

（1）止水壁法：

以適當深度之不透水壁體，阻絕側向水流，並降低滲流水壓力，使底面滲流水降至開挖面下。常用不透水壁體，包括：

①止水版樁

②不透水粘土壁（如皂土板等）

③地下連續壁

（2）地盤改良法：

①藥液灌漿

②水泥灌漿

③凍結工法

（二）處理地下水的目的

1. 減少開挖面底部砂湧：

對於透水性良好地盤，降低水位差，減少流砂由開挖面底部滲出。

2. 降低擋土壁管湧：

減少水力坡降，降低滲流由擋土壁帶出土壤顆粒現象。

3. 避免開挖面底部隆起：

對於軟弱粘土地盤，降低水位，增加支持開挖背面土粘土層之抗力，避免粘土塑性流動產生擠壓，使開挖面底部向上隆起。

4. 防止擋土設施破壞：

降低水位，減少擋土壁所承受水壓力與主動土壓力，防止擋土設施破壞。

5. 降低邊坡沖刷崩坍：

對於採斜坡明塹擋土工法或山坡地工址，排水可降低水力坡降，減少坡面沖刷力，增加邊坡之穩定性，降低崩坍發生。

6. 避免地下室上浮：

降低水位，減少地下室上浮力，避免地下室上浮。

四、壓路機（roller）是土方工程常用到的施工機具，路基材料之壓實可用滾壓法與震動法。

（一）請問這兩種方法會用到那些不同形式的壓路機具，其分別如何施工，並寫出其適用於那種土壤？（15分）

（二）壓路機之壓實效果會受到那些參數的影響？（10分）

參考題解

（一）施工方式與適用性

1. 滾壓法：

（1）施工方式：

係靠機具本身重量所產生靜壓力對土石方進行壓實，造成永久變形。隨滾壓次數的增加，土方之變形量逐漸變小（空隙變少），最後趨近於零。土方工程壓實度要求高，則必須提高壓實能量（使用較重或他型的機具）。

（2）適用性：

採滾壓法之壓路機包括鐵（光）輪壓路機、膠輪壓路機與羊腳壓路機三種，其適用性分述於下：

①鐵（光）輪壓路機：

A. 分層厚度：用於薄層填土。

B. 土質：

(A) 最適合：各類粗粒土壤（礫石、砂、粉土或粘土質礫石與砂；AASHTO A-1～A-3）。

(B) 不適合：溼粘土與均勻砂。

②膠輪壓路機：

A. 分層厚度：用於薄層填土。

B. 土質：適合各類粗粒與細粒土壤（AASHTO A-1～A-7）。

③羊腳壓路機：

A. 分層厚度：可用於厚層填土。

B. 土質：適合各類細粒土壤（粉土與粘土；AASHTO A-4～A-7）。

2. 震動法：

（1）施工方式：

係靠機具本身重量之靜壓力與震動裝置產生所產生震動力共同作用，對土石方進行壓實。震動裝置所產生高頻震動，可使土石方顆粒間的摩擦力大幅減小，使其壓實能力高，壓實效果佳。

（2）適用性：

採震動法之壓路機（稱為震動式壓路機）。

①分層厚度：用於厚層填土、壓實度求較高或無法使用滾壓法之各類壓路機場合。

②土質：適合各類粗粒土壤（AASHTO A-1～A-3）。

（二）影響參數

在相同土石方材料下，壓路機壓實效果與土石方材料含水率、壓實能量、壓實次數與碾壓速度等參數有關，分述於下：

1. 含水率：

   越接近最佳含水率（OMC），有越高壓實度。考慮壓實過程，含水率變化，OMC 偏溼側壓實，壓實效果較佳。

2. 壓實能量：

   壓實能量越高，最大乾密度越高（通常壓實度亦越高），最佳含水率則越低。滾壓法與震動法之壓路機具之壓實能量，常以土石方材料所承受接觸壓力表示。分述於下：

   （1）滾壓法：

   滾壓法壓路機之接觸壓力係以機具總重量及接觸面積有關之靜壓力有關。三種壓路機接觸壓力範圍，鐵輪壓路機 300~400KN/m^2，膠輪壓路機 600~700KN/m^2，羊腳壓路機 1500~7500 KN/m^2，亦即羊腳壓路機＞膠輪壓路機＞鐵輪壓路機。

   （2）震動法：

   震動壓路機接觸壓力是由靜壓力和動壓力二者所組成，動壓力以振動頻率和振幅為主要參數。通常針對不同土石方材料與分層厚度，各有最合宜頻率和振幅，一般薄層填土宜採用高頻與小振幅振動，厚層填土宜採用低頻與大振幅振動。振動頻率與振幅之效應，分述於下：

   ①振動頻率：

   以接近土石方材料固有頻率（約 25~50Hz）時，壓實效果最佳。振動頻率過低，固然會降低壓路機的壓實效果；但振動頻率過高，材料易因受到不規則衝擊，造成過度碾壓，使材料析離，改變級配與架構，同樣會降低壓實效果。

   ②振幅：

   振幅越小，土石方材料壓實影響深度較淺；振幅越大，壓實影響深度較深。固定頻率時，可以增大振幅，來獲得較大的壓實度。過大的振幅會壓碎較粗顆粒，破壞鑲嵌架構，分層厚度小時，通常不使用大振幅。

3. 壓實次數：

   壓實作業初始階段，壓實度增加速率快；隨壓實次數增加，壓實度增加速率逐漸變慢，達到一定的壓實次數後，壓實度將終趨於平穩。過多的壓實次數易使顆粒破碎，造成過度壓實現象，影響壓實效果。因此、各型壓路機有其最佳的壓實次數。

4. 碾壓速度：

較高的碾壓速度可提高工進，但易對土石方材料產生移位，影響壓實的效果；較低的碾壓速度使壓路機傳遞給土石方材料較多壓實能量。因此，碾壓速度增加時，通常壓實次數亦應增加。

另外、因滾壓法壓路機之碾壓速度和壓實次數有關聯性，震動壓路機之碾壓速度則與壓實次數及振動頻率皆有關聯性。因此、壓路機最佳碾壓速度，需透過最佳化分析求得。

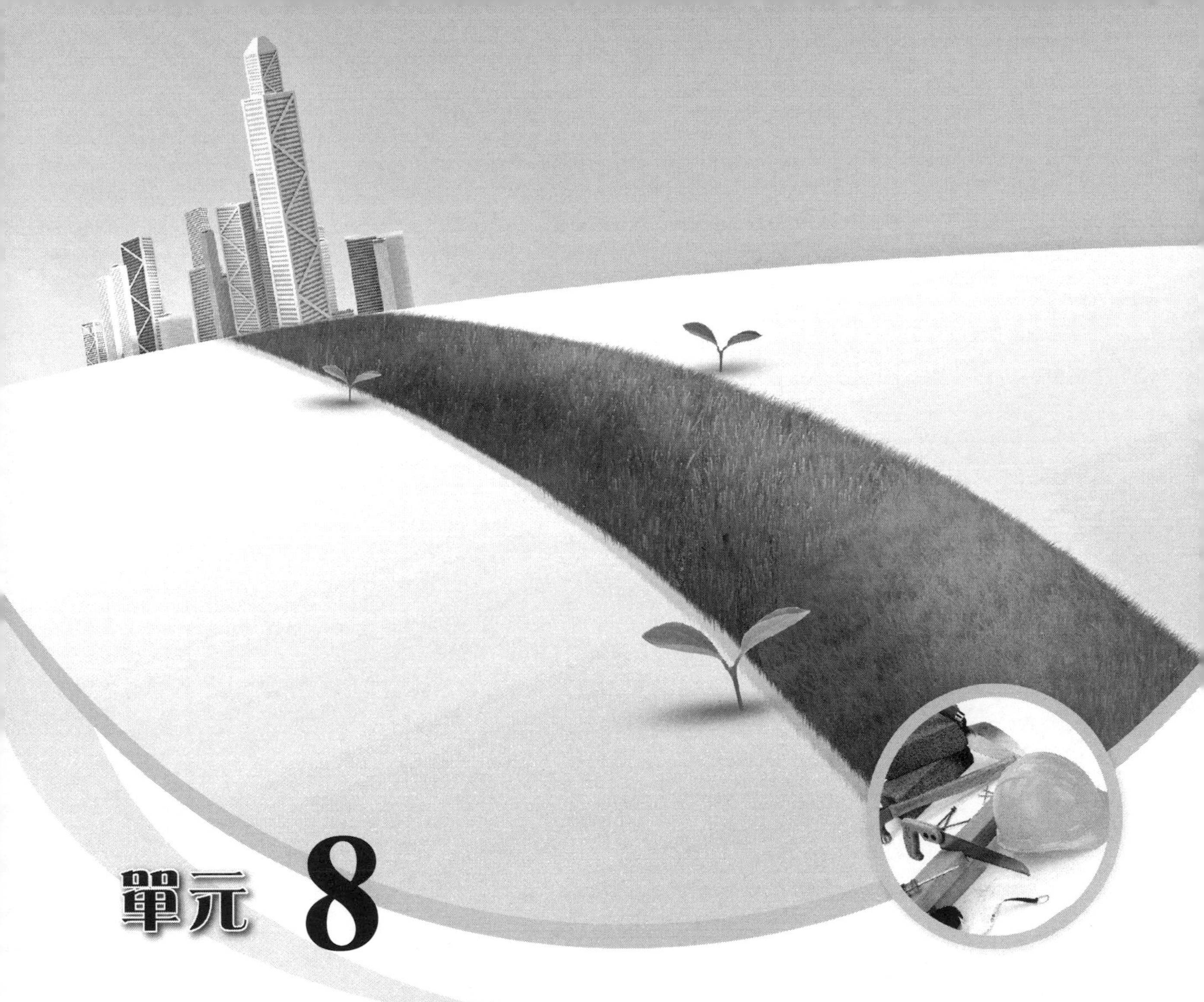

單元 8

司法特考三等
檢察事務官

108年 公務人員特種考試司法人員考試試題／結構分析（包括材料力學與結構學）

一、如圖一為貫入土層之樁的力平衡示意圖，考慮此樁自樁頂緩慢施壓（圖一(a)），由地表使樁逐漸完全貫入土層中（圖一(b)）。貫入過程中，忽略任何設備造成的衝擊、振動或動力效應，亦即在特定貫入深度（y）時，樁頂 P 外力與土壤總阻力滿足靜力平衡關係。已知選用的樁長度 L 為 4 公尺，樁斷面在各深度的土壤摩擦阻力為定值 $f=0.5$ kN/m，樁斷面剛度 EA = 8 MN：

（一）假設貫入過程沒有挫屈情形，求出樁完全埋入土壤時長度縮短的量？（10 分）

（二）（此小題考慮樁貫入過程可能發生挫屈情形），假設樁底埋入端可視為固端（fixed），樁頂加壓設施對樁頂端之支撐條件可視為無束制（free），已知此 4 公尺長度之樁的簡支條件尤拉挫屈載重（Euler Buckling Load）是 1 kN，請計算分析此 4 公尺樁於貫入過程中是否發生挫屈？如研判會發生挫屈，說明挫屈發生時的貫入深度？如研判此 4 公尺樁不會發生挫屈，相同樁斷面與性質的條件下，說明貫入時不發生挫屈所可選用的最大樁長是多少？（15 分）

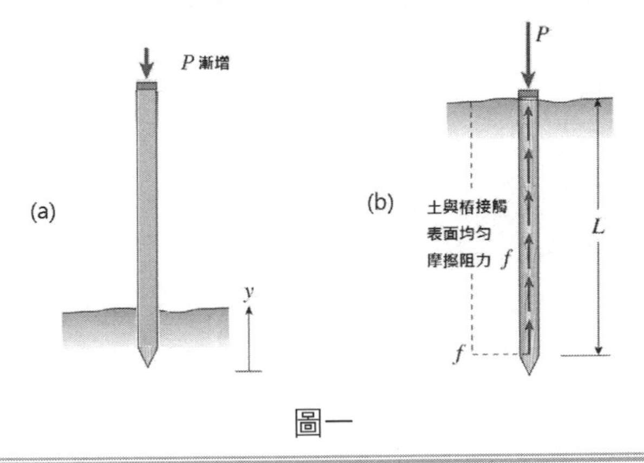

圖一

參考題解

（一）不計挫屈時，參圖(c)所示可得

$$S(x)=P-f\cdot x$$

故桿件之長度縮短量為 δ 為

$$\delta=\int_0^L\frac{(P-f\cdot x)dx}{AE}=5\times10^{-4}m$$

上式中 $L=4m$ ， $AE=8\times10^3kN$ ， $f=0.5kN/m$ 。

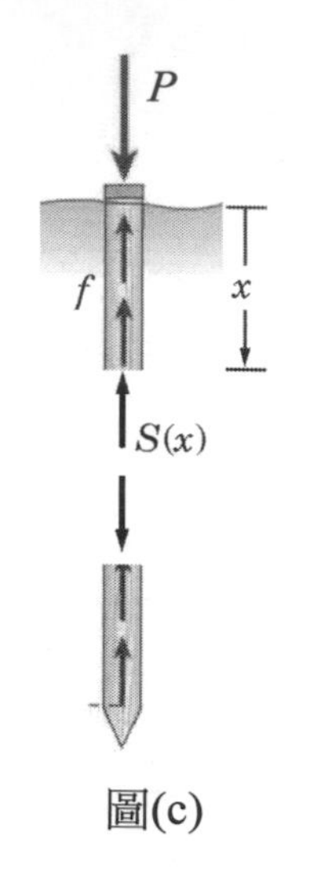

圖(c)

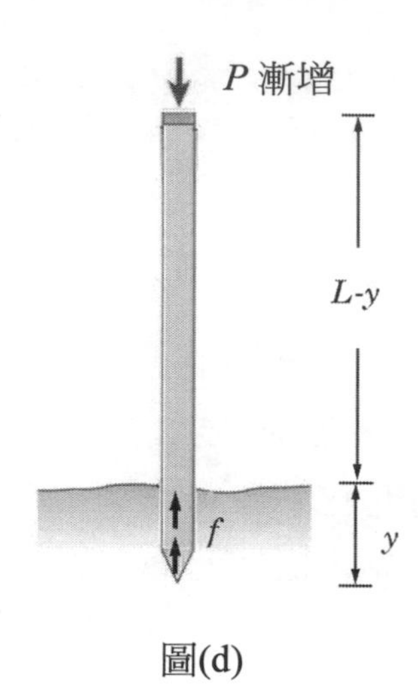

圖(d)

（二）考慮挫屈時，參圖(d)所示可得

$$P = f \cdot y$$

又桿件的挫屈載重 P_{cr} 為

$$P_{cr} = \left[\frac{\pi}{2(L-y)}\right]^2 EI = \frac{1}{(L-y)^2}\left[\left(\frac{\pi}{2}\right)^2 EI\right] = \frac{4}{(L-y)^2}$$

欲不產生挫屈，應有

$$f \cdot y \leq \frac{4}{(L-y)^2}$$

當 $L = 4m$ 時，由上式解得 $y \leq 0.764m$。亦即，當貫入深度為 $y = 0.764m$，桿件會發生挫屈。

二、圖二所示混凝土試體為脆性材料，此圓柱試體直徑為 5 cm、高 20 cm，試體於兩端同時受到軸壓力（P）與扭力（T）作用，針對試體 10 cm 高度處的表面位置（陰影示意區域），回答下列問題：

（一）假設 P = 2 kN，T = 50 N-m，試求此表面陰影位置的應力狀態。（10 分）

（二）假設 P = 0，扭力 T 由零持續增加直到試體破裂，試論述圓柱試體表面裂縫的走向（以 θ 表示或畫圖示意）。在此簡化假設混凝土主軸張應力達 2 MPa 時便產生開裂並迅速破壞。（5 分）

（三）續（二），若軸壓力 P 維持在 2 kN，扭力 T 由零持續增加直到試體破裂。估計圓柱試體開始破壞時之扭力大小？根據你的計算，此情形下，圓柱試體表面裂縫的走向？（10 分）

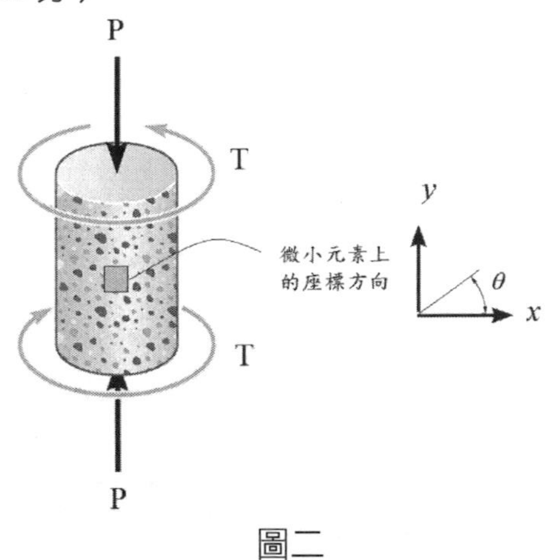

圖二

參考題解

（一）當 $P=2kN$ ，$T=50\ N\cdot m$ 時，材料點的應力態如圖(a)所示，

其中

$$\sigma=\frac{4P}{\pi d^2}=\frac{4(2)}{\pi(0.05)^2}=1018.59\ kPa$$

$$\tau=\frac{16T}{\pi d^3}=\frac{16\left(50\times10^{-3}\right)}{\pi(0.05)^3}=2037.18\ kPa$$

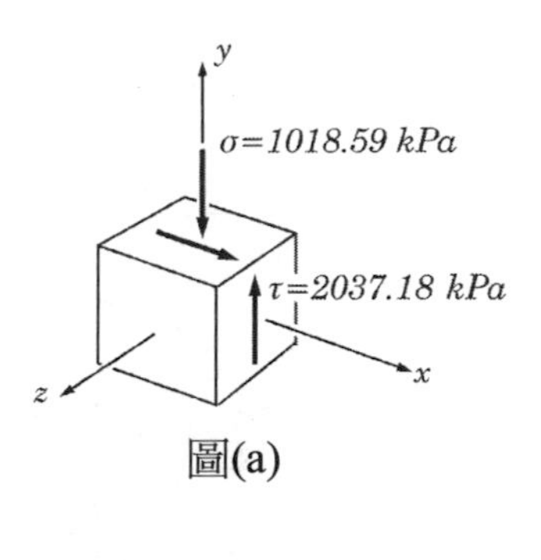

圖(a)

（二）當 P＝0，T 漸增時，材料點的應力態如圖(b)所示，此時之主應力 σ_P 為

$$\sigma_P=\frac{16T}{\pi d^3}=\frac{16T}{\pi(0.05)^3}=2\times10^3\ kPa$$

由上式可解得 $T=49.09N\cdot m$ 。試體發生破壞之裂縫方向，如圖(b)中所示。

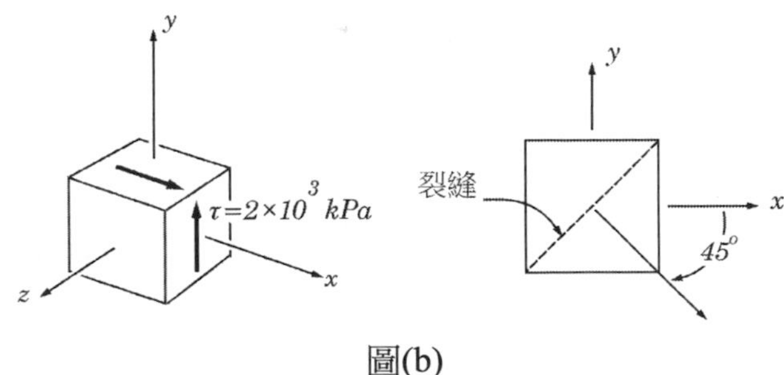

圖(b)

（三）當 $P=2kN$ ，T 漸增時，材料點的應力態如圖(c)所示，最大之主應力 σ_P 為

$$\sigma_P = -\left[\frac{1018.59}{2} + \sqrt{\left(\frac{-1018.59}{2}\right)^2 + (\tau)^2}\right] = -2\times10^3\,kPa$$

由上式得$\tau = 1401.01\,kPa$。再由$\tau = 16T/\pi d^3$得$T = 34.39\ N\cdot m$。另主軸方向角為

$$\theta_P = \frac{1}{2}\tan^{-1}\left(\frac{2(1401.01)}{1018.59}\right) = \begin{cases} 35.01^\circ \\ -54.99^\circ \end{cases}$$

須取上述54.99°（順鐘向），裂縫方向如圖(c)中所示。

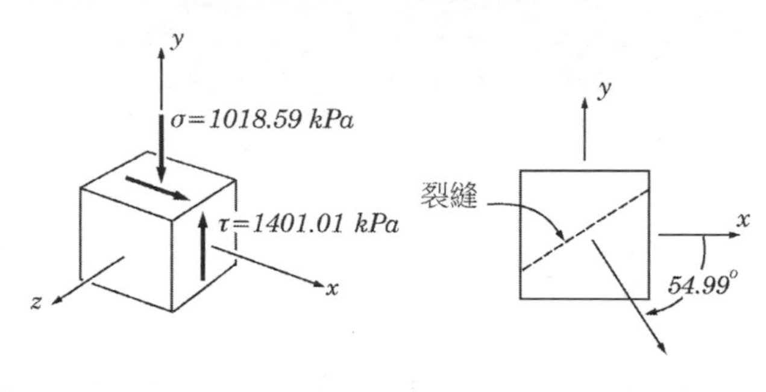

圖(c)

三、圖三所示細長圓柱桿為銅製，其材料性質為 E = 100 GPa，$\alpha = 17\times10^{-6}$ per ℃。此圓柱桿直徑 5 cm，長度為 1 m，左端 A 點固接於牆，右端 B 點與牆間縫隙寬度原本為 2 mm。假設此桿開始均勻增溫ΔT：

（一）試求 B 點與牆間縫隙剛好閉合時之增溫ΔT 大小。（5 分）

（二）續（一），已知銅降伏應力$\sigma_y = 350$ MPa，銅桿閉合後繼續增溫，B 點接觸牆面處可視為銷接（Pinned），試論述此銅桿是否發生彈性挫屈？發生挫屈或是初始降伏時之ΔT 為何？（20 分）

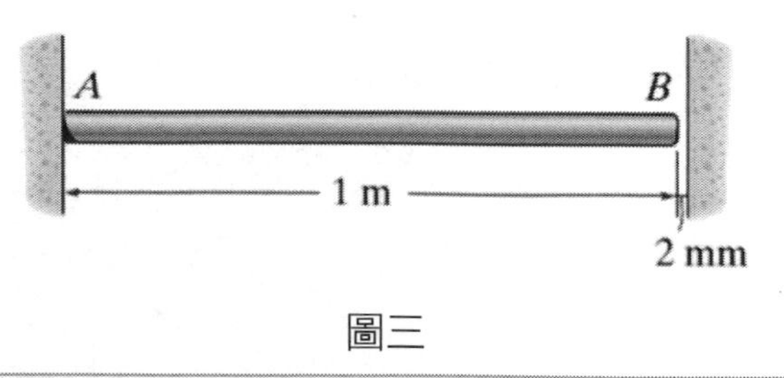

圖三

參考題解

（一）隙縫恰要閉合時，應有

$$\delta = \alpha\cdot L\cdot\Delta T$$

其中$\delta=2\times10^{-3}m$，$\alpha=17\times10^{-6}\ 1/°C$，$L=1m$。由上式得

$$\Delta T=\frac{\delta}{\alpha\cdot L}=117.65°C$$

（二）閉合後繼續升溫，如上圖所示，設桿件軸力為 P（壓力）。桿件的降伏載重P_y及挫屈載重P_{cr}分別為

$$P_y=\left(\frac{\pi d^2}{4}\right)\sigma_y=\left(\frac{\pi(0.05)^2}{4}\right)(350\times10^3)=687.22\ kN$$

$$P_{cr}=\left(\frac{\pi}{0.7L}\right)^2 EI=\left(\frac{\pi}{0.7}\right)^2(100\times10^6)\left(\frac{\pi(0.05)^4}{64}\right)=617.95\ kN$$

比較上列結果可知，桿件先發生挫屈。由相合條件得

$$\delta=\frac{-P_{cr}L}{AE}+\alpha\cdot L\cdot\Delta T$$

其中$A=\pi d^2/4=1.964\times10^{-3}m^2$。由上式得挫屈時$\Delta T=302.78°C$

四、圖四所示靜定桁架結構，車行橋面位於桁架 AG 線上：

（一）試求桿 BK 之桿件力在單一集中移動載重作用下之影響線。（10 分）

（二）當圖四(b)所示移動載重組合，由左向右通過桁架橋面 AG 時，試求桿 BK 在該移動載重組合通過時造成之最大桿力。（15 分）

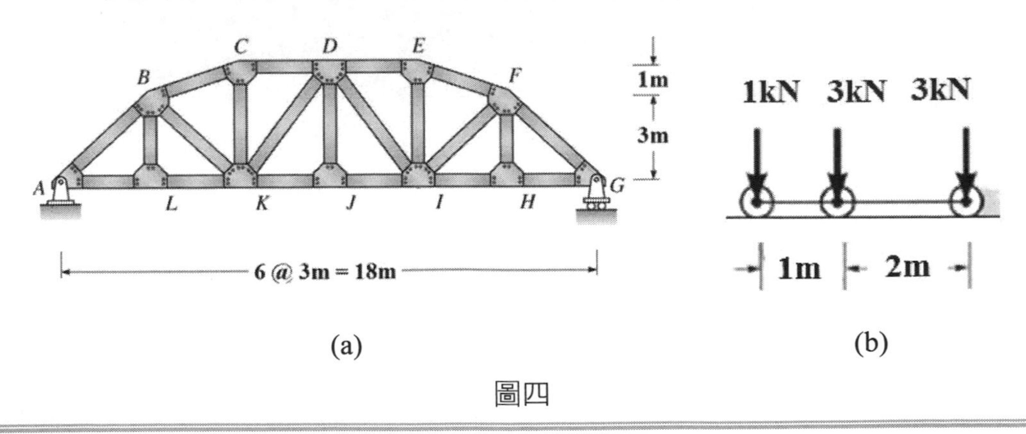

圖四

參考題解

（一）參圖(c)所示，繪 m 斷面之彎矩及剪力影響線。

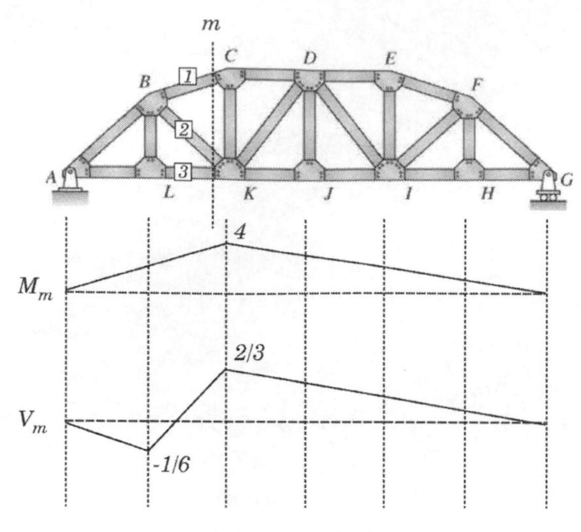

圖(c) 影響線

（二）依 m 斷面彎矩的等效力系可知

$$S_1 = -\frac{\sqrt{10}}{12} M_m \cdots\cdots\cdots\cdots\cdots\cdots\cdots\cdots\cdots ①$$

由①式可得 S_1 的影響線，如圖(d)中所示。再依 m 斷面剪力的等效力系可得

$$S_{BK} = S_2 = \sqrt{2}\left[V_m + \frac{S_1}{\sqrt{10}}\right] \cdots\cdots\cdots\cdots ②$$

由②式可得 S_{BK} 的影響線，如圖(d)中所示。

（三）當組合載重位於圖(d)中位置時，BK 桿有最大桿力，其值為

$$(S_{BK})_{\max} = 1\left(\frac{\sqrt{2}}{3}\right) + 3\left(\frac{11\sqrt{2}}{36}\right) + 3\left(\frac{3\sqrt{2}}{12}\right) = 2\sqrt{2}\ kN$$

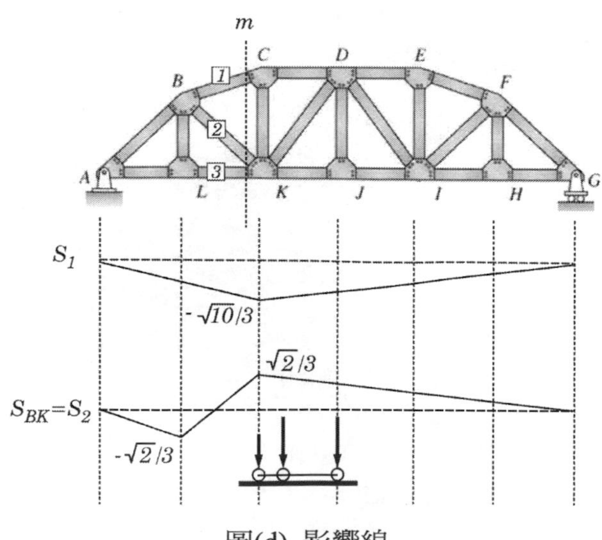

圖(d) 影響線

108年 公務人員特種考試司法人員考試試題／結構設計（包括鋼筋混凝土設計與鋼結構設計）

一、有一混凝土斷面使用降伏強度 $f_y = 2800\ kgf/cm^2$ 之鋼筋及矩形箍筋，若此斷面為過渡斷面，如圖一所示其關係方程式為 $\phi = A + B\varepsilon_t$，求 A、B。$E = 2.04\times10^6\ kgf/cm^2$。（20分）

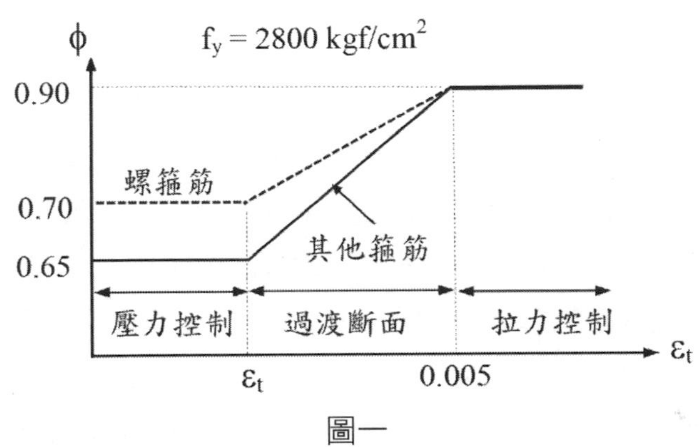

圖一

參考題解

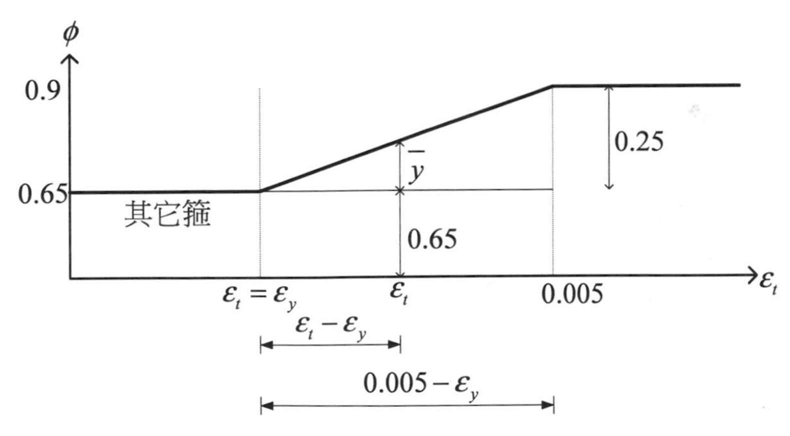

（一）壓力控制界線：$f_y = 2800\ kgf/cm^2 \Rightarrow \varepsilon_y = \dfrac{2800}{2.04\times10^6} \approx 0.00137$

（二）$\dfrac{\bar{y}}{0.25} = \dfrac{\varepsilon_t - \varepsilon_y}{0.005 - \varepsilon_y} \Rightarrow \bar{y} = \left(\dfrac{\varepsilon_t - \varepsilon_y}{0.005 - \varepsilon_y}\right)\cdot 0.25$

$$\Rightarrow \bar{y} = \left(\frac{\varepsilon_t - 0.00137}{0.005 - 0.00137}\right)\cdot 0.25 = 68.87\varepsilon_t - 0.094$$

（三）$\phi = 0.65 + \bar{y} = 0.65 + (68.87\varepsilon_t - 0.094) = 0.556 + 68.87\varepsilon_t \Rightarrow \begin{cases} A = 0.556 \\ B = 68.87 \end{cases}$

二、在計算受拉竹節鋼筋之伸展長度時，需針對各種狀況加以修正，請詳細說明各項修正因數及其修正原因。（20 分）

參考題解

受拉伸展長度公式：$L_d = 0.28\dfrac{f_y}{\sqrt{f_c'}}\left[\dfrac{(\psi_t\psi_e\psi_s\lambda)}{\dfrac{c_b+K_{tr}}{d_b}}\right]d_b$

（一）ψ_t：鋼筋位置修正因數⇒澆置厚度超過 30cm，骨材會下沉導致頂層混凝土品質下降

1. ψ_t=1.0：水平鋼筋其下混凝土一次澆置厚度未大於 30 cm 者
2. ψ_t=1.3：水平鋼筋其下混凝土一次澆置厚度大於 30 cm 者

（二）ψ_e：鋼筋塗布修正因數⇒塗布環氧樹脂，會降低握裹力傳遞，故需增加伸展長度

1. ψ_e =1.0：其它（一般未塗布環氧樹脂之鋼筋）
2. ψ_e =1.2：其它之環氧樹脂塗布鋼筋
3. ψ_e =1.5：環氧樹脂塗布之鋼筋，保護層小於 $3d_b$ 或其淨間距小於 $6d_b$

（三）ψ_s：鋼筋尺寸修正因數⇒小號鋼筋（D19 以下）所需的伸展長度為大號鋼筋的 80%

1. ψ_s=0.8：D19 尺寸以下號數之鋼筋（含 D19）
2. ψ_s=1.0：D22 尺寸以上號數之鋼筋（含 D22）

（四）λ：混凝土單位重之修正因數：輕質混凝土與常重混凝土在相同的 f_c' 下，其抗拉強度較低。所以將所需的伸展長度放大 30%來補償

1. λ=1.0：常重混凝土
2. λ=1.3：輕質混凝土

（五）$\dfrac{c_b+K_{tr}}{d_b}$：增加鋼筋周圍混凝土強度或增加箍筋，可提高圍束效果進而減低需要的伸展長度

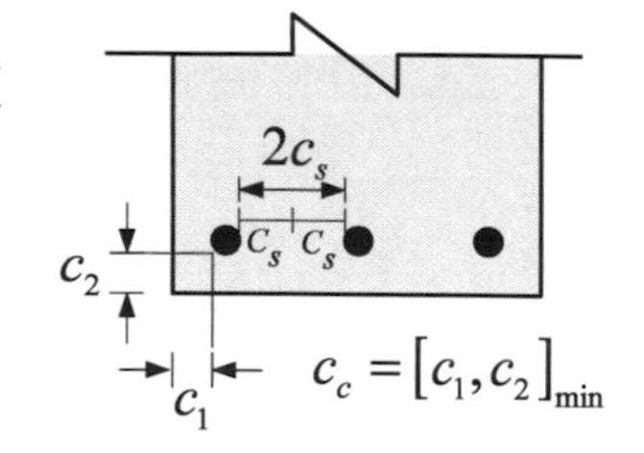

1. $c_b = \left[\; c_c + \dfrac{d_b}{2} \quad , \quad c_s + \dfrac{d_b}{2} \;\right]_{\min}$

2. $K_{tr} = \dfrac{A_{tr} f_{yt}}{105sn}$：橫向鋼筋指標

A_{tr}：在 s 距離內，劈裂面通過的橫向鋼筋（箍筋）總面積

f_{yt}：橫向鋼筋降伏強度

s：橫向鋼筋間距

n：劈裂面上待伸展的鋼筋數（主筋）

【說明】

（一）規範規定的 L_d 為鋼筋直徑 d_b 的倍數

1. 伸展長度不得小於 30 cm ⇒ $L_d \geq 30\ cm$
2. 伸展長度 L_d 不用乘折減係數（公式內已經有相關的修正係數了）

（二）$\psi_t\psi_e \leq 1.7$ ⇒意即 ψ_t=1.3、ψ_e=1.5 時，兩者之乘積取 1.7 即可（不用取到 1.3×1.5）

（三）$\dfrac{c_b+K_{tr}}{d_b}$ 有上下限的限制：$1.0 \leq \dfrac{c_b+K_{tr}}{d_b} \leq 2.5$

1. 上限規定：當 $\dfrac{c_b+K_{tr}}{d_b} > 2.5$ 時，破壞模式轉為拉出破壞，這時候增加保護層厚度或提高圍束力並無法增加握裹強度 u_c。
2. 下限規定：當斷面沒有配置橫向鋼筋時，$K_{tr}=0$。而 c_b 的最小值為 $1db$，所以 $\dfrac{c_b+K_{tr}}{d_b}$ 的最小值為 1.0
   - c_b 的最小值為何為 $1d_b$ 呢？⇒同層平行鋼筋間之淨距不得小於 1.0db，或粗粒料標稱最大粒徑 1.33 倍，亦不得小於 2.5 cm。{規範 13.5.1}

（四）主筋設計時，會使用略微過量的鋼筋，此時 L_d 可依超用鋼筋量進行折減{規範 5.3.5}

$$\text{伸展長度} = L_d \times \frac{\text{需求}A_{s,req}}{\text{實際使用}A_{s,use}}$$

（五）公式中的 f_c' 不可超過 $700kgf/cm^2\,(10000\,psi)$ ⇒缺乏相關研究資料

三、有一懸臂梁長 L = 300 cm，上承梁自重 W_D 及活載重 W_L，梁為倒 T 型斷面如圖二，各部位尺寸（cm）：有效翼寬 b_E =120 cm, b_w = 40 cm, t = 10 cm, h = 60 cm, d = 52 cm，混凝土 fc' = 210 kgf/cm^2，鋼筋 f_y = 4200 kgf/cm^2，A_s = 5 - #10（直徑 d_b = 3.22 cm）。求：

（一）梁斷面之設計強度 M_{ds}（tf · m）。（20分）

（二）可加載的最大活載重 W_L（tf/m）。（10分）

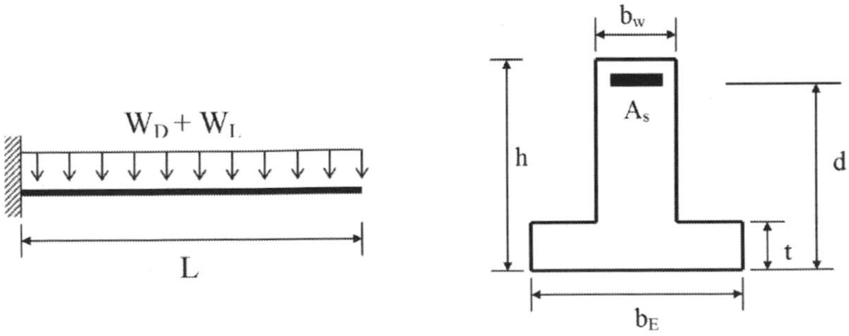

$W_D + W_L$

L

b_w

A_s

h

d

t

b_E

圖二

參考題解

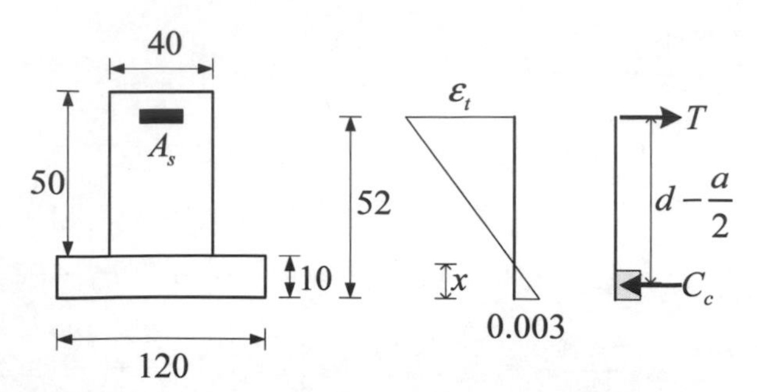

（一）梁斷面之設計強度 M_{ds}

1. $d = 52cm$

$$a_b = \frac{\pi}{4}d_b^2 = \frac{\pi}{4}(3.22)^2 = 8.143\ cm^2$$

$$A_s = 5 \times 8.143 = 40.715\ cm^2$$

2. 混凝土與鋼筋受力（假設平衡時中性軸位置為 x，此時 $a < t_f$，且拉力筋降伏）

（1）混凝土翼版：$C_c = 0.85 f_c' b_E a = 0.85(210)(120)(0.85x) = 18207x$

（2）拉力筋：$T = A_s f_y = (40.715)4200 = 171003\ kgf$

3. 中性軸位置

（1）$C_c = T \Rightarrow 18207x = 171003 \Rightarrow x \approx 9.4\ cm\ \left(a = 0.85x = 8cm < t_f = 10\text{cm}\ \therefore OK\right)$

$$\varepsilon_s = \frac{d-x}{x}(0.003) = \frac{52-9.4}{9.4}(0.003) = 0.0136 \geq \varepsilon_y \Rightarrow OK$$

（2）$C_c = T = 171003\ kgf \approx 171\ tf$

4. 計算 M_n

$$M_n = C_c\left(d - \frac{a}{2}\right) = 171\left(52 - \frac{0.85 \times 9.4}{2}\right) = 8209\ tf-cm = 82.09\ tf-m$$

5. 計算 ϕM_n：$\varepsilon_t = \varepsilon_s = 0.0136 \geq 0.005\ \therefore \phi = 0.9$

$\Rightarrow \phi M_n = 0.9(82.09) \approx 73.88\ tf-m = M_{ds}$

（二）可加載的最大活載重 W_L

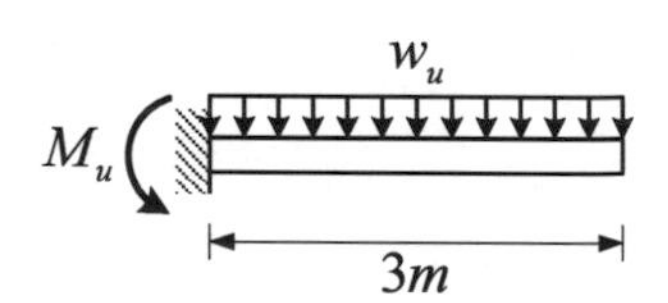

1. 設計載重

$w_D = 2.4(1.2 \times 0.1 + 0.5 \times 0.4) = 0.768\ tf/m$

$w_u = 1.2w_D + 1.6w_L = 1.2(0.768) + 1.6w_L$

2. 設計彎矩

$$M_u = \frac{1}{2}w_u(3)^2 = \frac{1}{2}\left[1.2(0.768) + 1.6w_L\right](3)^2$$

3. $\phi M_n \geq M_u \Rightarrow 73.88 \geq \frac{1}{2}\left[1.2(0.768) + 1.6w_L\right](3)^2$

$\therefore w_L \leq 9.69\ tf/m$

四、有一長 L＝10 m 之 H 型受壓構材，其端點有一端鉸接、另一端固接（K＝0.8），使用 SS490 鋼料（F_y = 2.9 tf/cm^2），在柱高 5.5 m 處，弱軸有橫梁連接如圖三，E = 2040 tf/cm^2，求柱之容許壓力 P_a（tf）。（30 分）

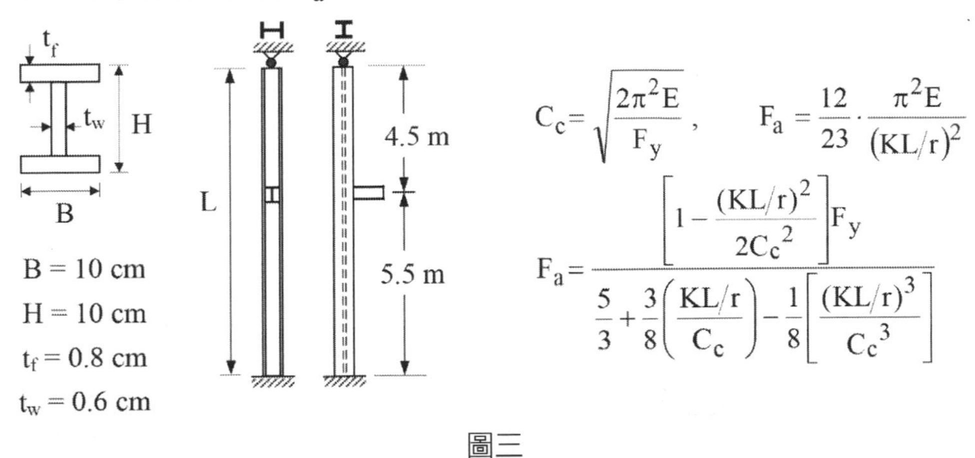

圖三

參考題解

（一）計算細長比

1. 強軸向（x 向）

（1）強軸迴轉半徑：$r_x=\sqrt{\frac{I_x}{A}}$

$$I_x=\frac{1}{12}\times10\times10^3-\frac{1}{12}(10-0.6)(10-0.8\times2)^3=369\ cm^4$$

$$A=10\times10-(10-0.6)(10-0.8\times2)=21.04\ cm^2$$

$$\Rightarrow\ r_x=\sqrt{\frac{I_x}{A}}=\sqrt{\frac{369}{21.04}}=4.19\ cm$$

（2）細長比

$K_x=0.8$（一端鉸接一端固接），$L_x=1000\ cm$

$$\frac{K_xL_x}{r_x}=\frac{0.8\times1000}{4.19}=190.93$$

2. 弱軸向（y 向）

（1）弱軸迴轉半徑：$r_y=\sqrt{\frac{I_y}{A}}$

$$I_y=\frac{1}{12}\times(10-0.8\times2)\times0.6^3+2\left(\frac{1}{12}\times0.8\times10^3\right)=133\ cm^4$$

$$\Rightarrow \ r_y = \sqrt{\frac{I_y}{A}} = \sqrt{\frac{133}{21.04}} = 2.51\ cm$$

（2）細長比

上段：$K_{y,上} = 1.0$（兩端鉸接），$L_{y,上} = 450\ cm$

$$\frac{K_{y,上} L_{y,上}}{r_y} = \frac{1.0 \times 450}{2.51} = 179.28$$

下段：$K_{y,下} = 0.8$（一端鉸接一端固接），$L_{y,下} = 550\ cm$

$$\frac{K_{y,下} L_{y,下}}{r_y} = \frac{0.8 \times 550}{2.51} = 175.30$$

3. 比較細長比

$$\frac{KL}{r} = \left(\frac{K_x L_x}{r_x}\ ,\ \frac{K_{y,上} L_{y,上}}{r_y}\ ,\ \frac{K_{y,下} L_{y,下}}{r_y} \right)_{\max} = (190.93\ ,\ 179.28\ ,\ 175.30)_{\max}$$

$$= 190.93$$

∴挫屈發生在強軸向（x 向）

（二）判斷壓力桿件挫屈型態

1. 計算 C_c

$$C_c = \sqrt{\frac{2\pi^2 E}{F_y}} = \sqrt{\frac{2\pi^2 \times 2040}{2.9}} = 117.84$$

2. 檢核 $\frac{KL}{r} \le C_c$，判斷挫屈型態

$$190.93 > 117.84 \Rightarrow \text{彈性挫屈}\ \therefore\ F_a = \frac{12\pi^2 E}{23\left(\frac{KL}{r}\right)^2}$$

3. 計算 F_a

$$F_a = \frac{12\pi^2 E}{23\left(\frac{KL}{r}\right)^2} = \frac{12\pi^2 \times 2040}{23 \times 190.93^2} = 0.29\ tf/cm^2$$

4. 計算 P_a

$$P_a = F_a A = 0.29 \times 21.04 = 6.10\ tf$$

108年 公務人員特種考試司法人員考試試題／施工法（包括土木、建築施工法與工程材料）

一、有一開挖擬採用泥漿牆工法（SMW）施作擋土牆，請試述此法之施工步驟及特性。（25分）

參考題解

（一）施工步驟

泥漿牆工法係場鑄連續壁工法，以改良之三桿連續螺旋式開挖機，就地鑽掘並注入水泥系硬化劑直接混拌均勻，再插入應力鋼材作為擋土牆（壁）。其施工步驟：

1. 導溝開挖：確認障礙物與製作泥水溝。
2. 導軌安置：配合 SMW 鑽掘機規格置放，並設置施工標記。
3. 鑽孔攪拌與硬化劑注入：
   （1）鋪設鋼板。
   （2）鑽掘與攪拌。
   （3）重複攪拌。
   （4）提升鑽桿攪拌。
   （5）下一單元施作：重複（2）～（4）步驟，採跳島重疊施工（詳如圖示）。

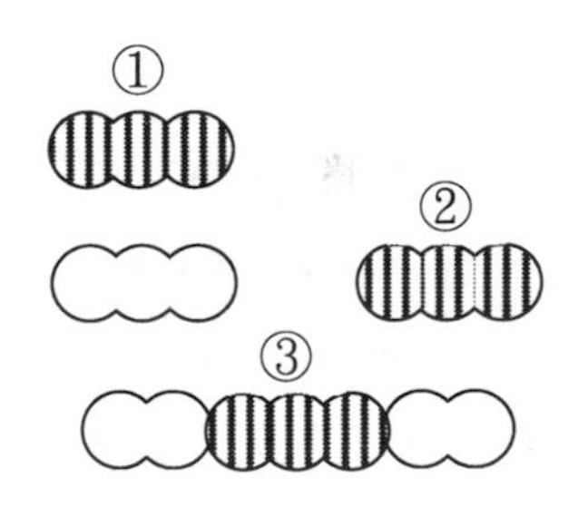

跳島重疊施工示意圖

4. 應力鋼材插入。
5. 吊放應力鋼材定位架與固定。
6. 壁體施作完成。
7. 廢土處理：依合約與相關法規規定運出。

（二）施工特性：

1. 壁體：
   （1）材質：土、水泥與皂土混合壁體加補強材（應力鋼材）。
   （2）尺寸：尺寸多元 （厚度 55~130 cm，最大深度 65 m），依設計而定。
   （3）形狀：排樁式。
   （4）精度：垂直精度高（1/150）。
   （5）止水性：高。
   （6）生產方式：場鑄。
2. 施工：

（1）方式：鑽掘不排土，就地混拌成型。

（2）接續：水平向（垂直深度）無接續；垂直向（水平長度） 透過重疊施工亦接近無接續。

（3）重覆利用：壁體不可回收利用，應力鋼材（採用 H 型鋼）可拔出再利用（視設計而定）。

（4）施工速度：快。

3. 土體影響：擾動甚小。

4. 環境影響：

（1）低振動與噪音。

（2）棄土與污泥量少。

5. 適用地層：適合各種地層（過大卵礫石與岩盤除外）。

二、混凝土之接縫分為冷縫、施工縫、收縮縫及伸縮縫四種，請試述這些接縫發生的原因或設置的時機。（25 分）

參考題解

（一）冷縫：因混凝土澆置速率緩慢或溫度過高（如熱天）或有風時，造成澆置之混凝土提前產生硬化或凝結，無法與新澆置混凝土有效粘結之現象。外觀通常呈為不規則直線狀。

（二）施工縫：因施工需求，澆置作業停頓而留設之接縫。通常配合工人休息或澆置施工性需求等，應於澆置前列入之澆置計畫（施工計畫）中；其接縫間為容許剪力及其他力連續存在。施工縫又稱為粘結縫。

（三）收縮縫：係控制混凝土因脹縮（主要為乾縮）所產生裂縫於預定位置，將特定混凝土斷面弱化（預設弱面或切縫）之接縫。收縮縫又稱為控制縫、假縫或弱面縫。

（四）伸縮縫：為避免混凝土結構體因溫差變形、差異沉陷及載重因素（如應力集中等）等產生破壞，將相鄰混凝土斷面以完全隔離方式設置之接縫；其允許接縫相鄰部分可自由移動。伸縮縫又稱為隔離縫。

三、某一大樓新建工程進行地下室開挖，開挖深度為 12 m，採用連續壁為擋土設施，此基地四周有許多高低不等之鄰房，為確保工程及鄰房安全擬裝設監測儀器，請列舉五種監測儀器並説明其用途。（25 分）

參考題解

常用確保工程及鄰房安全監測儀器，項目與用途如下：

（一）傾度儀：

1. 壁內式：擋土壁結構變形監測；
2. 土中式：基礎土層穩定性監測（基礎土層側向位移及擋土壁底部位移）。

（二）鋼筋計：量測擋土壁鋼筋應力，開挖施工壁體各階段最大彎矩之監測。

（三）支撐應變計：擋土壁內撐式支撐系統應力與應變監測。

（四）地錨荷重元：擋土壁背撐式地錨系統之荷重變化監測。

（五）土壓計：擋土壁側壓力監測。

（六）水壓計：

1. 擋土壁側壓力監測。
2. 地下水壓變化監測。

（七）水位觀測井：擋土壁地下水位變化監測。

（八）隆起桿：開挖底部沉陷隆起監測。

（九）沉陷觀測點（釘）：配合水準測量，其用途為。

1. 周圍土層與道路沉陷監測。
2. 鄰近構造物沉陷監測。
3. 中間柱、逆打鋼柱與基礎版沉陷隆起監測。

（十）沉陷計：

1. 周圍土層與道路沉陷監測。
2. 鄰近構造物沉陷監測。

（十一）傾斜儀：鄰近構造物傾斜監測。

◎註：請自行任擇 5 項作答。

四、波特蘭水泥（Portland Cement）依成分比例不同可分為五型，請試述這五型水泥的特性及其適用的工程。（25 分）

參考題解

（一）波特蘭水泥特性

1. Type I （普通波特蘭水泥）：具有一般性能。
2. Type II （改良波特蘭水泥）：具有中度抗硫性與中度水化熱，較低早期強度與高晚期強度。

3. TypeⅢ（早強波特蘭水泥）：具有高早期強度，但晚期強度低，同時水化熱最高，抗硫性差。
4. TypeⅣ（低熱波特蘭水泥）：具有低水化熱，抗硫性亦佳，最低早期強度與高晚期強度。
5. TypeⅤ（抗硫波特蘭水泥）：具有高度抗硫性，水化熱中等，較低早期強度與高晚期強度。

各型波特蘭水泥特性，詳如下表：

各型波特蘭水泥特性比較表

特性＼型號	TypeⅠ	TypeⅡ	TypeⅢ	TypeⅣ	TypeⅤ
早期強度	中	較低	高	最低	較低
晚期強度	中	高	低	高	高
水化熱	高	中	最高	低	中
抗硫性	中	佳	差	佳	最佳

（二）波特蘭水泥用途

1. TypeⅠ：用於一般場合混凝土構造。
2. TypeⅡ：用於需中度抗硫與中度水化熱性能之混凝土構造（主要為暴露在較高硫酸鹽濃度環境與炎熱氣候），例如水工結構物、橋梁工程（大尺寸下部結構）及熱天施工等。
3. TypeⅢ：用於需提供高早期強度之混凝土構造，例如提早拆模，冷天施工、搶修工程與滑模工法等。
4. TypeⅣ：用於需減低水化熱的混凝土構造，例如巨積混凝土等。
5. TypeⅤ：用於暴露於嚴重硫酸鹽侵蝕作用場合（主要接觸具高硫酸鹽濃度之土壤或水）之混凝土構造，例如海濱結構物、基礎工程結構（高硫酸鹽濃度之土壤）、化工廠結構及溫泉區（或硫磺礦區）構造物等。

◎註：CNS 61 新版規範（100 年 11 月 15 日修訂）將原第II型之中度水化熱性能需求部份，另分出為第II（MH）型，並合併輸氣卜特蘭水泥，共分為 10 型（包括：第I型、輸氣第IA 型、第II型、輸氣第IIA 型、第II（MH）型、輸氣第II（MH）A 型、第III型、輸氣第IIIA 型、第IV型與第V型。），本題依題意仍依舊版型號作答。

108年 公務人員特種考試司法人員考試試題／營建法規

一、內政部營建署為一主管建築機關並具備代辦公有建築物之能力，若營建署擬於臺北市區內原有 6 層老舊建築基地，拆除並新建 1 棟 15 層之辦公大樓，請據此回答下列問題：

（一）請說明計畫執行過程中應向何機關申請那幾種建築執照？（10 分）

（二）並說明其相關之建築行為人應具備之資格？（15 分）

參考題解

建築執照分左列四種：（建築法-28）

（一）建造執照：建築物之新建、增建、改建及修建，應請領建造執照。

（二）雜項執照：雜項工作物之建築，應請領雜項執照。

（三）使用執照：建築物建造完成後之使用或變更使用，應請領使用執照。

（四）拆除執照：建築物之拆除，應請領拆除執照。

建築行為人：（建築法-12、13、14）

（一）起造人：為建造該建築物之申請人。（※未成年或受監護宣告之人者，由其法定代理人代為申請；起造人為政府機關公營事業機構、團體或法人者，由其負責人申請之）

（二）設計人及監造人：

1. 為依法登記開業之建築師。（※建築物結構與設備等專業工程部分，除五層以下非供公眾使用之建築物外，應由承辦建築師交由依法登記開業之專業工業技師負責辦理，建築師並負連帶責任。）
2. 公有建築物之設計人及監造人，得由起造之政府機關、公營事業機構或自治團體內，依法取得建築師或專業工業技師證書者任之。

（三）承造人：為依法登記開業之營造廠商。

二、某建設公司擬興建 1 棟 20 層樓辦公大樓，請依建築技術規則設計施工編規定，說明何謂防火構造？（10 分）又該辦公大樓之第 10 層樓地板應具備幾小時防火時效及其構造規定？（15 分）

參考題解

防火構造：具有法定之防火性能與時效之構造。

一、防火構造建築物之防火時效：（技則-II-69、70）

（一）下表之建築物應為防火構造。但工廠建築，除依下表 C 類規定外，作業廠房樓地板面積，合計超過五十平方公尺者，其主要構造，均應以不燃材料建造。

建築物使用類組			應為防火構造者		
類別		組別	樓層	總樓地板面積	樓層及樓地板面積之和
A 類	公共集會類	全部	全部	—	—
B 類	商業類	全部	三層以上之樓層	三〇〇〇〇平方公尺以上	二層部分之面積在五〇〇平方公尺以上。
C 類	工業、倉儲類	全部	三層以上之樓層	一五〇〇平方公尺以上（工廠除外）	變電所、飛機庫、汽車修理場、發電場、廢料堆置或處理場、廢棄物處理場及其他經地方主管建築機關認定之建築物，其總樓地板面積在一五〇平方公尺以上者。
D 類	休閒、文教類	全部	三層以上之樓層	二〇〇〇平方公尺以上	—
E 類	宗教、殯葬類	全部			
F 類	衛生、福利、更生類	全部	三層以上之樓層	—	二層面積在三〇〇平方公尺以上。醫院限於有病房者。
G 類	辦公、服務類	全部	三層以上之樓層	二〇〇〇平方公尺以上	—
H 類	住宿類	全部	三層以上之樓層	—	二層面積在三〇〇平方公尺以上。
I 類	危險物品類	全部	依危險品種類及儲藏量，另行由內政部以命令規定之。		
說明：表內三層以上之樓層，係表示三層以上之任一樓層供表列用途時，該棟建築物即應為防火構造，表示如在第二層供同類用途使用，則可不受防火構造之限制。但該使用之樓地板面積，超過表列規定時，即不論層數如何，均應為防火構造。					

（二）主要構造之防火時效：

主要構造部分	自頂層起算不超過四層樓	自頂層起算超過第四層樓至第十四層之各樓層	自頂層起算第十五層以上之各樓層
承重牆	一小時	一小時	二小時
樑	一小時	二小時	三小時
柱	一小時	二小時	三小時
樓地板	一小時	**二小時**	二小時
屋頂	半小時		
1. 屋頂突出物未達計算層樓面積者，其防火時效應與頂層同。 2. 本表所指之層數包括地下層數。			

二、三小時防火時效、二小時防火時效、一小時防火時效：（技則-II-71、72、73）

構造	柱			梁			板		牆	
	3hr	2hr	1hr	3hr	2hr	1hr	2hr	1hr	2hr	1hr
RC 或 SRC	短邊寬度≧40cm	短邊寬度≧25cm	◎	◎	◎	◎	**<u>≧10cm</u>**	≧7cm	≧10cm	≧7cm
SS+ 混凝土保護層	保護層厚≧6cm	保護層厚≧5cm	◎	-	保護層厚≧5cm	◎	**<u>-</u>**	-	保護層厚≧3cm	-
SS+鐵絲網+水泥砂漿	≧9cm	-	≧4cm	≧8cm	≧6cm	≧4cm	**<u>單面厚≧5cm</u>**	單面厚≧4cm	單面厚≧4cm	單面厚≧3cm
SS+磚、石、空心磚	≧9cm	-	≧5cm	≧9cm	≧7cm	≧5cm	-	-	單面厚≧5cm	單面厚≧4cm
木絲水泥板+兩面 1cm 以上之水泥砂漿	-	-	-	-	-	-	-	-	≧8cm	-
輕質泡沫混凝土板	-	-	-	-	-	-	-	-	≧7.5cm	-
中空RC板中間填充泡沫混凝土	-	-	-	-	-	-	-	-	≧12cm 單面厚≧5cm	-
磚、石、無筋混凝土、水泥空心磚造	-	-	-	-	-	-	-	-	-	≧7cm
其他經中央主管機關認為具有同等以上之防火性能者。										

該辦公大樓之第 10 層樓地板應具備防火時效及其構造規定為粗體下單線。

三、近年來由於全球暖化造成極端氣候現象，颱洪災害發生頻率增多，加上臺灣位於環太平洋地震帶，地質條件欠佳，為考慮國土防災與安全利用，請依區域計畫法、都市計畫法與建築法等相關法規，回答下列問題：

（一）遇有重大天然災害時，如何配合辦理都市計畫之變更？並應如何加強都市防災規劃？（15 分）

（二）區域計畫通盤檢討公告實施後，政府為加強資源保育，應如何辦理非都市土地分區變更？（10 分）

參考題解

（一）1. 個案變更（迅行變更、逕為變更）：（都計-27）

（1）因戰爭、地震、水災、風災、火災或其他重大事變遭受損壞時。

（2）為避免重大災害之發生時。

（3）為適應國防或經濟發展之需要時。

（4）為配合中央、直轄市或縣（市）興建之重大設施時。

2. 都市防災規劃：（通盤檢討-6）

都市計畫通盤檢討時，應依據都市災害發生歷史、特性及災害潛勢情形，就都市防災避難場所及設施、流域型蓄洪及滯洪設施、救災路線、火災延燒防止地帶等事項進行規劃及檢討，並調整土地使用分區或使用管制。

（二）區域計畫完成通盤檢討公告實施後，不屬第十一條之非都市土地，符合非都市土地分區使用計畫者，得依左列規定，辦理分區變更：（區計-15-1）

1. 政府為加強資源保育須檢討變更使用分區者，得由直轄市、縣（市）政府報經上級主管機關核定時，逕為辦理分區變更。

2. 為開發利用，依各該區域計畫之規定，由申請人擬具開發計畫，檢同有關文件，向直轄市、縣（市）政府申請，報經各該區域計畫擬定機關許可後，辦理分區變更。

區域計畫擬定機關為前項第二款計畫之許可前，應先將申請開發案提報各該區域計畫委員會審議之。

四、請依相關營建法規規定回答下列問題：

（一）請說明制定山坡地建築管理辦法之法律授權依據，並說明其適用範圍。（15分）

（二）請說明制定綠建材設計技術規範之目的及何謂具健康性能之綠建材。（10分）

參考題解

（一）山坡地法律授權依據：（山坡建築-1）本辦法依建築法第九十七條之一規定訂定之。

1. 山坡地定義：（山保條例-3、山坡建築-2、9）

指標高在100公尺以上，或標高未滿100公尺而平均坡度在5%以上，經劃定並報請行政院核定公告之公、私有土地。

2. 何種山坡地適用本辦法：（山坡地建築管理辦法-2、建築法-3）

本辦法以建築法第三條第一項各款所列地區之山坡地為適用範圍：

（1）實施都市計畫地區。

（2）實施區域計畫地區。

（3）經內政部指定地區。

（二）1. 依據

本規範依據建築技術規則建築設計施工編（以下簡稱本編）第三百二十三條第二項規定訂定之。

2. 目的

（1）為促進地球永續發展，在建築設計及施工過程中，減少建材對於健康安全、地球資源及生態環境之危害。

（2）提供建築設計施工單位對綠建材設計指標之統一計算方法與評估標準。

3. 健康性：指對人體健康危害較低，具低甲醛及低揮發性有機物質（TVOC）逸散量之性能。

讀者回函卡

年　　月　　日

讀者姓名：

手機：　　　　市話：

地址：　　　　E-mail：

學歷：□高中　□專科　□大學　□研究所以上

職業：□學生　□工　□商　□服務業　□軍警公教　□營造業　□自由業　□其他________

購買書名：

您從何種方式得知本書消息？

□九華網站　□粉絲頁　□報章雜誌　□親友推薦　□其他________

您對本書的意見：

內　容	□非常滿意	□滿意	□普通	□不滿意	□非常不滿意
版面編排	□非常滿意	□滿意	□普通	□不滿意	□非常不滿意
封面設計	□非常滿意	□滿意	□普通	□不滿意	□非常不滿意
印刷品質	□非常滿意	□滿意	□普通	□不滿意	□非常不滿意

□□□-□□

廣告回信
台北郵局登記證
台北廣字第04586號

100-78

台北市中正區南昌路一段161號2樓

台北市私立九華土木建築工商短期職業補習班 收

108 土木國家考試試題詳解

編 著 者：九華土木建築補習班
發 行 者：九樺出版社
地　　址：台北市南昌路一段 161 號 2 樓
網　　址：http://www.johwa.com.tw
電　　話：(02) 2351－7261~4
傳　　真：(02) 2391－0926
定　　價：新台幣　550　元
出版日期：中華民國一〇九年三月出版
官方客服：LINE ID：@johwa
總 經 銷：全華圖書股份有限公司
地　　址：23671 新北市土城區忠義路 21 號
電　　話：(02) 2262-5666
傳　　真：(02) 6637-3695、6637-3696
郵政帳號：0100836-1 號
全華圖書：http://www.chwa.com.tw
全華網路書店：http://www.opentech.com.tw